中华优秀传统文化在现代管理中的创造性转化与创新性发展工程
"中华优秀传统文化与现代管理融合"丛书

从伦理的儒学
到管理的儒学

马文军 ◎ 著

图书在版编目（CIP）数据

从伦理的儒学到管理的儒学 / 马文军著. -- 北京：企业管理出版社，2024.12
（"中华优秀传统文化与现代管理融合"丛书）
ISBN 978-7-5164-2979-2

Ⅰ．①从… Ⅱ．①马… Ⅲ．①伦理学－关系－管理学－研究 Ⅳ．①B82②C93

中国国家版本馆CIP数据核字（2023）第208041号

书　　名：	从伦理的儒学到管理的儒学
书　　号：	ISBN 978-7-5164-2979-2
作　　者：	马文军
责任编辑：	于湘怡
特约设计：	李晶晶
出版发行：	企业管理出版社
经　　销：	新华书店
地　　址：	北京市海淀区紫竹院南路17号　邮　编：100048
网　　址：	http://www.emph.cn　电子信箱：1502219688@qq.com
电　　话：	编辑部（010）68701661　发行部（010）68417763　68414644
印　　刷：	北京联兴盛业印刷股份有限公司
版　　次：	2025年1月第1版
印　　次：	2025年1月第1次印刷
开　　本：	710mm×1000mm　1/16
印　　张：	19.25
字　　数：	239千字
定　　价：	98.00元

版权所有　翻印必究·印装有误　负责调换

编委会

主　任： 朱宏任　中国企业联合会、中国企业家协会党委书记、常务副会长兼秘书长

副主任： 刘　鹏　中国企业联合会、中国企业家协会党委委员、副秘书长
　　　　　孙庆生　《企业家》杂志主编

委　员： （按姓氏笔画排序）

　　　　丁荣贵　山东大学管理学院院长，国际项目管理协会副主席
　　　　马文军　山东女子学院工商管理学院教授
　　　　马德卫　山东国程置业有限公司董事长
　　　　王　伟　华北电力大学马克思主义学院院长、教授
　　　　王　庆　天津商业大学管理学院院长、教授
　　　　王文彬　中共团风县委平安办副主任
　　　　王心娟　山东理工大学管理学院教授
　　　　王仕斌　企业管理出版社副社长
　　　　王西胜　广东省蓝态幸福文化公益基金会学术委员会委员，荷泽市第十五届政协委员
　　　　王茂兴　寿光市政协原主席、关工委主任
　　　　王学秀　南开大学商学院现代管理研究所副所长
　　　　王建军　中国企业联合会企业文化工作部主任
　　　　王建斌　西安建正置业有限公司总经理
　　　　王俊清　大连理工大学财务部长
　　　　王新刚　中南财经政法大学工商管理学院教授
　　　　毛先华　江西大有科技有限公司创始人
　　　　方　军　安徽财经大学文学院院长、教授
　　　　邓汉成　万载诚济医院董事长兼院长

冯彦明	中央民族大学经济学院教授
巩见刚	大连理工大学公共管理学院副教授
毕建欣	宁波财经学院金融与信息学院金融工程系主任
吕　力	扬州大学商学院教授，扬州大学新工商文明与中国传统文化研究中心主任
刘文锦	宁夏民生房地产开发有限公司董事长
刘鹏凯	江苏黑松林粘合剂厂有限公司董事长
齐善鸿	南开大学商学院教授
江端预	株洲千金药业股份有限公司原党委书记、董事长
严家明	中国商业文化研究会范蠡文化研究分会执行会长兼秘书长
苏　勇	复旦大学管理学院教授，复旦大学东方管理研究院创始院长
李小虎	佛山市法萨建材有限公司董事长
李文明	江西财经大学工商管理学院教授
李景春	山西天元集团创始人
李曦辉	中央民族大学管理学院教授
吴通福	江西财经大学中国管理思想研究院教授
吴照云	江西财经大学原副校长、教授
吴满辉	广东鑫风风机有限公司董事长
余来明	武汉大学中国传统文化研究中心副主任
辛　杰	山东大学管理学院教授
张　华	广东省蓝态幸福文化公益基金会理事长
张卫东	太原学院管理系主任、教授
张正明	广州市伟正金属构件有限公司董事长
张守刚	江西财经大学工商管理学院市场营销系副主任
陈　中	扬州大学商学院副教授
陈　静	企业管理出版社社长兼总编辑
陈晓霞	孟子研究院党委书记、院长、研究员
范立方	广东省蓝态幸福文化公益基金会秘书长

范希春	中国商业文化研究会中华优秀传统文化传承发展分会专家委员会专家
林　嵩	中央财经大学商学院院长、教授
罗　敏	英德华粤艺术学校校长
周卫中	中央财经大学中国企业研究中心主任、商学院教授
周文生	范蠡文化研究（中国）联会秘书长，苏州干部学院特聘教授
郑俊飞	广州穗华口腔医院总裁
郑济洲	福建省委党校科学社会主义与政治学教研部副主任
赵德存	山东鲁泰建材科技集团有限公司党委书记、董事长
胡国栋	东北财经大学工商管理学院教授，中国管理思想研究院院长
胡海波	江西财经大学工商管理学院院长、教授
战　伟	广州叁谷文化传媒有限公司 CEO
钟　尉	江西财经大学工商管理学院讲师、系支部书记
宫玉振	北京大学国家发展研究院发树讲席教授、BiMBA 商学院副院长兼 EMBA 学术主任
姚咏梅	《企业家》杂志社企业文化研究中心主任
莫林虎	中央财经大学文化与传媒学院学术委员会副主任、教授
贾旭东	兰州大学管理学院教授，"中国管理 50 人"成员
贾利军	华东师范大学经济与管理学院教授
晁　罡	华南理工大学工商管理学院教授、CSR 研究中心主任
倪　春	江苏先锋党建研究院院长
徐立国	西安交通大学管理学院副教授
殷　雄	中国广核集团专职董事
凌　琳	广州德生智能信息技术有限公司总经理
郭　毅	华东理工大学商学院教授
郭国庆	中国人民大学商学院教授，中国人民大学中国市场营销研究中心主任

唐少清	北京联合大学管理学院教授，中国商业文化研究会企业创新文化分会会长
唐旭诚	嘉兴市新儒商企业创新与发展研究院理事长、执行院长
黄金枝	哈尔滨工程大学经济管理学院副教授
黄海啸	山东大学经济学院副教授，山东大学教育强国研究中心主任
曹振杰	温州商学院副教授
雪　漠	甘肃省作家协会副主席
阎继红	山西省老字号协会会长，太原六味斋实业有限公司董事长
梁　刚	北京邮电大学数字媒体与设计艺术学院副教授
程少川	西安交通大学管理学院副教授
谢佩洪	上海对外经贸大学学位评定委员会副主席，南泰品牌发展研究院首任执行院长、教授
谢泽辉	广东铁杆中医健康管理有限公司总裁
谢振芳	太原城市职业技术学院教授
蔡长运	福建林业技术学院教师，高级工程师
黎红雷	中山大学教授，全国新儒商团体联席会议秘书长
颜世富	上海交通大学东方管理研究中心主任

总编辑： 陈　静
副总编： 王仕斌
编　辑：（按姓氏笔画排序）

于湘怡　尤　颖　田　天　耳海燕　刘玉双　李雪松　杨慧芳
宋可力　张　丽　张　羿　张宝珠　陈　戈　赵喜勤　侯春霞
徐金凤　黄　爽　蒋舒娟　韩天放　解智龙

序 一

以中华优秀传统文化为源　启中国式现代管理新篇

中华优秀传统文化形成于中华民族漫长的历史发展过程中，不断被创造和丰富，不断推陈出新、与时俱进，成为滋养中国式现代化的不竭营养。它包含的丰富哲学思想、价值观念、艺术情趣和科学智慧，是中华民族的宝贵精神矿藏。党的十八大以来，以习近平同志为核心的党中央高度重视中华优秀传统文化的创造性转化和创新性发展。习近平总书记指出"中华优秀传统文化是中华民族的精神命脉，是涵养社会主义核心价值观的重要源泉，也是我们在世界文化激荡中站稳脚跟的坚实根基"。

管理既是人类的一项基本实践活动，也是一个理论研究领域。随着社会的发展，管理在各个领域变得越来越重要。从个体管理到组织管理，从经济管理到政务管理，从作坊管理到企业管理，管理不断被赋予新的意义和充实新的内容。而在历史进程中，一个国家的文化将不可避免地对管理产生巨大的影响，可以说，每一个重要时期的管理方式无不带有深深的文化印记。随着中国步入新时代，在管理领域实施中华优秀传统文化的创造性转化和创新性发展，已经成为一项应用面广、需求量大、题材丰富、潜力巨大的工作，在一些重要领域可能产生重大的理论突破和丰硕的实践成果。

第一，中华优秀传统文化中蕴含着丰富的管理思想。中华优秀传统文化源远流长、博大精深，在管理方面有着极为丰富的内涵等待提炼和转化。比如，儒家倡导"仁政"思想，强调执政者要以仁爱之心实施管理，尤其要注重道德感化与人文关怀。借助这种理念改善企业管理，将会推进构建和谐的组织人际关系，提升员工的忠诚度，增强其归属感。又如，道家的"无为而治"理念延伸到今天的企业管理之中，就是倡导顺应客观规律，避免过度干预，使组织在一种相对宽松自由的环境中实现自我调节与发展，管理者与员工可各安其位、各司其职，充分发挥个体的创造力。再如，法家的"法治"观念启示企业管理要建立健全规章制度，以严谨的体制机制确保组织运行的有序性与规范性，做到赏罚分明，激励员工积极进取。可以明确，中华优秀传统文化为现代管理提供了多元的探索视角与深厚的理论基石。

第二，现代管理越来越重视文化的功能和作用。现代管理是在人类社会工业化进程中产生并发展的科学工具，对人类经济社会发展起到了至关重要的推进作用。自近代西方工业革命前后，现代管理理念与方法不断创造革新，在推动企业从传统的小作坊模式向大规模、高效率的现代化企业，进而向数字化企业转型的过程中，文化的作用被空前强调，由此衍生的企业使命、愿景、价值观成为企业发展最为强劲的内生动力。以文化引导的科学管理，要求不仅要有合理的组织架构设计、生产流程优化等手段，而且要有周密的人力资源规划、奖惩激励机制等方法，这都极大地增强了员工在企业中的归属感并促进员工发挥能动作用，在创造更多的经济价值的同时体现重要的社会价值。以人为本的现代管理之所以在推动产业升级、促进经济增长、提升国际竞争力等方面须臾不可缺少，是因为其体现出企业的使命不仅是获取利润，更要注重社会责任与可持续发展，在环境保护、社会公平等方面发挥积极影响力，推动人类社会向着更加文明、和谐、包容、可持续的方向迈进。今天，管理又面临数字技术的挑战，更加需要更多元的思想基础和文化资源的支持。

第三，中华优秀传统文化与现代管理结合研究具有极强的必要性。随着全球经济一体化进程的加速，文化多元化背景下的管理面临着前所未有的挑战与机遇。一方面，现代管理理论多源于西方，在应用于本土企业与组织时，往往会出现"水土不服"的现象，难以充分契合中国员工与生俱来的文化背景与社会心理。中华优秀传统文化所蕴含的价值观、思维方式与行为准则能够为现代管理面对中国员工时提供本土化的解决方案，使其更具适应性与生命力。另一方面，中华优秀传统文化因其指导性、亲和性、教化性而能够在现代企业中找到新的传承与发展路径，其与现代管理的结合能够为经济与社会注入新的活力，从而实现优秀传统文化在企业管理实践中的创造性转化和创新性发展。这种结合不仅有助于提升中国企业与组织的管理水平，增强文化自信，还能够为世界管理理论贡献独特的中国智慧与中国方案，促进不同文化的交流互鉴与共同发展。

近年来，中国企业在钢铁、建材、石化、高铁、电子、航空航天、新能源汽车等领域通过锻长板、补短板、强弱项，大步迈向全球产业链和价值链的中高端，成果显著。中国企业取得的每一个成就、每一项进步，离不开中国特色现代管理思想、理论、知识、方法的应用与创新。中国特色的现代管理既有"洋为中用"的丰富内容，也与中华优秀传统文化的"古为今用"密不可分。

"中华优秀传统文化与现代管理融合"丛书（以下简称"丛书"）正是在这一时代背景下应运而生的，旨在为中华优秀传统文化与现代管理的深度融合探寻路径、总结经验、提供借鉴，为推动中国特色现代管理事业贡献智慧与力量。

"丛书"汇聚了中国传统文化学者和实践专家双方的力量，尝试从现代管理领域常见、常用的知识、概念角度细分开来，在每个现代管理细分领域，回望追溯中华优秀传统文化中的对应领域，重在通过有强大生命力的思想和智慧精华，以"古今融会贯通"的方式，进行深入研究、探索，以期推出对我国现代管理有更强滋养力和更高使用价值的系列成果。

文化学者的治学之道，往往是深入研究经典文献，挖掘其中蕴含的智慧，并对其进行系统性的整理与理论升华。据此形成的中华优秀传统文化为现代管理提供了深厚的文化底蕴与理论支撑。研究者从浩瀚典籍中梳理出优秀传统文化在不同历史时期的管理实践案例，分析其成功经验与失败教训，为现代管理提供了宝贵的历史借鉴。

实践专家则将传统文化理念应用于实际管理工作中，通过在企业或组织内部开展文化建设、管理模式创新等实践活动，检验传统文化在现代管理中的可行性与有效性，并根据实践反馈不断调整与完善应用方法。他们从企业或组织运营的微观层面出发，为传统文化与现代管理的结合提供了丰富的实践经验与现实案例，使传统文化在现代管理中的应用更具操作性与针对性。

"丛书"涵盖了从传统文化与现代管理理论研究到不同行业、不同

序 一

领域应用实践案例分析等多方面内容，形成了一套较为完整的知识体系。"丛书"不仅是研究成果的结晶，更可看作传播中华优秀传统文化与现代管理理念的重要尝试。还可以将"丛书"看作一座丰富的知识宝库，它全方位、多层次地为广大读者提供了中华优秀传统文化在现代管理中应用与发展的工具包。

可以毫不夸张地说，每一本图书都凝聚着作者的智慧与心血，或是对某一传统管理思想在现代管理语境下的创新性解读，或是对某一行业或领域运用优秀传统文化提升管理效能的深度探索，或是对传统文化与现代管理融合实践中成功案例与经验教训的详细总结。"丛书"通过文字的力量，将传统文化的魅力与现代管理的智慧传递给广大读者。

在未来的发展征程中，我们将持续深入推进中华优秀传统文化在现代管理中的创造性转化和创新性发展工作。我们坚信，在全社会的共同努力下，中华优秀传统文化必将在现代管理的广阔舞台上绽放出更加绚丽多彩的光芒。在中华优秀传统文化与现代管理融合发展的道路上砥砺前行，为实现中华民族伟大复兴的中国梦做出更大的贡献！

是为序。

朱宏任

中国企业联合会、中国企业家协会
党委书记、常务副会长兼秘书长

序　二

文化传承　任重道远

财政部国资预算项目"中华优秀传统文化在现代管理中的创造性转化与创新性发展工程"系列成果——"中华优秀传统文化与现代管理融合"丛书和读者见面了。

一

这是一组可贵的成果，也是一组不够完美的成果。

说她可贵，因为这是大力弘扬中华优秀传统文化（以下简称优秀文化）、提升文化自信、"振民育德"的工作成果。

说她可贵，因为这套丛书汇集了国内该领域一批优秀专家学者的优秀研究成果和一批真心践行优秀文化的企业和社会机构的卓有成效的经验。

说她可贵，因为这套成果是近年来传统文化与现代管理有效融合的规模最大的成果之一。

说她可贵，还因为这个项目得到了财政部、国务院国资委、中国企业联合会等部门的宝贵指导和支持，得到了许多专家学者、企业家等朋友的无私帮助。

说她不够完美，因为学习践行传承发展优秀文化永无止境、永远在进步完善的路上，正如王阳明所讲"善无尽""未有止"。

说她不够完美，因为优秀文化在现代管理的创造性转化与创新性发展中，还需要更多的研究专家、社会力量投入其中。

说她不够完美，还因为在践行优秀文化过程中，很多单位尚处于摸索阶段，且需要更多真心践行优秀文化的个人和组织。

当然，项目结项时间紧、任务重，也是一个逆向推动的因素。

二

2022年，在征求多位管理专家和管理者意见的基础上，我们根据有关文件精神和要求，成立专门领导小组，认真准备，申报国资预算项目"中华优秀传统文化在现代管理中的创造性转化与创新性发展工程"。经过严格的评审筛选，我们荣幸地获准承担该项目的总运作任务。之后，我们就紧锣密鼓地开始了调研工作，走访研究机构和专家，考察践行优秀文化的企业和社会机构，寻找适合承担子项目的专家学者和实践单位。

最初我们的计划是，该项目分成"管理自己""管理他人""管理事务""实践案例"几部分，共由60多个子项目组成；且主要由专家学者的研究成果专著组成，再加上几个实践案例。但是，在调研的初期，我们发现一些新情况，于是基于客观现实，适时做出了调整。

第一，我们知道做好该项目的工作难度，因为我们预想，在优秀文化和现代管理两个领域都有较深造诣并能融会贯通的专家学者不够多。在调研过程中，我们很快发现，实际上这样的专家学者比我们预想的更少。与此同时，我们在广东等地考察调研过程中，发现有一批真心践行优秀文化的企业和社会机构。经过慎重研究，我们决定适当提高践行案例比重，研究专著占比适当降低，但绝对数不一定减少，必要时可加大自有资金投入，支持更多优秀项目。

第二，对于子项目的具体设置，我们不执着于最初的设想，固定甚至限制在一些话题里，而是根据实际"供给方"和"需求方"情况，实事求是地做必要的调整，旨在吸引更多优秀专家、践行者参与项目，支持更多优秀文化与现代管理融合的优秀成果研发和实践案例创作的出版宣传，以利于文化传承发展。

第三，开始阶段，我们主要以推荐的方式选择承担子项目的专家、企业和社会机构。运作一段时间后，考虑到这个项目的重要性和影响力，我们觉得应该面向全社会吸纳优秀专家和机构参与这个项目。在请示有关方面同意后，我们于2023年9月开始公开征集研究人员、研究成果和实践案例，并得到了广泛响应，许多人主动申请参与承担子项目。

三

这个项目从开始就注重社会效益，我们按照有关文件精神，对子项目研发创作提出了不同于一般研究课题的建议，形成了这个项目自身的特点。

（一）重视情怀与担当

我们很重视参与项目的专家和机构在弘扬优秀文化方面的情怀和担当，比如，要求子项目承担人"发心要正，导人向善""充分体现优秀文化'优秀'二字内涵，对传统文化去粗取精、去伪存真"等。这一点与通常的课题项目有明显不同。

（二）子项目内容覆盖面广

一是众多专家学者从不同角度将优秀文化与现代管理有机融合。二是在确保质量的前提下，充分考虑到子项目的代表性和示范效果，聚合了企业、学校、社区、医院、培训机构及有地方政府背景的机构；其他还有民间传统智慧等内容。

（三）研究范式和叙述方式的创新

我们提倡"选择现代管理的一个领域，把与此密切相关的优秀文化高度融合、打成一片，再以现代人喜闻乐见的形式，与选择的现代管理领域实现融会贯通"，在传统文化方面不局限于某人、某家某派、某经典，以避免顾此失彼、支离散乱。尽管在研究范式创新方面的实际效果还不够理想，有的专家甚至不习惯突破既有的研究范式和纯学术叙述方式，但还是有很多子项目在一定程度上实现了研究范式和叙述方式的创新。另外，在创作形式上，我们尽量发挥创作者的才华智慧，不做形式上的硬性要求，不因形式伤害内容。

（四）强调本体意识

"本体观"是中华优秀传统文化的重要标志，相当于王阳明强调的"宗旨"和"头脑"。两千多年来，特别是近现代以来，很多学者在认知优秀文化方面往往失其本体，多在细枝末节上下功夫；于是，著述虽多，有的却如王阳明讲的"不明其本，而徒事其末"。这次很多子项目内容在优秀文化端本清源和体用一源方面有了宝贵的探索。

（五）实践丰富，案例创新

案例部分加强了践行优秀文化带来的生动事例和感人故事，给人以触动和启示。比如，有的地方践行优秀文化后，离婚率、刑事案件大幅度下降；有家房地产开发商，在企业最困难的时候，仍将大部分现金支付给建筑商，说"他们更难"；有的企业上新项目时，首先问的是"这个项目有没有公害？""符不符合国家发展大势？""能不能切实帮到一批人？"；有家民营职业学校，以前不少学生素质不高，后来他们以优秀文化教化学生，收到良好效果，学生素质明显提高，有的家长流着眼泪跟校长道谢："感谢学校救了我们全家！"；等等。

四

调研考察过程也是我们学习总结反省的过程。通过调研，我们学到了许多书本中学不到的东西，收获了满满的启发和感动。同时，我们发现，在学习阐释践行优秀文化上，有些基本问题还需要进一步厘清和重视。试举几点：

（一）"小学"与"大学"

这里的"小学"指的是传统意义上的文字学、音韵学、训诂学等，而"大学"是指"大学之道在明明德"的大学。现在，不少学者特别是文史哲背景的学者，在"小学"范畴苦苦用功，做出了很多学术成果，还需要在"大学"修身悟本上下功夫。陆九渊说："读书固不可不晓文义，然只以晓文义为是，只是儿童之学，须看意旨所在。"又说"血脉不明，沉溺章句何益？"

（二）王道与霸道

霸道更契合现代竞争理念，所以更为今人所看重。商学领域的很多人都偏爱霸道，认为王道是慢功夫、不现实，霸道更功利、见效快。孟子说："仲尼之徒无道桓、文之事者。"（桓、文指的是齐桓公和晋文公，春秋著名两霸）王阳明更说这是"孔门家法"。对于王道和霸道，王阳明在其"拔本塞源论"中有专门论述："三代之衰，王道熄而霸术焻……霸者之徒，窃取先王之近似者，假之于外，以内济其私己之欲，天下靡然而宗之，圣人之道遂以芜塞。相仿相效，日求所以富强之说，倾诈之谋，攻伐之计……既其久也，斗争劫夺，不胜其祸……而霸术亦有所不能行矣。"

其实，霸道思想在工业化以来的西方思想家和学者论著中体现得很多。虽然工业化确实给人类带来了福祉，但是也带来了许多不良后果。联合国《未来契约》（2024年）中指出："我们面临日益严峻、关乎存亡的灾难性风险"。

（三）小人儒与君子儒

在"小人儒与君子儒"方面，其实还是一个是否明白优秀文化的本体问题。陆九渊说："古之所谓小人儒者，亦不过依据末节细行以自律"，而君子儒简单来说是"修身上达"。现在很多真心践行优秀文化的个人和单位做得很好，但也有些人和机构，日常所做不少都还停留在小人儒层面。这些当然非常重要，因为我们在这方面严重缺课，需要好好补课，但是不能局限于或满足于小人儒，要时刻也不能忘了行"君子儒"。不可把小人儒当作优秀文化的究竟内涵，这样会误己误人。

（四）以财发身与以身发财

《大学》讲："仁者以财发身，不仁者以身发财"。以财发身的目的是修身做人，以身发财的目的是逐利。我们看到有的身家亿万的人活得很辛苦、焦虑不安，这在一定意义上讲就是以身发财。我们在调查过程中也发现有的企业家通过学习践行优秀文化，从办企业"焦虑多""压力大"到办企业"有欢喜心"。王阳明说："常快活便是功夫。""有欢喜心"的企业往往员工满足感、幸福感更强，事业也更顺利，因为他们不再贪婪自私甚至损人利己，而是充满善念和爱心，更符合天理，所谓"得道者多助"。

（五）喻义与喻利

子曰："君子喻于义，小人喻于利"。义利关系在传统文化中是一个很重要的话题，也是优秀文化与现代管理融合绕不开的话题。前面讲到的那家开发商，在企业困难的时候，仍坚持把大部分现金支付给建筑商，他们收获的是"做好事，好事来"。相反，在文化传承中，有的机构打着"文化搭台经济唱戏"的幌子，利用人们学习优秀文化的热情，搞媚俗的文化活动赚钱，歪曲了优秀文化的内涵和价值，影响很坏。我们发现，在义利观方面，一是很多情况下把义和利当作对立的两个方面；二是对义利观的认知似乎每况愈下，特别是在西方近代资本主义精神和人性恶假设背景下，对人性恶的利用和鼓励（所谓"私恶即公利"），出现了太多的重利轻义、危害社会的行为，以致产生了联合国《未来契约》中"可持续发展目标的实现岌岌可危"的情况。人类只有树立正确的义利观，才能共同构建人类命运共同体。

（六）笃行与空谈

党的十八大以来，党中央坚持把文化建设摆在治国理政突出位置，全国上下掀起了弘扬中华优秀传统文化的热潮，文化建设在正本清源、守正创新中取得了历史性成就。在大好形势下，有一些个人和机构在真心学习践行优秀文化方面存在不足，他们往往只停留在口头说教、走过场、做表面文章，缺乏真心真实笃行。他们这么做，是对群众学习传承优秀文化的误导，影响不好。

五

文化关乎国本、国运，是一个国家、一个民族发展中最基本、最深沉、最持久的力量。

中华文明源远流长，中华文化博大精深。弘扬中华优秀传统文化任重道远。

"中华优秀传统文化与现代管理融合"丛书的出版，不仅凝聚了子项目承担者的优秀研究成果和实践经验，同事们也付出了很大努力。我们在项目组织运作和编辑出版工作中，仍会存在这样那样的缺点和不足。成绩是我们进一步做好工作的动力，不足是我们今后努力的潜力。真诚期待广大专家学者、企业家、管理者、读者，对我们的工作提出批评指正，帮助我们改进、成长。

企业管理出版社国资预算项目领导小组

前　言

2016年5月，习近平总书记在哲学社会科学工作座谈会上提出要"加快构建中国特色哲学社会科学"。2016年7月，习近平总书记在经济形势专家座谈会上提出要"推进充分体现中国特色、中国风格、中国气派的经济学科建设"。中国特色管理学科建设是中国特色哲学社会科学构建的重要组成部分，中国特色经济学科建设又与中国特色管理学科建设有着密切关联。

就中国本土经济学科和管理学科建设而言，二者有很大不同。西方经济学科主要是一种演绎型逻辑的学科体系，是一种本义型体系建构。所以，建设中国本土的经济学科，关键在于归纳提炼来自中国本土历史文化的特别是中华人民共和国成立以来的相对于西方的具有独特性的经济发展建设经验和理论，重在本土特色。对中国本土管理学科建设而言，西方管理学科主要是一种基于经验不断总结和边界不断扩张的归纳型逻辑体系，是一种已然型体系建构。因此，中国本土管理学科建设，就应该跳出西方经验归纳性管理学逻辑体系，回归管理学的演绎逻辑路径和本应面貌架构，重在本义回归。

恰恰，中国的儒学体系实际上就是一种演绎逻辑路径和本应面貌架构的本义型管理学科体系。其在两千多年的历史发展进程中，已经先后获得了本义管理学的思想性、实践性、系统性、科学性、开放性等五个成立性标准，拥有包括《大学》等在内的系列本义管理学原典和元典，并在心质管理、修身管理、齐家管理等方面建构了完全不同于西方的管理体系框架和研究重点指向，实际上已经具备了本义管理学的典型特征。中国的儒学体系就是中国本土发展演变出的本义的管理学体系。如果我们一定要强行削足适履地把本土已经演绎成型的本义管理学体系塞入西方经验管理学的范式中比对，然后得出一个因不符合西方之履而要削足的自我否定的结论，那就大错特错了。

当然，会有人提出疑问：是否可以将中华儒学中的"正心""修身"归属管理学的本应体系？这样做会不会把管理学变成一个什么都可以往里装的杂物筐？这牵涉管理学学科的边界区划问题，后文有详论，这里暂不回答，但可以由此提出一个元点问题：如果外向的管理机器和管理别人属于管理学的范畴，那么内向的管理自我是否属于管理学的范畴？显然，这是不能否定的。不能因为西方本质上限于工商管理和公共管理的管理学不包括管理自我就可以将其硬生生地从管理学的本义体系中割舍掉，这太牵强了，太削足适履了！还可以再问一题：在全部的管理之中，是外向的管理机器和管理别人最重要，还是内向的管理自我最重要，究竟哪个是管理最为重要的核心？显然，应该是内向的管理自我。对这些问题，西方现行管理学体系并没有予以应有纳括，中华儒学则不但予以正式纳括，且将其放置于全部体系的硬核位置。

在短缺经济时代，物质的生产和丰富在人类社会发展中第一位重要，现行的以泰勒科学管理为起点的以物质生产和效率提升、利润增加为核心目标的西方管理学的诞生和发展具有重大历史意义。当人类社会发展进入以过剩经济为主要特征的时代，进入AI（Artificial Intelligence，人工智能）承接了许多传统的管理本务的时代，管理学是否应该进行与时俱进式的深刻反思，将原本重物的着眼于谋生谋职的西方管理之小学，向着包括外向的管理机器和管理别人又纳括内向的心本（质）管理、我本管理、家本管理等本土管理之大学，向着包括物质又超越物质的指向幸福的本土管理之大学，勇敢而坚决地转向呢？

中国的儒学，虽无管理之学名，但有管理之实当，实际上正好应承了这种转型需求。从某种程度上说，管理学一词实际上也是基于西方范式的选取，在中国或许可以有更为合适的词语替代，如治理学、治政学。实际上儒学本身就有着管理学的本义内涵。当然，两者还是有重大差异的，西方管理学是一种经验型管理学，中国的儒学是一种本义型管理学。这种差异又恰恰是儒学的管理学重大价值所在。

笔者已经围绕儒学的管理学转型建构问题，研究撰写并在中国社会科学出版社出版了《基于中国历史文化情境的本土管理学建构研究》一书，并基于此著作在任教高校开设了"中国本土管理学概论"课程。《基于中国历史文化情境的本土管理学建构研究》与本书相比重在建构一个基于儒学的本义管理学体系，解决"中国本土管理学是什么"的问题，本书重在梳理挖掘已建构的体系架构的内在逻辑，解决"中国本土管理学为什么"的问题。

笔者认为，当前中国本土管理学已经初步建构成型的流派并不少，然而多止步于基于对中华传统文化某一方面精华理解和汲取的本土管理体系框架建构，进一步更为关键的内在逻辑挖掘还不够，使得相关体系建构性研究往往只能停留于表面，难以给出服众的理由。当然，这种本土管理体系框架建构的内在逻辑挖掘，除了自身体系得以成立的内在逻辑挖掘，还必须包括对现行西方管理学体系内生性缺陷的系统性扫描和科学性批判。之所以需要如此，是因为西方管理学体系已经存在百年之久且已经相当"成熟完善"，如果不能对该体系的内生性缺陷进行分析，如果该体系确实是"成熟完善"的，那么中国本土管理学体系的建构就没有了推进的前提和必要。从这个认识出发，本书尝试重点着力于体系建构的内在逻辑挖掘，同时也对西方现行管理学体系在整体结构、关键内容、主流方法、实践应用等四个方面的内生性缺陷进行系统性扫描和科学性批判，以使研究的总体逻辑形成闭环。

还需要说明的是，管理学与经济学两大学科关联密切，当前同时推进的还有中国本土经济学的建构工作，因而本书最后还就两大学科本土化建设推进的逻辑分殊与重点取向问题进行了一次大视野下的比较镜鉴。

围绕儒学的本义管理学转型建构研究主题，本书共四篇十二章内容。前两篇共七章内容指向内在逻辑"为什么可以"和外在框架"是什么样子"问题，解决的是儒学的本义管理学转型建构"内生逻辑可行性"问题。第三篇共四章内容从反向角度聚焦西方管理学的适用性局限进行分析，解决的是儒学的本义管理学转型建构"外生逻辑必要性"问题。第四篇一章内容聚焦解决的是儒学的本义管理学转型建构相对于经济学本土化建设的"并行逻辑镜鉴性"问题。解答了"内生逻辑可行性""外生逻辑必要性""并行逻辑镜鉴性"三大问题，儒学的本义管理学转型建构研究就实现了逻辑闭环。

笔者还有一个目标，就是在本书出版后的三到五年，再下探至整个儒学管理体系最核心点位的"心"，从整个本义管理学元点的定位角度，研究撰写并出版一部《心之管理：元管理研究》。等到《心之管理：元管理研究》正式出版之时，一个基于本土儒学转型建构的本义管理学体系——有内在逻辑挖掘，有外在框架建构，有核心元点聚焦——基本就成型立架了。

前　言

本书和已经出版的《基于中国历史文化情境的本土管理学建构研究》总体上有一个共有的特征，即以哲学思辨和逻辑推理研究为主，少有特别精细的量化实证。当前经济管理领域的主流研究范式，正是以"回归拟合"和"假设检验"为代表的统计验证型量化实证研究。其在经济管理研究领域的大行其道，几乎不给量化实证之外的其他研究方法留下最基本的生存空间。从这一点上说，本书的研究颇有点不合时宜。

其实，笔者一度对这种量化实证研究范式极度推崇并认真践行。然而盛宴之后，笔者和业内许多学者一样，开始对这种表面上追求科学性和可靠性的量化实证方法产生了越来越多的警惕。本书对统计验证型量化实证方法在经济管理研究中的主流甚至泛滥使用往往伴生的八个方面适用制约和导致的四个方面价值损害进行了系统梳理和分析。这些问题往往几个甚至全部同时出现并产生叠加效应，导致总体制约和价值损害呈几何级放大，走向相反于量化实证本意的逻辑扭曲和本质失真。由此，这种量化实证研究不但失缺了对经济管理实践的现实指导价值，呈现典型的形非下学特征，而且数据品质性和应用性制约共同导致的研究可靠性打折、数据碎片性和内耗性制约又共同导致了知识转化性堵塞，进一步堵绝向"经济管理之学"殿堂的形上迈进之路，出现形非上学的科学性迷失。笔者由此深以为，中国经济管理研究要想真正获得根本性突破，这种源自西方的量化实证不但不能成为根本依靠，反而会成为严重障碍。根本的依靠，应该是中国大地上的伟大实践和理论创造，应该是源自本土文化的思想突破。现在应该做的是改变过于推崇量化实证的现状，重拾经世致用和服务实践的本原目标，重视和重拾哲学思辨和逻辑推理，回归"哲学思辨和逻辑推理引领"与"量化实证加持助力"

的方法组合体系。从这一点上说，本书的研究或许也是一种回归初心的尝试。

笔者在本科和硕士阶段均从事历史学专业学习，先后在河南和陕西这两个历史悠久和文化繁盛的省份求学，居牧野之地、听雁塔晨钟达七年之久。后来没挡住经济管理之强大吸引力，读博士时转到管理学，博士后转到经济学。至于工作，先是发端于陕西关中一个普通的乡政府，然后调换至关中一家国家级农业高新示范区管委会。2003年从政府单位实职副处长岗位上掉头向东，来到又一个文化圣地，任职于山东东部沿海一所大学。其间还到包括北京大学在内的三所京城大学研读进修。笔者在经济管理方面写了一沓子论文，出版了一系列图书，申请了一系列项目，并做了商学院教授，做了商学院副院长、院长，做了商学院学术委员会主席。一路走来，真可谓筚路蓝缕、跌跌撞撞。然而也正是这些误打误撞的人生经历，反而提供了难得的在不同学科之间、不同地域文化之间、不同工作岗位之间对现行的西方管理学和经济学进行本土文化审视比对的宝贵机会。没有这些经历，本书是很难成稿的。

自2016年习近平总书记提出要"加快构建中国特色哲学社会科学"和推进中国特色经济学科建设以来，许多学者和许多高校响应号召，在相关领域做出诸多建构努力。当前，我们国家已经进入全新的发展时代，这个时代越来越迫切地需要全新的本土管理学理论并用于指导实践。那么，就让本书的出版，为这项伟大工程的推进增添一片绿叶吧！

管理之未来，必是本土之天下！
本土之管理，必是儒学之本义！

马文军

二〇二三年六月

目 录

第一篇 儒学的本义管理学转型建构之内在逻辑挖掘 1

第一章 儒学的本义管理学演进路径与学科本质 3
第一节 研究基本动态分析 5
第二节 儒学的本义管理学思想性审视 11
第三节 儒学的本义管理学实践性审视 16
第四节 儒学的本义管理学系统性审视 21
第五节 儒学的本义管理学科学性审视 24
第六节 儒学的本义管理学现代性审视 29
第七节 研究结论 33

第二章 《大学》的管理学本义价值与元典地位 36
第一节 《大学》的历史渊源与基本内容 39
第二节 《大学》与本义管理学体系的普适性总体架构 41
第三节 《大学》对本义管理学体系的结构性嵌补启示 55
第四节 《大学》的本义管理学元典地位 70
第五节 研究结论 75

第三章 心质管理（元管理）研究 77
第一节 研究基本动态分析 78
第二节 儒学文化中的心质管理思想梳理 82

1

第三节 心质管理基本框架建构 87
第四节 心质管理量化测评体系建构 92
第五节 初步的实证分析 97
第六节 基于儒学的心质管理提升方案 101
第七节 进一步研究的思考 104

第四章 儒商的源缘因变与新时代商业伦理打造 117
第一节 研究基本动态分析 118
第二节 儒学之"儒本无商"考论 121
第三节 儒学之"儒本非商"考论 123
第四节 儒学之"国本抑商"考论 125
第五节 儒商概念成型考论 127
第六节 儒商之本义内涵挖掘 131
第七节 儒商理念下的新时代商业伦理打造 133

第二篇 儒学的本义管理学转型建构之基本框架初构 135

第五章 儒学的本义管理学转型建构之管理基因挖掘 137

第六章 儒学的本义管理学转型建构之管理哲学提炼 141

第七章 儒学的本义管理学转型建构之基本体系架构 149

第三篇 儒学的本义管理学转型建构之西方体系批评 157

第八章 西方管理学整体结构性缺陷 159
第一节 缺乏对管理学本义框架的完整构建 159
第二节 研究范畴和研究逻辑存在先天缺陷 163

目　录

第三节　管理学与经济学两学科门类交叉重叠性过大　165

第九章　西方管理学关键内容性局限　168
第一节　西方市场理论的重要性及其局限剖析　169
第二节　西方市场理论的必要修正　183

第十章　西方管理学量化方法性陷阱　210
第一节　研究基本动态分析　211
第二节　数据存在性和获得性制约及研究方向性歧途　217
第三节　数据品质性和应用性制约及研究可靠性打折　221
第四节　数据碎片性和内耗性制约及知识转化性堵塞　224
第五节　方法适用性和解决艰巨性制约及外援救助性失效　228
第六节　制约叠加、损害倍扩下的科学性迷失与拯救　232

第十一章　西方管理学实践应用性苍白　238

第四篇　儒学的本义管理学转型建构之比较镜鉴分析　243

第十二章　本土经济学与管理学建设之逻辑分殊与重点取向　245
第一节　经济学与管理学两大学科本土化建设进展述评　246
第二节　本土经济学与管理学学科建设之逻辑分殊镜鉴　250
第三节　经济学与管理学建设逻辑分殊之根因剖析　256
第四节　本土经济学建设之创新定位与重点任务　261
第五节　本土管理学建设之创新定位与重点任务　265

愿景与展望　271

主要参考资料　273

第一篇
儒学的本义管理学转型建构之内在逻辑挖掘

当前新时代发展态势下，中国本土管理学建构的重要性和迫切性与日俱增，国内外学者分别从不同角度建构了一批各有侧重的中国本土管理理论。但这些成果仍缺乏对中国本土管理学建构的内在基本逻辑的梳理挖掘，理论建构过于零星分散、不成体系。

本篇围绕中国本土管理学建构问题，重点聚焦作为中华文化主流的儒学，进行儒学的本义管理学转型建构基本逻辑挖掘。

第一章论证儒学是一种基于中国本土情境产生和发展成长起来的符合本义管理学标准的本土管理学，具备本义管理学的学科本质。第二章从管理学的本义视角审视，论证《大学》相对于西方《科学管理原理》等著作及其他东方相关文献典籍的本义管理学元典地位。第三章基于中国传统文化特别是儒家文化的思想启示，建构心质管理的基本框架，厘清心质管理在全部管理体系中的元级逻辑地位。第四章从儒学本义视角就儒商概念进行源缘因变式的系统考察，厘清儒商的内在本质规定性及其在新时代中国商业伦理打造中的行动指南价值。

有着本义管理的学科本质对标、本土元典支撑、心质管理成型，以及儒商式商业伦理重塑，儒学的本义管理学转型建构就获得了"为什么可以"的内在性通行逻辑。

第一章
儒学的本义管理学演进路径与学科本质

本章摒弃西方已然型的管理学体系标杆，回归管理学的本义应然型体系标杆，基于管理学的思想性、实践性、系统性、科学性、现代性等五个标准，进行儒学的本义管理学演进路径和学科本质分析。研究表明，儒学本身充溢着丰富的本义管理学思想光芒，汉武帝时的"独尊儒术"使其获得了基于国家治理体系的管理实践机会，《大学》的基本架构勾勒和其他儒学经典的有机融结实现了本义管理学的系统性建构，儒学重点关注人本的立场天然地赋予了其科学性进而赋予其历史穿越性和普世适用性，儒学非神性的开放性特征又使其获得了与时俱进的现代性。

作为中华传统文化主流和国家治理主系的儒学，在其两千余年的历史进程中，先后达到了本义管理学的五个成立性标准，最终具备了本义管理学的学科本质。就本质而言，儒学是一种基于中国本土情境产生和发展成长起来的符合本义管理学标准的本土管理学。

——

新时代的发展对中国哲学社会科学建设提出了更高要求，习近平总书记于2016年5月讲话时提出，要"加快构建中国特色哲学社会科学""充分体现中国特色、中国风格、中国气派"。同时，党的十九大报告和 2022 年通过的《中国共产党章程》直接写入了"推动中华优秀传统文化创造性转化、创新性发展"的表述。

本书认为：第一，改革开放以来我国管理学科发展建设取得了很大成绩，但主体部分多取自西方既有理论、模式和逻辑，本土历史文化基因挖掘融入相对缺乏，对新时代的中国发展建设指导能力不足，而西方现行的管理学科，也受到了包括新旧社会主要矛盾转换和人工智能快速扩张在内的新时代发展的严峻挑战，因此，"加快构建中国特色哲学社会科学"，本土管理学科构建和理论研究尤其重要，且正当其时；第二，中华优秀传统文化的双创性发展需要清晰的目标指向，中国本土管理学科构建和理论研究应该成为转化发展的重要目标指向之一，中国本土管理学科构建和理论研究也需要本源依据，中华优秀传统文化是其基本的本源依据和源力供给。因此，应围绕"从哪里来"的本源起点与"到哪里去"的目标指向相结合的逻辑主线，推进两者的有机耦合和齐头并进。

基于上述分析，本书进一步认为：作为中华传统文化主流和国家治理主系的儒学，在其两千余年的历史发展进程中，先后迈进和达到了本义管理学的思想性、实践性、系统性、科学性和现代性五个成立性标准，最终具备了本义管理学的学科本质，成长为中国本土的管理学。或者说，儒学就其本质而言，是一种基于中国本土情境产生和发展成长起来的符合本义管理学标准的本土管理学。相关研究并不多见，下文就儒学的本义管理学演进路径与学科本质问题进行研究。

第一节 研究基本动态分析

本章研究是基于中国本土管理理论建构的大背景进行的，鉴于有关本章主题的直接性研究过少，本部分将重点基于本土管理理论的研究动态分析来审视本章主题的研究动态。

中国本土管理理论的研究由来已久。改革开放之前，以苏东水[1]为代表的先辈就开始研读《红楼梦》《孙子兵法》等古代经典著作，发表了《中国古代经营管理思想：孙子经营和领导思想方法》等文章，提出了运筹定计、治众用人等一系列经营管理思想，产生了较大影响。改革开放以来，尤其是20世纪80年代中期恢复管理学教育以来，部分学术界前辈基于对中国本土历史和文化基因的挖掘，系统性开展了本土管理理论研究。形成的代表性流派主要有：复旦大学苏东水[2]创立的以"三为、三学、四治、五行"为主线的东方管理理论；西安交通大学席西民等[3][4]基于和谐主题及和则与谐则的互动耦合创立的和谐管理理论；南开大学齐善鸿[5]基于管理文明的核心因子"道"和有机融入后的"精神管理"创立的道本管理理论；中国社会科学院黄如金[6]以中国和合哲学思想为基本指导原则创立的和合管理理论；中国台湾学者曾仕强[7]以太极交互为哲学基本理念、以修己安人为管理目标提出的中

---

[1] 苏东水. 中国古代经营管理思想：孙子经营和领导思想方法[J]. 管理世界，1985，(1).

[2] 苏东水. 东方管理学[M]. 上海：复旦大学出版社，2005.

[3] 席酉民，尚玉钒. 和谐管理理论[M]. 北京：中国人民大学出版社，2002.

[4] 席酉民，韩巍，葛京. 和谐管理理论研究[M]. 西安：西安交通大学出版社，2006.

[5] 齐善鸿. 道本管理：精神管理学说与操作模式[M]. 北京：中国经济出版社，2007.

[6] 黄如金. 和合管理[M]. 北京：经济管理出版社，2006.

[7] 曾仕强. 中国式管理[M]. 北京：中国社会科学出版社，2003.

国式管理理论；夏威夷大学成中英[1]提出以五易理论或五力理论为主要组成的理性管理与人性管理相互结合的C理论；亚利桑那州立大学徐淑英[2]进行的中国管理研究，等等。实际上，根据张佳良等人[3]的梳理，目前已经形成的流派还有善本管理理论、秩序管理理论等，有十多家。

2010年开始特别是2015年以来，本土管理理论研究视角的具体微观性和问题导向性特征明显加强，呈现向回顾总结反思[4][5]、传统文化深探[6][7]、具体问题揭示[8][9]、本土因素考量[10][11]、路径范

---

[1] 成中英.C理论：中国管理哲学[M].北京：东方出版社，2011.

[2] 徐淑英.求真之道，求美之路：徐淑英研究历程[M].北京：北京大学出版社，2012.

[3] 张佳良，刘军.本土管理理论探索10年征程评述——来自《管理学报》2008—2018年438篇论文的文本分析[J].管理学报，2018，（12）.

[4] 曹祖毅，谭力文，贾慧英，等.中国管理研究道路选择：康庄大道，羊肠小道，还是求真之道？——基于2009—2014年中文管理学期刊的实证研究与反思[J].管理世界.2017，（3）.

[5] 吴小节，彭韵妍，汪秀琼.中国管理本土研究的现状评估与发展建议——以基于制度理论的学术论文为例[J].管理学报，2016，（10）.

[6] 苏敬勤，马欢欢，张帅.本土管理研究的传统文化和情境视角及其发展路径[J].管理学报，2018，（2）.

[7] 吕力.中国本土管理研究中的"传统文化构念"及其变迁[J].商业经济与管理，2019，（5）.

[8] 陈春花，吕力.管理学研究与实践的脱节及其弥合：对陈春花的访谈[J].外国经济与管理，2017，（6）.

[9] 贾良定，尤树洋，刘德鹏，等.构建中国管理学理论自信之路——从个体、团队到学术社区的跨层次对话过程理论[J].管理世界，2015，（1）.

[10] 刘小浪，刘善仕，王红丽.关系如何发挥组织理性——本土企业差异化人力资源管理构型的跨案例研究[J].南开管理评论，2016，（2）.

[11] 陈维政，任晗.人情关系和社会交换关系的比较分析与管理策略研究[J].管理学报，2015，（6）.

式探索[1][2]等重点领域集中的趋势。特别是东方管理学派立足复旦大学，创设东方管理学二级学科，建立了从本科到硕士、博士的多层次学科与培养体系，并创立和连续举办了22届世界管理论坛暨东方管理论坛。在平台和阵地建设方面，已经形成了"东方管理论坛""管理在中国""中国实践管理论坛""中国本土管理研究论坛"等思想交流平台和《管理学报》之"管理学在中国"等期刊栏目阵地。

得益于上述研究深耕，中国本土管理学建构已经行在路上。不过相关争议一直如影相随，始终没有停止。其中，韩巍等[3][4]的批判比较直接，认为诸多"中国特色管理学"理论流派的建构，"缺乏组织经验的支持，缺乏对科学理论一般约定的遵循，更像是一种意识形态的说辞"。至于2010年以来的研究对本土管理的理论贡献，不免存在未加慎思之嫌。张佳良等人[5]基于《管理学报》"管理学在中国"栏目10年论文的分析发现，相当部分的本土管理理论研究"多偏向哲学思想，缺乏操作指导；批判指责居多，切实行动偏少"。特别是，目前不同本土管理理论流派往往各自独立，互不相属，彼此缺乏实质性交流，难成共识。这就是说，目前有关中国本土管理理论的研究，多着眼于本土文化的管理哲学层面的提炼和分析，多止步于本土文化情境管理学架构的坐

---

[1]陈春花，马胜辉.中国本土管理研究路径探索——基于实践理论的视角[J].管理世界，2017，(11).

[2]贾旭东，衡量.基于"扎根精神"的中国本土管理理论构建范式初探[J].管理学报，2016，(3).

[3]韩巍.从批判性和建设性的视角看"管理学在中国"[J].管理学报，2008，(2).

[4]韩巍，曾宪聚.本土管理的理论贡献：基于中文研究成果的诠释[J].管理学报，2019，(5).

[5]张佳良，刘军.本土管理理论探索10年征程评述——来自《管理学报》2008—2018年438篇论文的文本分析[J].管理学报，2018，(12).

而论道、外庭踱步阶段，且在诸多原则问题方面存在重大分歧、难成共识。真正挖掘本土文化基因进行的本土管理理论实质架构性研究，真正具有本土文化基因和具备完整管理理论逻辑要件的框架构建，并不理想。

本书认为，本土管理理论体系的建构和发展，参照系的确立极其重要。钱颖一[1]把参照系作为现代学科体系基本分析框架中与视角和分析工具相并列的三个基本部分之一，认为"参照系的建立对任何学科的建立和发展都极为重要"。金碚[2]认为，目前"主流"的经济（管理）学参照范式，是美国借助其地位形成的反映美国域观特征的新古典自由主义理论范式。在这种范式的主导或者垄断之下，一些现实中重要的"特色"现象虽然事实上已经成为常态，主流范式却未予重视，甚至总是欲除之而后快。从而许多反映这种特色性常态现实现象的文献和研究，即使有很高的价值也会被忽视。托马斯·库恩[3]则从一般的学术范式角度评价，认为当某一学科确立一定的科学范式成为"常规科学"后，"大多数科学家倾其全部科学生涯所从事的正是这些（范式留下的）扫尾工作……这种活动似乎是强把自然界塞进一个由范式提供的已经制成且相当坚实的盒子里"，其对"那些没有被装进盒子内的现象，常常是完全视而不见的"，"而且往往也难以容忍别人发明新理论"。

中国本土管理理论研究之所以出现前述情况，一个重要的原因可能就在于对西方管理学参照标杆的选取出现了问题。就当前而言，中国本

---

[1] 钱颖一. 理解现代经济学 [J]. 经济社会体制比较，2002，（2）.
[2] 金碚. 试论经济学的域观范式——兼议经济学中国学派研究 [J]. 管理世界，2019，（2）.
[3] 托马斯·库恩. 科学革命的结构 [M]. 金吾伦，胡新和，译. 北京：北京大学出版社，2012.

土管理理论研究和体系构建，多把西方管理理论体系作为想当然的参照标杆。然而源于1911年泰勒《科学管理原理》的西方管理理论体系，是基于西方文化和社会情境建构成型并借助其强大发展而优势呈现的产物，是一种基于问题导向范式和归纳逻辑路径的从科学管理向行为管理、现代管理、当代管理不断迈进的已然型体系，且目前边界限于工商管理和公共管理。后来的许多管理新理论新流派发生演变及进行价值评判，往往有意无意被标杆化地比对于西方这种已然型体系。然而，将其用作中国本土管理理论研究和建构的参照标杆，不但会因为不在西方的范式盒子内而常常被"视而不见"和"难以容忍"，而且会因文化和社会情境差异巨大而很难合脚对接，始终不伦不类，不免丢失自我，甚至导致在前进方向上出现重大的偏差或走入误区。

实际上，与西方已然型管理理论体系相对应，还有一种本义应然型管理理论体系。中国本土管理理论研究的参照标杆，只有超越西方已然型体系，只有回归本义应然型体系，才能逻辑科学、路径正确地最终到达理想的彼岸。正如韩巍等所言："不要再一股脑地忙于国际接轨，不要再执着于西方管理学界的认同、接纳（他们也早已坠入了自娱自乐的名利场）……（中国管理学者）要善用本土的构念、机制诠释、反思自己最熟悉的生活……不断展现中国管理实践者、学者的理解力、创造力和想象力。"

由此，本义应然型管理理论体系就成了前提性的重要概念。简单说，该本义体系就是围绕本义管理形成的管理理论体系本应的面貌和模式。相对于问题导向范式、归纳逻辑路径、工商和公共管理界限的西方已然型管理理论体系，这是一种顶层规设范式、演绎逻辑路径、超越工商和公共管理边界的应然型体系，体现的是一种"对稀缺资源进行优化配置和充分利用以实现预期目标"的基本理念。[1]这个定义基于管理对象和效率指向等基本要素给出，共识性较好，可避免法约尔等[2]从具体管理职能等角度定义导致的不必要争议。

从本义应然型管理理论体系出发，评判已存在两千余年的儒学是否具有管理学的学科本质，可以从本义管理的思想性、实践性、系统性、科学性、现代性五个标准进行演进路径和学科本质分析。具体来说，第一，要具备管理学的思想性，无管理之思想不能成为管理之学说；第二，必须与社会实践有机结合，实现思想性与实践性的统一，仅停留于思想理论层面是不可以的；第三，要具备系统性框架体系的支撑保障；第四，要通过科学的检验，具备科学属性，非科学甚至反科学是不可以的；第五，必须具备开放性，能够进行与时俱进的现代性转化，自我封闭和固化是不可以的。儒学如果能够通过这五个标准的检验，就能获得本义管理学的学科本质，成长为中国本土的管理学，有一个标准通不过，就将被淘汰。（如表1-1所示）

由此，下文立足这五个基本标准，在把儒学与相关的诸子学说、宗教流派及西方管理学进行比较的基础上，就儒学的本义管理学演进路径和学科本质进行分析。

---

[1]实际上这个管理理念的给出，有可能引出另一个争议性问题，即"管理学的边界究竟在哪里？"。这个问题放在本章最后讨论，此处从略。
[2]袁勇志，宋典.管理的定义与管理理论发展——对法约尔管理定义的检验及反思[J].学术界，2006，（6）.

表 1-1　儒学的本义管理学成立性评判五个基本标准

评判标准	标准一	标准二	标准三	标准四	标准五
标准性质	管理的思想性	管理的实践性	管理的系统性	管理的科学性	管理的现代性
基本含义	必须具备思想性，无管理之思想不可以	必须具备实践性，止步于思想理论不可以	必须具备系统性，零碎杂乱不可以	必须具备科学性，非科学、反科学不可以	必须具备现代性，自我封闭、固化不可以

第二节　儒学的本义管理学思想性审视

儒学体系诞生于春秋战国时代，从其诞生到汉武帝"独尊儒术"再到封建社会结束，两千多年来先后涌现了孔子、孟子、荀子、曾子等儒家代表人物，形成了以《诗》《书》《礼》《易》《春秋》和《论语》《孟子》《大学》《中庸》《传习录》等为代表的儒学经典。

《诗》《书》《礼》《易》《春秋》虽然也是儒学经典，但总体而言是孔子增删前人作品形成的，虽有个人微言大义成分，主体仍然是前人思想。相对而言，《论语》《孟子》《大学》《中庸》《传习录》则是以孔子为代表的儒家核心人物自己真实思想的系统记录，更能贴切反映儒学的本义思想。因篇幅所限，以下有关儒学的本义管理学思想性分析，将以这五本经典著作为代表进行。

一、《大学》的管理思想

《大学》提出"三纲领"和"八条目"的"内圣"和"外王"的人生总体格局思路，整体上看，逻辑严密，体系完整，指向正大光明。特别是其中的"格物、致知、诚意、正心、修身、齐家、治国、平天下"八条目,后四者往往简称为"修齐治平",形成了本义管理体系的四个基本层级架构。

首先是修身管理,这是管理之本,正所谓"一切以修身为本"。在修身基础上的扩展就是齐家,即家庭家族管理。中国古代家国同构,在家庭家族管理基础上进一步扩展,就直接跃升到国家治理的宏观层级。再进一步扩展,就是平天下的天下治理层级。这样,《大学》就以"自我"为原点和本位,从最为微观的修身管理,向着中观的齐家和宏观博大的国家治理和天下治理逐层推开,一个完整的由小到大、从微观到宏观的层层递进、逐层扩展的本义管理体系初步成型,从而"为人们指明了全局的规模、前进的方向和具体的步骤"。[1]

显然,以现代西方已然的管理学体系为参照标准,《大学》提出的修身、齐家并不能得到应有的重视,然而这两个层级的管理恰恰应该是本义管理的基础和原点性质的重要组成部分。已有学者基于对《大学》的思想挖掘,从中国管理功夫的理念和方法等方面进行了探索。[2]还有学者评论指出,《大学》反映的管理思想涉及现代管理的诸多方面,其所提倡的整体和谐观可以成为构建当代管理理论的合理内容。[3]

二、《论语》和《孟子》的管理思想

《论语》和《孟子》以零散语录体形式呈现,实际上提出了以"性善"为人性基础、以"仁义"为本位追求、以"自省"为治身策略、以

---

[1] 论语·大学·中庸[M].陈晓芬,徐儒宗,译注.北京:中华书局,2011.
[2] 智然.《大学》与中国管理功夫[M].南京:江苏人民出版社,2007.
[3] 王博识.《大学》管理思想的理论价值及其现代化功用[J].社会科学家,2008,(1).

"礼用"为表现形式、以"修己安人"为治国之道、以"德政"为治政导向、以"中正中和"为治理目标的管理体系，形成了基于"本己"原点和"仁义"核心的从"治身"到"治政"的清晰演进脉络。特别是，孔子"君子固穷"坚守下的"知其不可而为之"，孟子"富贵不能淫、贫贱不能移、威武不能屈"与平治天下之"舍我其谁"，儒家面对社会人生的这种基本态度，天然地吻合了管理学本义上的积极进取本色。

近年来，多有学者将先秦诸家所言之"治"和今天学科意义上的"管理"并列而论，作为儒家最重要的经典，《论语》和《孟子》对这些问题的阐述具有根源、准则的意义。从管理学的角度对《论语》加以解读或重构，阐释其中蕴含的政治、管理思想，很有意义。[1]《论语》中的政治管理思想对研究中国乃至世界政治管理发展规律是不可或缺的，它提供了"政治管理的一般原理和方法"。[2]现实生活中流传的"半部《论语》治天下"，恰恰说明了《论语》包含丰富的管理思想及其本身的管理学经典本质。

三、《中庸》的管理思想

《中庸》是一部阐述中庸之道的儒家经典，其以"仁"为指导、以"诚"为基础、以"中庸"为方法，旨在追求人与社会的协调和谐发展。"中庸"之"中"是适度、正确的意思，体现了处理事物的正确性；"庸"是平凡、普遍的意思并含有运用之意，体现了适用一切事物

---

[1] 戴黍. "治身"与"治政"——试析《论语》中所见的自我管理思想及其意义[J]. 学术研究, 2017, (5).

[2] 舒绍昌, 马自立. 修己安人的治国之道——《论语》管理思想初探[J]. 东岳论丛, 1989, (4).

的普遍性。

总体来看,《中庸》提出了一种基于国民性的总体处事态度和行为方法,或者说提供了一套基于"和为贵"目标指向的有效的哲学指导和总体方法,讲求在过和不及之间实现均衡,避免出现过犹不及的状态,将内心慈柔的仁爱与刚烈的道义及高远阔达的目标有机融合,周全而不偏激,以最终达到中正、中和、中时的佳境,获得周围人与环境的友好和必要支持。

有学者[1]研究认为,把中庸辩证法运用到管理活动中,可形成"立己立人"的中庸领导智慧、"德法兼济"的中庸管理智慧、"义以生利"的中庸经营智慧,对人类社会的管理活动具有重要的意义。还有学者[2]评价,"中庸"之道是中国传统管理文化领域一种有代表性的管理思维,更是一种管理道德和管理精神,高度凝结着实践理性向道德理性的回归。

四、《传习录》的管理思想

相对于以上儒家四书,《传习录》记录明代王阳明思想,开儒家心学之先,影响深远。阳明的心学体系可以用三句话概括:"心外无性、心外无理"强调心的本体地位和心性修炼在整个人生系统中总开关的价值体现;"致良知、此心光明"给作为人生系统总开关的心性修炼指明行动的方向和具体的标准;"知行合一"将审视的重点从知转换到行上,形成一种典型的实践哲学,一经提出就将儒家行为风貌由之前一度存在的重知轻行、知行分离,甚至清谈玄高、误国误邦之空旷,华丽转身为

---

[1] 黎红雷:"中庸"本义及其管理哲学价值[J].孔子研究,2013,(2).
[2] 李发.实践理性向道德理性的回归:"中庸"管理思维、管理道德与管理精神[J].管子学刊,2015,(1).

高知力行的有强大生命力的实践创造之务实,为心性修炼指明了清晰的实现路径。

有评论[1]指出,从管理思想史来审视,西方人文管理思想没有显著成效的原因在于其思想特质注重人身之外,缺乏一种向内的功夫。阳明心学"良知说""知行合一""致良知"构成的本体功夫论,正是突破西方管理理论这一困境的出路所在。

儒学经典五书提供的重点面向内我的心性管理和自我管理体系中,最为关键的是内向的自省和反思。儒学在这方面也提供了一套成熟的管理解决方案,即"内省自讼"和"求诸己"。"内省自讼"的论述,如"吾日三省吾身,为人谋而不忠乎?与朋友交而不信乎?传不习乎?""见贤思齐,见不贤而内自省也",其基本含义都是立足自己内心的修行标准,正反面参照身边的贤和不贤,经常甚至每天对自己的言行予以内向的反思,求得"苟日新、日日新、又日新"的效果。"求诸己"的论述,如"君子求诸己,小人求诸人""行有不得,反求诸己",其基本含义都是遇到了挫折和困难就要自我反省,从自身而不是身外找原因。这都表明,在心性管理和自我管理过程中,内向的自审和反思被认定为核心要素和关键抓手,只有具备了这种心性管理和自我管理,整体管理才能不断提升。相对而言,内省自讼是一种基于自我内心标准的自觉性内审和反思,求诸己是面对困境主动从自身寻找原因和解决问题,前者侧重于知,后者侧重于行,两者的结合就是内我性知行合一。

综上所述,儒学自诞生之日起就是作为一种以改造发展自我和社会为理想的学说呈现在世人面前的,充溢着丰富的本义管理学思想光芒。正如有学者所言,"几乎现代管理的全部精髓,都可以从儒家思想的基

---

[1] 李非,杨春生,苏涛,等.阳明心学的管理价值及践履路径[J].管理学报,2017,(5).

本观念中开发出来"[1]"一部二十四史几乎就是完整的管理史"[2]。还有学者[3]把"政者正也"之"政"译为含"治理"之意的"govern",认为《论语》的政治管理思想已为中外学者公认。

然而遗憾的是,儒学在先秦时代始终没受到各诸侯国当政者的特别重视和优待。孔子周游列国备受冷遇,说明其坚守的以仁义为基本理念的儒家学说不能给诸侯国带来立竿见影的利益,只能与其他诸子改造社会的学说一样,作为一种管理思想存在。也就是说,先秦儒学因没有获得实践应用的机会,从而局限于纯粹的管理思想层面,没能成长为真正的管理学体系。

第三节 儒学的本义管理学实践性审视

毛泽东认为,理论如果"只是把它空谈一阵,束之高阁,并不实行,那么这种理论再好也是没有意义的"[4]。

历史发展到汉武帝"罢黜百家,独尊儒术",儒学被接纳为国家统治的主流学说,获得了借助国家治理体系的实践性入世机会,从而实现了管理思想性与实践性的有机结合。

《汉书·董仲舒传》记载,元光元年(公元前134年),刘彻召集各地贤良方正文学之士到长安策问。董仲舒在举贤良对策中提出:"《春

---

[1] 王博识.《大学》管理思想的理论价值及其现代化功用[J].社会科学家,2008,(1).
[2] 沈星棣.《论语》管理思想诸要素[J].南昌大学学报(人文社会科学版),1989,(3).
[3] 时和兴.中国传统治道之源——对《论语》中政治管理思想的现代诠释[J].北京大学学报(哲学社会科学版),1996,(4).
[4] 毛泽东选集:第1卷[M].北京:人民出版社,1991.

秋》大一统者,天地之常经,古今之通谊也。今师异道,人异论,百家殊方,指意不同。"因此,"诸不在六艺之科孔子之术者,皆绝其道,勿使并进。"董仲舒的建议因适应政治上大一统和加强中央集权的需要而被采纳。从此,儒学成为封建王朝统治的正统思想学说,并在其后逾两千年的时间里几为各代统治者遵奉。由此,儒家的本义管理思想,在"修齐治平"各个层级的治理中得到了全面深入的实践应用。

一、儒学在修身管理层面的实践应用

《大学》提出的"修齐治平"思想影响深远,就四者的关系而言,"修齐"是基础,"治平"是指向,入仕和治平显然是整个社会导向所在。这种情况下,国家人才选拔的导向实际上就引导了大众的修身指向。

国家在人才选拔方面,汉代实行的是察举制,按举期分为岁科与特科两大类。岁科有孝廉、秀才、察廉、光禄四行,"孝廉"一科最重要。特科分为常见特科和一般特科,"贤良方正"最重要。各科察举虽各有侧重,但在内容上都以"德行"为先,在学问上则以"儒学"为主。隋唐正式确立科举取士制度,唐代常设科目中明经、进士二科最有影响。明经科考试重在各部儒家经典,进士科包括杂文、帖经、策问三类,其中帖经以儒家经典为主。宋元以后,儒家经典四书五经进一步登堂入室,成为学校官定的教科书和科举考试的必读书。以清《钦定科场条例》[1]为例,其对乡试和会试试题范围有详细的规定:"第一场,四书制义题三,五言八韵诗题一;第二场,五经制义题各一;第三场,策问五。""四书题,首《论语》,次《中庸》,次

---

[1] 张友渔,高潮. 中华律令集成(清卷)[M]. 长春:吉林人民出版社,1991.

《孟子》。如第一题用《大学》，则第二题用《论语》，第三题仍用《孟子》。""五经题，首《易经》，次《书经》，次《诗经》，次《春秋》，次《礼记》。"

人才选拔体系之外，国家在官员政绩考核、百姓民风引导等方面，主导实施的同样是儒家学说。这样，儒家学说就通过其在国家人才选拔体系中的主导地位，将其"格致诚正修齐治平"和"忠孝节义"等理念推广转化进读书人乃至社会大众日常的自我修行中，从而实现了儒学在修身管理层面的大众性实践普及。

二、儒学在齐家管理层面的实践应用

以下从三个方面说明儒学思想在齐家管理层面的实践应用。

（一）国家体系对家庭亲情的重视

以对儒家之孝的重视和践行为例，在中国传统社会，家庭伦理是社会伦理的基础，《孝经》一直拥有非同一般的地位。汉代秉持儒家"以孝治天下"国策，将《孝经》升格为儒家经典，此后历代帝王大都热衷于对此进行注解。孝也顺理成章地成为国家选拔人才的基本标准之一。汉代的察举制中，"孝廉"一科最为重要。科举制度正式成型后，考试内容限定于儒学经典，《孝经》是当然的必读。

（二）基于儒家精神的家庭秩序打造

儒家《尔雅·释亲》和《礼记·丧服小记》等打造了一套完整的家庭治理秩序，以"五服"制度最为典型。"五服"制度是基于儒家家族宗族"五世而迁"思想发展出来的一种丧葬礼仪。对一个家庭宗族而言，其亲属包括自高祖以下至玄孙共九个世代的男系后裔及其配偶，通常称为"本宗九族"。在此范围内的亲属，包括直系亲属和旁系亲属，为有服亲属，死为服丧。亲者服重，疏者服轻，依次递减。服制按服丧期限及丧服粗细的不同分为五种,即斩衰、齐衰、大功、小功、缌麻,称为"五服"。五服本指五种孝服,后来也指五辈人。一般情况下,家里有婚丧嫁娶之事,都是五服之内的人参加。五服之外便没有了亲缘关系,可以通婚。这就明确了家族宗族内部成员的角色定位和远近区分,巩固了以宗法制和嫡长子继承制为核心的内部运行体系。

(三)儒家精神的家庭文化凝造

儒家精神深刻地凝结于家庭文化之中,"积善余庆""家和万事兴""耕读传家"等儒家基本理念成了万千家庭的精神指向。"积善余庆"取自《周易·坤》之"积善之家,必有余庆";"家和万事兴"取自《论语·学而》"礼之用,和为贵";"耕读传家"直接将农耕和读书作为两大传家法宝,没有将营商求利列入,显然是对儒家重义轻利理念和"修齐治平"纲领的积极响应。

三、儒学在国家治理方面的实践应用

在国家治理方面,中国的传统理念认为应该同时采取"王"道和"霸"道这两种相辅相成的方式以实现维护君王天下的目标。

"王"道,用孟子的话说就是要建立一套用来感化和教育天下百姓并使其自觉自愿地服从君王绝对权力的道德体系。"仁义礼智信""君臣有义,父子有亲,夫妇有别,长幼有序,朋友有信""君为臣纲,父为子纲,夫为妇纲"等思想实际上发挥了相应作用。[1]

"霸"道,就是通过法律、军队等国家机器,强迫怀疑和挑战君王绝对权力者服从君王的绝对权力。表面上看,以韩非子为代表的法家

---

[1] 马文军,李保明. 古代中国的社会发展观论纲[J]. 河南师范大学学报(哲学社会科学版),2006,(1).

发挥了相应作用，实际上并不全面，有学者提出"法律儒家化"的概念，认为"表面上是为了明刑弼教，骨子里则为以礼入法"[1]。还有学者指出："在中国古代社会中，礼与法是有机的统一体，一旦礼与法有所冲突时，重礼坏法的皇帝不失为仁君；以礼破律的官吏不失为循吏；以礼违法的百姓不失为义民。相反，以律违礼者则会被人们视为暴君、视为酷吏、视为刁民。"[2]可见，儒家礼义的精神和价值不但渗透到律法之中，成为立法的重要理论基础，而且其威慑力远大于法条，往往有着现代意义上法律原则的功效。从实证角度看，以《大清律例》为例，其首篇即为儒家以"自身"为中心的"立爱自亲始"观念的"五服"制度，体现了儒家伦常对律法的深度融入。

四、儒学在天下治理方面的实践应用

下文以儒家和合理念及其践行为例进行说明。

《论语》云，"礼之用，和为贵""君子和而不同，小人同而不和"。《孟子》说，"天时不如地利，地利不如人和"。《荀子》说，"天地合而万物生，阴阳接而变化起，性伪合而天下治"。《中庸》的根本目标是"致中和"。

作为中国传统儒学文化核心和精髓的和合理念，延展为一种包括"天人合一，天下大同，协和万邦"指向的和谐共处的外交思想。在古代文化圈式的全球治理时代，中国在东亚建构了自己的和合式朝贡性治理体系，形成了一种以中国为核心、以日本等国家为外众，以和为主线的儒家文化圈治理秩序。这种以朝贡为特征的和合式外交模式发端于公

---

[1] 瞿同祖. 中国法律与中国社会 [M]. 北京：中华书局，2003.
[2] 马小红. 礼与法 [M]. 北京：北京大学出版社，2004.

元前3世纪的先秦时代，经历汉唐成熟于明清，一直持续到19世纪末期，前后两千多年。就内在关系来看，这种朝贡模式实质上营造了一种"政治上中国得分、经济上番邦受益和安全上华夷共赢"的独特格局[1]，充分体现了儒家文化和合的特性。

作为国家的正统思想学说，儒学得到的是基于整个国家体系的全面而强力的管理实践机会，不局限于以上所述。正如有学者指出的，"儒家思想对中国社会的影响是全方位的"，特别体现在"政治制度和社会秩序的建构上"，并通过"多种制度设计不断地向民间社会渗透"[2]。结果，儒学实现了管理的思想性与实践性的有机结合，从而向着本义的管理学迈进了极大一步。原来并行的诸子学说因没能搭上这个顺风车，只能止步于管理的思想（如果有的话）层面了。当然，由于儒学的开放性，诸子学说中的优秀思想往往因为被儒学吸收转化而得到实践机会。

第四节 儒学的本义管理学系统性审视

在迈过思想性和实践性两个门槛标准之后，儒学要成长为一门完整的管理学科，还需要系统性、完整性框架体系的支撑保障。表面上看，儒学给人一种显然的零碎观感，"既没有完整的体系，又没有周密的论

---

[1] 涂浩然. 认同、规范与外交政策："和合"文化与中国外交战略的历史变迁[J]. 江南社会学院学报, 2011, (4).

[2] 干春松. 儒学概论[M]. 北京：中国人民大学出版社, 2009.

证，只有一些片段的构想和简单的结论"[1]"缺乏理论应有的系统性和逻辑性"[2]，导致相关研究一直停留于管理哲学层面[3]。

实际上，儒学在两千多年的历史演变中，已经具备了管理学的系统性要求。其中，作为儒学思想体系的最高纲领，《大学》首先站在中华历史文化的制高点上，基于中国本土情境和中华哲学理念，建构了一个包括基本层级架构、源点元点聚焦、逻辑结构明确、终极目标定位等在内的东西方普适的本义管理学要件体系。

《大学》系统性建构了本义管理学体系，表面上零碎分散、不成体系的《论语》等儒学经典三书与王阳明的《传习录》一起，得以在实际上围绕这个基本体系，各自立足不同的侧面和重点，融结构筑了一套体系完整、逻辑严密的本义管理解决方案。《大学》可谓"初学入德之门"，是儒家思想体系的最高纲领，建构了本义管理的基本体系。《论语》和《孟子》重点从"仁""义"的纯朴正向"心性"修炼，进而从"治身"到"治政"的结构嵌入方面，《中庸》重点从中庸和谐的外在行为管理方面，《传习录》重点从想即做、知即行的知行合一的行为执行管理方面有机融汇，支撑充实了本义管理学的总体架构。相对于西方已然型管理学聚焦如何管理他人和如何获取当下绩效问题，《论语》诸书建构的本义管理学体系，重点从"自我"的原点和本位出发进行审视，所揭示的政治与管理世界（如果可以称为管理的话）讲得更多的是如何自我管理，聚焦的是与己身密切相关的"能近取譬"的话题，关注的

---

[1] 舒绍昌，马自立.修己安人的治国之道——《论语》管理思想初探[J].东岳论丛，198，（4）.

[2] 王博识.《大学》管理思想的理论价值及其现代化功用[J].社会科学家，2008，（1）.

[3] 孙聚友.论儒家的管理哲学[J].孔子研究，2003，（4）.

是德性的发扬和可期的前景，从而呈现鲜明的自身特征。[1]（如图1-1所示）

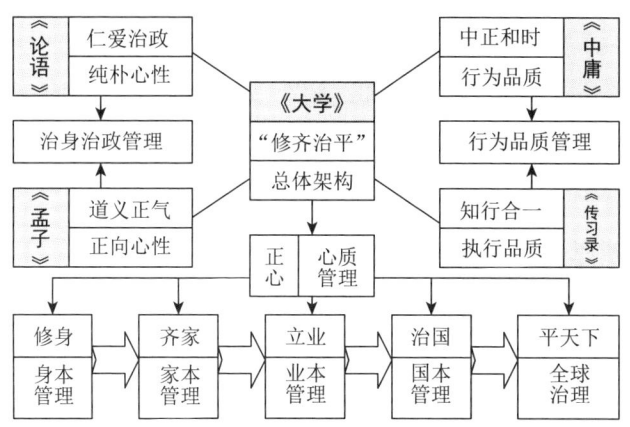

图1-1 儒家经典五书提供的以心质管理为元点的本义管理系统方案

综上所述，儒学拥有包括基本层级架构、源点元点聚焦等诸多关键管理要件在内的系统、完整的框架体系，明显不同于西方的问题导向范式和归纳逻辑路径的、边界限于工商管理和公共管理的已然型管理学体系，是一种顶层规设范式和演绎逻辑路径的边界超越工商管理和公共管理的应然型管理学体系，更加逼近管理学本应的面貌和模式，是一种本土的本义管理学体系。

---

[1]戴黍. "治身"与"治政"——试析《论语》中所见的自我管理思想及其意义[J]. 学术研究, 2017, (5).

第五节 儒学的本义管理学科学性审视

儒学向着本义管理学的演进，在先后跨越了管理的思想性、实践性、系统性的标准门槛之后，要想最终转化成长为真正的本义管理学，还需要获得管理的科学性标签和入场券。可喜的是，儒学本身实际上已经具备了这样的标签和入场券。[1]

一、儒学基本内容的科学性

相对于古代宗教重点关注人神之学说和陷入唯心主义的必然非科学性，儒学虽然间有神鬼记述，但从根本上说，其关注的重点是人与人之间的关系。人与人之间基本关系的内在稳定性，使得儒学建构的基本体系天然地获得了内在的科学真理性、历史穿越性和世界普适性。

儒学建构的基本体系内容有：孔孟主张的仁爱和道义；"己所不欲，勿施于人"和"己欲立而立人，己欲达而达人"的忠恕之道；包括"仁义礼智信"和"厚德载物""成人之美""与人为善""和而不同"等在内的君子人格；"三人行必有我师焉"的求学上进；"知之为知之，不知为不知"的实事求是；"三军可夺帅也，匹夫不可夺志也"的浩然正气；"知其不可而为之"的信念执着与舍我其谁的使命担当；"内省自讼"和"求诸己"的内向问索；"不义而富且贵于我如浮云"的义利正念；"善政仁政"的国家治理理想；"修齐治平"的人生格局和"明德""新

---

[1] 科学是现代化的核心内容之一，就儒学的科学性问题进行审视，是一个极其重要的问题。马来平在2016年第8期《自然辩证法研究》发表的《儒学与科学具有根本上的相容性》一文指出，科学性不仅决定着儒学本身的现代命运，而且由于儒学在中华传统文化中的核心和主流地位，其又进一步决定着中华传统文化创造性传承和创新性转化的必要性和可行性，以及中国现代文化的建设方向。可喜的是，儒学本身并不排斥科学性，其核心精神不但具有科学性，其整个体系实际上也是与科学体系有机融合的。

民""至善"的纲领设定;"知行合一"的行为风格;"过犹不及"理念下"致中和"的周全而不偏激态度……

有学者[1]指出,作为一个存在了两千余年的具有深远影响的思想理论体系,儒学在人际关系、天人关系和相应的社会治理方式上,以及在"此世"成就人生终极价值的目标和途径等方面,明显不同于西方,"理所当然地内含着普适性的人类价值,包括有助于新型文明建设的原理和法则"。

二、儒学内生的格物致知的科学基因

"格物"和"致知"出自儒家经典《大学》。宋以前,"格物""致知"二者极少连用,理解也很不统一。宋代朱子把《大学》从《礼记》中独立出来,并提炼出作为初学入德之门的"三纲领""八条目"。"八条目"的首要两个环节就是"格物"和"致知",这二者被提升为整个儒学的核心理念。朱子强调从"格物""致知"的知识修养范畴向"诚意""正心"的道德修养范畴的层层递进的逻辑进程。

对在知识修养范畴的"格物""致知",朱子训"格物"为"即物穷理",突出了探知外在事物的本质和规律的重要性。根据朱子"理一分殊"理论,宇宙由万事万物组成,每一事每一物都各有其理,整个宇宙又存在一个共同"天理"。只有先对每一事物之理进行"格物致知"式的研习,达到对万事万物的"穷极物理",才能对宇宙的"极致之理"实现贯通。由此,格物致知的地位提升和认知逻辑明确,为儒学面向自然科学进行探索开辟了一条宽广的道路。

宋代是中国古代科学技术发展的一个高峰,沈括等科学大家和活字

---

[1] 李宪堂.也论儒学的现代价值[J].天府新论,2017,(1).

印刷等重大科技发明都在宋代出现，显然与宋代理学的格物致知的思想转变不无关系。即使是对儒学的科学性持批判意见的李约瑟[1]也说："宋代理学本质上是科学性的，伴随而来的是纯粹科学和应用科学本身的各种活动的史无前例的繁盛。"明清时期，"格物穷理"概念进一步指向科学，利玛窦等传教士就是以格物穷理名义在中国传播西方科学知识的。近年有学者[2]认为，"格物致知是儒学内部生长出来的科学因子"。

三、儒学理论体系相容于科学体系

儒学虽然总体上归属于人文哲学领域，但其具有指向科学性的导向，或说有着通向科学性的相容性。可以从以下三个方面予以说明。

（一）儒学与科学在终极目标上具有一致性

科学是一种求真活动，其目的是追求真理，但科学不能止于真理，而必须在一定的价值指向引导下进行探索。儒学的核心是仁爱，期待实现人与人之间的良性关系架构，最终达到"致中和，天地位焉，万物育焉"的和谐状态。从这个角度讲，儒学是一个完善的价值引领系统，对科学活动具有方向性的引领作用。因而可以认为，儒学与科学具有求"真"和求"善"以最终达到求"美"目标的内在统一关系。

（二）儒学与科学在思维方式上具有互补性

整体思维、直觉思维和意象思维等非逻辑的创造性思维，是儒家的主导思维方式。实际上，在科学的求真实证活动中，非逻辑的创造性思维方式占有相当大的比重。爱因斯坦非常重视非逻辑的创造性思维，认

---

[1] 李约瑟. 中国科学技术史（第二卷）：科学思想史 [M]. 何兆武，李天生，胡国强，等译. 科学出版社，上海古籍出版社，2018.

[2] 马来平. 格物致知：儒学内部生长出来的科学因子 [J]. 文史哲，2019，（3）.

为："我们在思维中有一定的权力来使用概念，而如果从逻辑的观点来看，却没有一条从感觉经验材料到达这些概念的通道。"[1]

（三）儒学与科学在社会功能上具有共济性

对科学技术的不当应用会导致战争的破坏和威胁、生态的失衡和环境的污染等问题。在这个角度上，科学是具有消极社会功能的。对这些消极功能进行救治需要理念、制度、法律等多管齐下，这些手段的使用和发挥从根本上说受制于价值观。儒学的"仁爱""和谐"等价值观塑造有助于消解科学的消极社会功能问题，可端正科学的发展方向。

四、儒学与科学相互促进的历史实践

儒学虽然奉持"道本艺末"的立场，强调道德地位，但并不排斥科学，孔子对"依于仁，游于艺"的重视，朱子对"格物""致知"的强调，可为证明。在历史发展进程中，儒学实际上是中国古代科学技术的包容者，儒家经典及历代儒家注疏类文献中就包括许多先进的科技著作和知识。《大戴礼记》中的《夏小正》，《小戴礼记》中的《月令》，《尚书》中的《禹贡》《尧典》，以及《周礼》中的《考工记》等都是中国古代的重要科技著作。《易》《诗》《书》《周礼》《仪礼》《礼记》以及《论语》《左传》等儒家经典涉及许多数学问题，在北周被整理形成《五经算术》，列入《算经十书》，成为数学名著。在儒家思想指导下编撰的历代正史中的《天文志》《律历志》《地理志》《艺文志》《食货志》等部分都是关于自然科学知识的专项记载。儒家经典之一《周易》，号称"《易》道广大，无所不包，旁及天文、地理、乐律、兵法、韵学、算术"。

---

[1]许良英，等.爱因斯坦文集（第1卷）[M].北京：商务印书馆，1977.

中国古代天、算、农、医诸学相对发达，长期居于世界领先地位，儒学是中国古代主流思想学说，科学技术与儒学之间具有明显的相辅相成关系，可以说两者是相互促进的。

儒学的科学性及其与科学的相容性得到了学者的认可。[1]钱穆先生[2]指出，科学的范畴应该包括格物、格心、格天三个方面，西方科学重在格物，中国儒学重在格心，两者共同致力于格天，从而达到儒学与科学的和谐的统一。梁启超早期持"儒学本位"立场，中期持"科学万能"态度，后期则认为二者不可相互取代。[3]

在儒学基本体系的科学性获得认可的同时必须指出，儒学体系中存在一些过时的背离基本价值标准的不科学内容，如"唯女子与小人为难养也""三纲五常"，对这些观点应予以摒弃或修正。还需要指出，在儒学是否可以归属于宗教的问题上学术界有着热烈的争议[4][5][6]。实际

---

[1]学术界长期以来在儒学的科学性方面存在一些误区，认为儒学不具有科学性或者与科学不相容。马来平在2014年第6期《文史哲》发表《试论儒学与科学的相容性》一文，总结代表性观点主要有儒学"不需要科学论""轻视科学论""阻碍科学论"等。"不需要科学论"以冯友兰为代表，认为"中国哲学家不需要科学的确实性，因为他们希望知道的只是他们自己"。"阻碍科学论"以李约瑟为代表，认为"在整个中国历史上，儒家反对对自然进行科学的探索，并反对对技术做科学的解释和推广""它对于科学的贡献几乎全是消极的"。近代以来，严复、梁启超、蔡元培、鲁迅等均认为儒学对科学有阻碍作用。近期还有学者在英国《自然》发文，重提"孔庄传统文化阻碍中国科研""它们使得中国上千年一直处于科学的真空地带，它们的影响持续至今"。实际上，这种将儒学与科学完全对立起来的认识，从本质上说是片面的和非科学的，其原因或者在于没有对儒学特别是原始儒学进行完整准确的理解把握，或者在于特殊历史发展时代的矫枉过正。

[2]刘仲林.中国交叉科学（第1卷）[M].北京：科学出版社，2006.

[3]苗建荣.论梁启超对儒学与西方科学的态度[J].科学技术哲学研究，2019，（2）.

[4]洪修平.殷周人文转向与儒学的宗教性[J].中国社会科学，2014，（9）.

[5]蔡尚思.儒学非宗教而起了宗教的作用[J].文史哲，1998，（3）.

[6]段德智.近30年来的"儒学是否宗教"之争及其学术贡献[J].晋阳学刊，2009，（6）.

上，无论是否归属宗教，儒学与宗教至少存在一个明确的区别，就是宗教明显以神的存在为中心，儒学虽间有论及神鬼，但根本上是现实的、务实的，是以孔子思想学说为中心展开的。从这个角度看，宗教正是因为其神性的存在和唯心主义的本质，虽然其思想体系也具有一定的管理色彩并得到一定的社会实践，但最终难以通过科学性的考验，从而只能中途下车，挥别管理学。就如毛泽东所言，"神话并不是根据具体的矛盾之一定的条件而构成的，所以它们并不是现实之科学的反映"。[1] 儒学则因非神性的人文特征，获得了科学性，进而获得了穿越性和普世性的通行证。

第六节　儒学的本义管理学现代性审视

儒学获得了本义管理学框架下的思想性、实践性、系统性、科学性，四性俱备，可以说，儒学的本义管理学体系已经基本成型。不过，这是一个漫长的大浪淘沙式的历史演进历程，精华中必然混杂糟粕，正确背后必然沉淀谬误，因而需要基于时代眼光和发展标准予以再次审视和沙汰。实际上，基于时代眼光进行审视，儒学是一种以人而不是以神为中心的学说，就使得儒学天然地具有了开放性和嵌入性，具备了随着时代发展而自我扬弃转补的与时俱进性，具备了迈入现代化的充分条件。

---

[1] 毛泽东选集：第1卷[M]．北京：人民出版社，1991．

一、儒学与时俱进地获得现代性的主要表现

（一）对儒学精华部分实现了良好的传承和光扬

以儒学的和合思想为例，从孔子的"礼之用，和为贵"，到孟子的"天时不如地利，地利不如人和"，再到中庸的"致中和"，儒学的核心和精髓正在于和合。两千余年的历史演变，儒家和合思想贯穿历史，直至当下，深刻地影响了当代中国从个人到家庭到行业到国家各个层次的方方面面。家庭层面崇尚家和万事兴，事业层面认同和气生财。在国家层面，中国选择的是中国共产党领导的多党合作和政治协商制度，是一种与和合式传统文化一脉相承的协商式政党和政治制度。和合文化进一步传递到外交方面，中国建构了一种全新的基于和平共处五项原则的全球外交模式。

从学科的角度讲，经历两千余年的历史演变与沙汰，儒学的本义管理学基本框架也已基本成型，其以内向的心性修炼与管理为核心，由《论语》之仁爱的纯朴心性、《孟子》之道义的正向心性、《大学》之"修齐治平"的总体格局和高远目标、《中庸》之中正和时的行为品质、《传习录》之知行合一的执行品质共同支撑。基于心性管理的外向扩展，就是管理的修身、齐家、治国、平天下诸具体管理层级的推广应用，形成本义管理的总体框架。

（二）对儒学糟粕部分能够适时摒弃和清理

"唯女子与小人难养也""君为臣纲，父为子纲，夫为妻纲""饿死事小、失节事大"等因其本身的谬误已经或正在为现实摒弃和清理，此不赘述。

需要特别指出的是，自汉武帝"独尊儒术"之后，儒学一方面获得了在国家权力体系内部的正统地位，但另一方面，专制王权体系也为统治需要向儒学体系渗透和注入了诸多原本并非儒学本义的文化毒素，在

一定程度上扭曲了儒学本义体系。这就是说，儒学中存在的糟粕，有可能原罪不在儒学本义，而在专制统治的渗透和加注。

（三）对儒学合理部分能够适时转入当代国家治理体系予以实践

实际上，儒学仁爱和道义的内在核心、"知行合一"的行为风格、"过犹不及"和"致中和"的周全而不偏激、"知其不可而为之"的信念执着、"舍我其谁"的使命担当、"以义为利"的价值取向、"修齐治平"的发展格局、"大道之行，天下为公"的善政指向，都已经深深地刻印在当代中国的国家治理体系，使得中国的国家治理体系从本质上呈现为一种不同于西方逐利型的使命型家国社会治理框架。

（四）对儒学空缺部分能够适时补充和纳新

以《大学》提出的"修齐治平"总体发展格局为例。儒学对"商利"有着本能性的高度警惕，孔子"君子喻于义，小人喻于利"的告诫、孟子"仁义而已，何必曰利"的批判、《大学》"国不以利为利，以义为利也"的严正，都将"义""利"放置于对立的两端。这样，《大学》作为朱子所言的儒家"为学纲目"和"四书之首"，其提出的"修齐治平"总体发展格局，从"齐家"到"治国"是一种跨层性跃进设计，中间包括商贸求利在内的广阔的"公共空间"，"被漠视"了。显然，这并不是儒学的疏忽，而是义利对立理念下对商贸求利活动高度警惕之下的刻意摒弃。

1840年第一次鸦片战争之后，西方的资本逐利和工具理性伴随着其坚船利炮进入中国，并以强势文化的姿态对中国工商企业界原本的从商生态形成了巨大冲击。不经意间，仁义坚守的可能逐渐松动，唯利是图的可能步步紧逼，工具理性的可能日益渗透，精致利己的可能无所不至，开始在整个社会蔓延，整个行业的道德底线有可能日益下降甚至最终失守。[1]

这种情况下，包含近现代社会发展对商人阶层的义利并重良好心理期待的儒商理念适时而出。这是对中西方营商理念的有价值的折中调和，是把原本面对义利困惑各自选择固守一端进行了有机调和，使之从各自的边端向"中正""中和""中时""中权"的中间点位有效迈进。从根本上讲，则是在儒学"修齐治平"原生框架中间，与时俱进地弥补了工商经济的这一缺课。对新时代发展的使命型家国治理体系建构而言，在经济层面打造使命型工商企业经营者这一经济建设中坚力量是重要组成，儒商理念实际上包含这个期待，从而获得了时代的价值赋予。

二、管理学的边界在哪里

儒学迈向本义管理学的扬弃转补和与时俱进式的现代性扩展，会引出一个争议性问题——管理学的边界究竟在哪里？

根据本书给出的本义管理框架，管理学的边界将大大扩展，几乎扩展到所有学科领域，管理学与其他学科之间将呈现一种相互融汇嵌入的关系。按照一般逻辑理解，管理学是与工学、理学等并列的一个学科门类，其与其他学科门类应该有清晰的边界。实际上，管理学与工学、理学等并列划分的学科门类之间，并不是简单的并列关系，而是一种层级与并列结合的关系。

如果说哲学是当今科学体系中最高层级的统领性学科，其他学科就是面向各细分领域的第二层级的具体学科，管理学便是承接第二层级各具体学科的指向现实应用的实践学科。或者说，哲学是形而上学的哲理

---

[1] 李军，张运毅. 基于儒商文化视角构建新时代商业伦理探析[J]. 东岳论丛，2018，(12).

思辨学科，其他学科是形而中学的理论建构学科，管理学是形而下学的实践应用学科，从而，管理学深度融汇嵌入了各具体学科内部。正如周劲波等人[1]所言，"现今的科技必须加上或者说包括有管理的理论和技术才是真正意义上的科学技术"。根据蔺亚琼[2]的研究，管理学在中国是凭借系统论而"大张旗鼓"地进入科学领域的，而系统论认为大企业以及国家各部门都可以被看作一个体系，管理科学在其中有着具体的应用和实践。用一句话总结，管理和管理学与其他活动和学科本就是一种深度融汇嵌入的关系，而不是彼此并列的关系，其边界本就应扩展到各学科内部。（如图 1-2 所示）

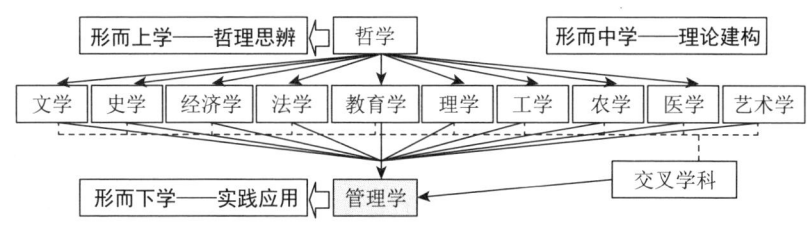

图 1-2　管理学与其他学科门类的关系结构示意

第七节　研究结论

本章的主要内容是，摒弃西方已然型的管理学体系标杆，回归管理学的本义应然型体系标杆，从管理学的思想性、实践性、系统性、科

---

[1] 周劲波，王重鸣. 论管理学在当代科学体系中的学科地位和意义[J]. 科学学研究，2004，（3）.
[2] 蔺亚琼. 管理学门类的诞生：知识划界与学科体系[J]. 北京大学教育评论，2011，（2）.

学性、现代性五个标准，进行了儒学的本义管理学演进路径和学科本质分析。

儒学从诞生发展到今天，总体上向着本义管理学逐步迈进并达到了上述五个标准，最终具备了本义管理学的学科本质。对儒学进行五个标准的本义管理学演进路径和学科本质分析，恰恰也是中国本土管理学体系挖掘和建构的过程。

一、本研究具有很好的学科发展价值

目前的管理学主流体系是西方的已然型体系，从泰勒的科学管理开始，基于西方文化和社会情境，以问题导向为范式在工商管理和公共管理领域内开展研究，是一种归纳型逻辑路径，最终走入了管理丛林的泥潭不能自拔。20世纪80年代以来的量化工具特别是统计实证工具在管理研究领域的大量应用，进一步使这种西方体系与管理实践之间出现了巨大的鸿沟。本研究面向儒学，基于中国本土情境和管理学本义体系标杆，挖掘建构了一套立足管理本义内涵和演绎逻辑路径的应然型体系，更加逼近管理学体系本应的面貌和模式。

从这个角度讲，这种本义应然型管理学体系的建构，不但能够以其整体化、系统化的优势有效弥补西方已然型体系碎片化、零散化的不足，还能够通过归纳性逻辑路径与演绎性逻辑路径的结合，将工商管理、公共管理向"修齐治平"诸领域扩展，形成相辅相成、相得益彰的更为完善的管理学体系。

二、本研究具有很好的时代价值

改革开放以来，我国管理理论研究和体系建设取得了很大成绩，但仍然存在诸多不足。在这种情况下，习近平于2016年5月提出，要

"加快构建中国特色哲学社会科学""充分体现中国特色、中国风格、中国气派"。同时，党的十九大报告和 2022 年通过的《中国共产党章程》直接写入了"推动中华优秀传统文化创造性转化、创新性发展"的表述。

推进以中国本土管理学科为重要组成部分的中国特色哲学社会科学建设，需要考虑本源依据，中华优秀传统文化特别是作为其主流的儒学文化应该是基本的本源依据所在。中华优秀传统文化尤其是其主流的儒学文化的双创性转化发展，除了必要的训诂挖掘等工作之外，也需要清晰的时代指向，以中国本土管理学科为重要组成部分的中国特色哲学社会科学建设，应该成为转化和发展的重要时代指向之一。两者之间应该是一种"从哪里来"和"到哪里去"的逻辑推进关系，将两者从本源起点与时代指向的角度有机耦合，才能将日用而不觉的管理属性的儒学，真正从本义管理的视角进行审视，将其转化发展为可用的本土管理学体系，这也就为本研究赋予了应有的时代价值。[1]

---

[1] 儒学的现代性传承与转化发展，实际上至少有章句训诂、传媒译讲、宗教升格、学科转化四种路径备选。章句训诂是基础所在，非常重要，但其本质是历史回归性的而非现代转化性的。传媒译讲，往往局限于面向社会大众进行优秀儒学文化典籍的抽章取节式的松散说教。儒学的宗教升格路径一度受到推崇，近现代以来，先后有康有为孔教说、牟宗三圆教说、任继愈儒教说、陈明公民宗教说等观点。实际上，儒学是不是宗教本身就具有极大争议，新建构一种宗教用于当代家国社会治理，与当前国情不符。在这种背景下，通过儒学的管理学科转化，实现从软性说教的伦理学向硬性应用的管理学转向，以期实现在当代社会生活和国家治理中的更好应用，可能是比较好的路径选择。

第二章

《大学》的管理学本义价值与元典地位

本章基于"加快构建中国特色哲学社会科学""充分体现中国特色、中国风格、中国气派"的时代背景,从管理的视角对儒家典籍《大学》进行重新审视。

对总体管理学基本层级的总体架构、源点元点的关键聚焦、逻辑结构的清晰确定、终极目标的人本回归,使《大学》获得了全新的管理学本义价值。在总体管理学中对心本(质)管理和我本管理的元点性结构嵌补启示、对家本管理的元力性结构嵌补启示、对国本治理和全球治理的差异性结构嵌补启示、对业本管理的与时俱进性结构嵌补启示,进一步夯实了《大学》管理学的本义价值。

从管理学本义视角审视,无论是相对于西方《科学管理原理》等著作,还是相对于其他儒家经典与佛道文献,《大学》都堪称名副其实的本义管理学元典。

一

尽管包括儒学的本义管理学转型建构在内的中国本土管理学建设已经推进了很长时间,相关建设也取得了不小进展,但一个原点性的问题仍然需要予以足够的重视——中国本土管理学或者儒学的本义管理学转型建构的现实可行性究竟有多高？

显然，这取决于中国本土历史文化情境[1]在管理的思想、实践和典籍三个基本方面能否提供有效支撑。管理的思想、实践和典籍三个基本方面之间具有内容与载体的逻辑关系。没有内容性的思想与实践创造，就不可能有载体性的典籍存留支撑，中国本土管理学或者儒学的本义管理学转型建构就不可行；有了内容性的思想与实践创造，缺失载体性的典籍存留支撑，同样也不可行，三者之间实际上是一种实践催生思想形成典籍再形成逆向支撑的关系。可见，是否可行的关键是有无相应的典籍存留支撑，特别是"学科经（元）典是学科的基石"[2]。要想建构并行于西方的中国本土管理学或者儒式本义管理学[3]，仅凭一般性的典籍存留支撑是不够的，必须有元典型的典籍[4]存留支撑。

令人欣慰的是，中华民族数千年的历史发展，在管理方面不但有丰富的思想与实践创造，而且有大量的典籍文献存留支撑，特别是有以儒家《大学》为代表的元典性典籍文献存留支撑，为中国本土管理学和儒学的本义管理学转型建构提供了现实可行性。传统视角往往把儒家《大

---

[1] 党的十九大报告指出，中国特色社会主义文化，源自中华民族五千多年文明历史所孕育的中华优秀传统文化，熔铸于党领导人民在革命、建设、改革中创造的革命文化和社会主义先进文化。

[2] 薛理桂.学科经典是学科的基石[J].图书馆论坛，2017，（9）.

[3] 实际上就拟建构的中国本土管理学而言，其应该是东西方普适性的还是东方特殊性的，学术界的认识存在很大差异。本书认为，中国本土管理学应该是中国学者基于中国本土情境建构的一种管理学科体系，一方面应该充分体现中国本土的本源特色，具有本土特殊性；另一方面必须具有面向全球的普适性，能够长入整个管理学科的总体体系之中。

[4] 中国本土管理学元典，是有特定含义和标准的。具体说，首先要具备先在性、超时代性、权威性、普适性，还必须对中国本土管理学本体系统完整的建构发挥作用，能够较为清晰地回答相应的结构组成、核心内容、内在逻辑等关键问题。其实任何一个学科或一种理论的元典，均应符合上述标准。

学》归置于哲学、伦理学等领域进行审视，将其归置于管理学领域进行审视颇为少见[1]，偶尔有之或是边缘涉及[2][3]，或是名实不符[4]，可谓很不理想。

根据前面的分析，中国本土管理学或者儒学本义管理学转型建构的参照标准，必须超越西方已然体系标杆，必须回归本义应然体系标杆，如此才能逻辑路径正确地最终达到本土学系的彼岸。也正如前文所述，管理学的本义应然体系就是围绕本义管理基本理念形成的管理学体系本应的面貌和模式。相对于问题导向范式、归纳逻辑路径、工商和公共管理界限的西方已然型管理学，这是一种顶层规设范式、演绎逻辑路径、超越工商和公共管理边界的应然型体系。从这个基本理念出发，管理学本义应然体系的基本框架显然至少应该包括管理的基本层级架构、管理的源点元点聚焦、管理的逻辑结构明确、管理的终极目标定位等几个基本要件。

由此，本章基于中国本土管理学建构背景，回归管理学本义应然体系的参照标杆，重点从本义应然体系包括基本层级架构、源点元点聚焦、逻辑结构明确、终极目标定位等基本要件在内的普适性总体架构和结构性嵌补启示角度，及与西方《科学管理原理》和其他中华传统经典的相对比较角度，就《大学》的管理学本义价值与元典地位进行剖析。

---

[1] 魏义霞.论谭嗣同的经典解读——以《春秋》《大学》为例[J].文史哲，2017，（2）.
[2] 王萍.先秦儒家宏观经济管理思想探析[J].理论学刊，2010，（12）.
[3] 张玉新.诠释及其限度：对先秦儒学进行管理哲学诠释的方法论反省[J].学海，2008，（2）.
[4] 智然.《大学》与中国管理功夫[M].南京：江苏人民出版社，2007.

第一节 《大学》的历史渊源与基本内容

《大学》是一篇论述儒家修身齐家治国平天下思想的散文，源于《礼记》第四十二篇。班固在"《记》百三十一篇"下自注"七十子后学者所记也"，认为《礼记》主要成书于战国初期至西汉初期。清代崔述认为，"凡文之体，因乎其时……《大学》之文繁而尽，又多排语，计其时当在战国"。[1] 一般认为，《大学》的成书时代大体在孔子、曾子之后和孟子、荀子之前的战国前期，即公元前5世纪左右，是出于曾氏儒派的纯儒家作品。[2]

宋代以前，《大学》一直从属于《礼记》。东汉郑玄将西汉后期流传的各种《礼记》抄本相互校对并作注解，使《礼记》大行于世并得以流传。郑玄所著《三礼注》中的《礼记·大学》是现今可考最早的《大学》研究著述。唐代孔颖达解读《大学》时重点强调"诚意"的关键性作用，将《大学》文本分为两大段，为朱熹将《大学》分为"经""传"两部分做了铺垫。韩愈把"仁义"定为"道"的根本，并以《大学》为依据，提出了"正心、诚意、修身、齐家、治国、平天下"的儒家道德修炼路径。他在《原道》中引用《大学》"古之欲明明德于天下者"来证明和张扬儒家道统，并把《大学》《孟子》《易经》视为同等重要的"经书"，提高了《大学》在儒家道统中的地位。

宋代的程颢、程颐将《诗》《书》《礼》《易》《春秋》称作"大经"，将《大学》《中庸》《论语》《孟子》称作"小经"，并继续尊崇儒家经学的正统地位，认为《大学》是"孔氏遗书""圣人之完书""入德之

---

[1] 崔述. 洙泗考信录[M]. 上海：上海古籍出版社，1983.
[2] 李世忠，王毅强，杨德齐. 《大学·中庸》新论[M]. 北京：北京工业大学出版社，2012.

门"。[1]朱熹将《大学》从《礼记》中抽取出来,为《大学》《中庸》做章句,为《论语》《孟子》做集注,把它们编在一起,做《四书章句集注》。经此,《大学》与《中庸》《论语》《孟子》合称为"四书",并被确立为"四书之首"。

《大学》篇幅并不长,分为"经"和"传"两部分,分别占一章和十章的篇幅。朱子《大学章句》认为,"经"是"孔子之言而曾子述之",传是"曾子之意而门人记之"。[2]实际上《大学》之中,经文是总纲,是宗旨,具有统摄全书的重要作用,是其余各章的根据。《大学》之经文就其核心而言,提出了"三纲领""八条目"的基本架构。"三纲领"即"明明德、亲民、止于至善";"八条目"即"古之欲明明德于天下者,先治其国;欲治其国者,先齐其家;欲齐其家者,先修其身;欲修其身者,先正其心;欲正其心者,先诚其意;欲诚其意者,先致其知;致知在格物"。"八条目"概括而言就是"格物、致知、诚意、正心、修身、齐家、治国、平天下"。《大学》提出的"三纲领"和"八条目",强调修己是治人的前提,修己的目的是治国平天下,从而实现治国平天下和个人道德修养的一致通达。

儒学是中国传统文化的主流,《大学》是儒学的核心元典,占有"四书之首"的重要地位。朱子认为,儒家经典之中的《大学》是"为学纲目",是"修身治人底规模",好像盖房子,读《大学》等于搭好房子的"间架",可以为将来"却以他书填进去"。[3]也就是说,无论是从做学问研究儒家诸多经典出发,还是从实践上修己治人的人生事业

---

[1] 程颢,程颐.二程集[M].北京:中华书局,1981.
[2] 朱熹.四书章句集注[M].北京:中华书局,1983.
[3] 黎靖德,等.朱子语类[M].北京:中华书局,1994.

出发,《大学》都指明了全局的规模、前进的方向和具体的步骤。所以,《大学》可谓既是学者"初学入德之门",又是整个儒家思想体系的最高纲领。

宋元以后,《大学》成为官定教科书和科举考试必读书,宋以后几乎每个读书人都会受到《大学》的影响。《大学》提出的"修齐治平"思想,几乎成为读书人的唯一标准理想。[1]

第二节 《大学》与本义管理学体系的普适性总体架构

如上文所述,传统视角往往把《大学》归置于儒学经典,从伦理学等角度进行审视。其实,作为整个儒学思想体系的最高纲领,《大学》站在整个中华历史文化的制高点上,基于中国本土情境和中华哲学理念,建构了一个包括基本层级架构、源点元点聚焦、逻辑结构明确、终极目标清晰在内的东西方普适的本义管理学总体框架,从而具有了显然的管理学本义价值。

一、《大学》与本义管理学体系基本层级的总体架构

本义管理学体系的成型和建构,必须回答的重要问题之一是,其总体管理学体系的基本层级架构应该是什么样的?或者说,其总体管理学体系应该由哪些基本层级组成?

就西方管理学的发展历程看,泰勒《科学管理原理》在 1911 年的出版,一方面标志着现代意义上的管理学正式成型,另一方面开启

---

[1] 黄鸿春. 四书五经史话 [M]. 北京:社会科学文献出版社,2011.

了通往现代大工业体系和大型企业组织的大门[1]，或者说该著作的出版将现代意义上的管理学基本架构锚定于企业（工厂）管理或者组织管理的层级范畴。之后，西方管理学的边界不断扩展。在目前美国的 CIP（Classification of Instructional Programs，学科专业分类系统）中，"工商管理""公共管理"和"图书馆学""工程学"彼此独立并列，"农业管理"和"农业经济"归属农学，其上并无统领性的"管理学"标签。德日等国的学科体系中也没有独立的"管理学"大类。[2]

中国则基于自身特色发展形成了自成体系的大管理学科门类。根据国家《授予博士、硕士学位和培养研究生的学科、专业目录》，"管理学"独成一个学科门类，下设"管理科学与工程""工商管理""农林经济与管理""公共管理""图书情报与档案管理"五个一级学科。这样，如果把作为整体管理学基础的"管理科学与工程"单列的话，则完整意义上的管理学科有四个，即"工商管理""农林经济管理""公共管理"和"图书情报与档案管理"。国家自然科学基金委员会管理科学部的划分有所不同，把整体"管理学"分为"管理科学与工程""工商管理""经济科学"和"宏观管理"。如果把非并列性的"管理科学与工程"单列，完整意义上的管理学科实际上有三个，即"工商管理""经济科学"和"宏观管理"。

显然，就管理学体系的基本架构而言，西方显得颇为零碎分散，中国虽然呈现明显的系统性特征，但管理学体系的基本划设并不科学严

---

[1] 李新春，胡晓红. 科学管理原理：理论反思与现实批判 [J]. 管理学报，2012，（5）.
[2] 纪宝成. 中国大学学科专业设置研究 [M]. 北京：中国人民大学出版社，2006.

谨，且远未纳括应纳括范畴[1][2]。

《大学》用非常精练的语言，开门见山地阐述了"大学之道"或者说儒家哲学的基本纲领，提出了修己安人的三大原则和八项具体步骤，即"三纲领"和"八条目"。包括"格物、致知、诚意、正心、修身、齐家、治国、平天下"的"八条目"从一般意义上提出了"修齐治平"四个基本层级的人生发展格局。由此向本义管理学进行对应转换，就形成了本义管理学由小到大、由微观至宏观的四个基本管理层级，可以称为"我本管理""家本管理""国本治理"和"全球治理"。

在四个基本层级的管理学架构中，《大学》一方面明确提出，"自天子以至于庶人，壹是皆以修身为本"，从而将修身放置于全部架构的本位；另一方面，又进一步阐述"欲修其身者，先正其心"，从而将正心置为修身的前提。有学者指出，正心在儒家由"内圣"到"外王"的事业中，居于中心位置，亦是"内圣"功夫的核心。[3]可见，对自我之心进行有效管理以达到心之力不断加强、心之质不断提升的正心，相对而言具有更为根本的重要性。由此，可以在"修齐治平"的总体管理学架构中特别延展一个正心的管理层级。

另外，中国古代实行的是一种家国同构的国家治理方式，工商发展、文化教育往往直接依附于家庭、家族或国家，而这些组织不具有现代意义独立法人性质。表现在管理学的基本层级架构上，就呈现为"修齐治平"之从"齐家"到"治国"的跃进，家和国中间的管理层级则有意无意地被忽略了。余秋雨曾就此评论说，"在朝廷和家庭之间……辽

---

[1] 周劲波，王重鸣.论管理学在当代科学体系中的学科地位和意义[J].科学学研究，2004，（3）.

[2] 蔺亚琼.管理学门类的诞生：知识划界与学科体系[J].北京大学教育评论，2011，（2）.

[3] 张春英.论孔子"正心"的育人观[J].齐鲁学刊，2000，（3）.

阔的公共空间……是中国（古代）文化的一个盲区"，并称之为"漠视公共空间"。[1] 从现代的发展眼光审视，这显然是不合适的。由此，在"齐家"与"治国"两个管理层级之间，可以充分借鉴西方基于市场经济及自由独立个体与经济组织之间平等经济关系的工商管理建构经验，补充一个包括企业管理、工商管理、文教管理等在内的事业发展管理层级，可以称之为"立业"管理或"业本"管理。这样，对《大学》原本的"修齐治平"层级格局进行与时俱进式延展修正，总体管理学体系由六个基本层级架构组成，即正心、修身、齐家、立业、治国、平天下，或者说心本（质）管理、我本管理、家本管理、业本管理、国本治理、全球治理。

这样，从管理学的本义视角审视，当代西方主体管理学层级的演变和区分，虽然有其自身意义上的科学价值和现实意义，但实际上只是重点关注了立业、治国、平天下（分别对应工商管理、公共管理等）或者说业本管理、国本治理、全球治理三个层级，而有意放弃或无意缺失了对正心、修身、齐家或者说心本（质）管理、我本管理、家本管理三个层级的重视和包纳。实际上，这三个被放弃或缺失的管理层级，在某种程度上恰恰是总体管理学体系中更为核心和关键的管理层级。从这个角度说，《大学》弥补了当代西方管理学对本义管理学层级包纳性不足的缺陷，可使之实现系统、完整和科学。

显然，由此会引出一个有争议性的问题——管理学的边界究竟在哪里？根据本章的研究分析，管理学的边界将大大扩展，几乎扩展到了所有学科领域内部，管理学与其他学科门类之间将呈现一种相互融汇嵌入的关系。关于这个问题的解释，参见图1-2及相关分析，此不赘述。

---

[1] 余秋雨. 中国文化课 [M]. 北京：中国青年出版社，2019.

二、《大学》对本义管理学体系源点与元点的关键聚焦

本义管理学体系的成型和建构，必须回答的重要问题之二是，本义管理学体系的源点究竟是什么？进一步，其元点究竟在哪里？[1]

如上所述，泰勒《科学管理原理》的出版标志着现代意义上的管理学正式成型的同时，也开启了西方管理学"通往现代大工业体系和大型企业组织的大门"，从而将现代意义上管理学的源点，锚定于企业（工厂）管理这个层位。泰勒的科学管理实质上关注的是企业组织之内的管理，与稍后法约尔《工业管理与一般管理》关注组织内部一般管理和韦伯《经济与社会》关注组织内部行政管理一起，使更具普遍意义的组织管理逐步登堂入室，成为当代西方管理学的源点所在。美国的CIP就是将"工商管理"作为管理学科的正牌代表，相关学科或归属其他学科或与之并列。中国的管理学源于系统论，发端于管理科学与工程，与西方管理学首先源于科学管理相似，而系统论中的系统显然就是一个组织体系，延伸发展出的工商管理、公共管理等，不但坚守组织管理这个源点，而且实现了向企业（工厂）管理的覆盖，最终实现了与西方的殊途同归。可以说，现代中西方管理学的领域和分支，都是在企业管理和组织管理的源点上进一步扩展演变成型的。

如果说企业管理和组织管理是管理的源点，那么企业管理和组织管理的源点也就是全部管理的元点又在哪里？

泰勒曾明确提出，科学管理的关键并不在于工时研究和动作研究等效率方法，也不在于计件工作制和奖金制度等制度规范，而是"一场全

---

[1] 这里提及的本义管理学体系源点与元点两个概念，既密切关联，又有重大不同，容易混淆。源点指展现于外的可以直接观察到的本义管理学体系的始发点；元点指深隐于内的不能直接观察到的本义管理学体系的更深层次的根因点。简单说，源点是外在根因，元点是内在根因，元点是源点的源点。

面的心理革命",没有这种心理革命,科学管理就不能存在。[1] 显然,"心理革命"的主体是人,这就把管理的元点指向了对人的管理和对人性的探索。实际上,"对于人类本质的认识,是我们划分一定管理时代的依据",而"人类不同时代对于自身本质的认识,则标志着那一时代管理活动的着重点"。[2] 从泰勒提出"经济人"开始,到其后的"社会人""复杂人",以及再其后"X理论"和"Y理论"等对人性的探索,整个管理学发展演变历史实际上毫无疑义地把管理的元点归置于对人的管理和对人性的探索。

《大学》提供了一种完全不同的管理源点和元点的认知定位。在《大学》总体架构之"八条目"中,"格物""致知"属于知识修养范畴,就要求人明白事物的道理,进而对善恶、吉凶的因果关系有所认识,并促使自己去除因利欲沾染的恶习,恢复固有的善性,从而趋于"至善"之境。"诚意""正心"属于道德修养范畴,即要求人认识到以达到"至善"为自己奋斗目标的基础上,通过"诚意""正心"的修养功夫,追求道德、才智上的自我完善。知识和道德兼修并进,最终达到"身修"的目的。修养好德才兼备的自身,也就达到了"三纲领"总目标中的"明明德"之境界,就为下一步从事"齐家""治国""平天下"的济世安民事业打下了坚实的基础。

所以说,"八条目"中,"修身"是根本,前四项是"修身"的前提,后三项是"修身"的目的,"修身"则是前提和目的之间的枢纽,是"八条目"关键节点所在。关于"修身"的关键性节点地位,《大学》中有几乎直白性的阐述:"自天子以至于庶人,壹是皆以修身为本。其

---

[1] 弗雷德里克·泰勒. 科学管理原理[M]. 马风才,译. 北京:机械工业出版社,2007.
[2] 黎红雷. 人性假设与人类社会的管理之道[J]. 中国社会科学,2001,(2).

本乱而末治者，否矣；其所厚者薄，而其所薄者厚，未之有也！"从现代管理学的角度审视，这实际上就是将"修身"置于总体管理学的源点地位。

《大学》认为，具备"格物""致知""诚意""正心"四个前置性环节才能达到"身修"的目标。这就是说，前四个环节从知识修养和道德修养的角度提出了进行自我内心修炼以达到最终修身的目标。其中关键在于"正心"，或者说"正心"是修身的前提要件。正如《大学·传文》第七章所言："心不在焉，视而不见，听而不闻，食而不知其味，此谓修身在正其心。"明儒王阳明进一步将大道收归于心，明确提出"心即理""心外无物""致良知"，将"心"作为万事万物赖以存在的根据[1]。"心即理"与"致良知"的结合实际上就是"正心"。阳明之说虽有一定的唯心主义色彩，但也是一种对主体意识能动性的高度强调，是一种将"正心"归置于全部格局元点的表达。另外，《大学》"三纲领"总目标首位的"明明德"其实体现的是"正心"能够达到的一种最优状态，也体现了对"正心"关键地位的重视。

由此，无论"明明德于天下"还是"治其国"，"正心"和"修身"乃是一切之本。从现代管理学的角度审视，这实际上是在将"修身"放置于总体管理学体系源点地位的基础上，进一步将"正心"放置于总体管理学体系的元点地位。

这样，对管理的源点和元点，《大学》认知分别定位于"修身"和"正心"的层位，与西方管理学认知定位于企业管理（组织管理）和人本管理（这里的人本管理主要侧重于管理者对全部管理要素中人的因素的特别重视，而不是自我的修身管理）层位具有重大差异。需要指出的

---

[1] 何静. 论致良知说在阳明心学中的作用和地位[J]. 哲学研究，2009，(3).

是，在中国传统的一元化权力结构下，包括"修身"和"正心"在内的这种源点和元点认知定位，还有帮助他人实现全面发展的利他之意，具有明显的"民本"和"民生"倾向。

那么，究竟哪一种认知定位更为科学合理？这可以通过对最为基本问题的回答找到答案，即"一个内心荒乱杂芜的人，能管理好自己吗？"，答案显然是"不能"。"一个连自己都管理不好的人，能管理好别人吗？能成长为一名优秀的将军、长官、企业家吗？"，答案显然还是"不能"。管理的源点和元点究竟在哪里？《大学》提供的认知定位更为合理科学。

西方管理学是在聚焦解决一个个具体管理问题中实现不断发展的，走出的是一条经验归纳性逻辑路径。不同时期出现的不同管理流派彼此往往是并列或交叉的，并无统一的核心体系和本义范式。时至今日，西方管理学仍然没有实现对管理学本义面貌的一般性刻画和本义框架的一般性建构，陷入了孔茨眼中的思想、理论和管理建议的混乱的管理理论丛林中。

这种丛林现象的出现，一个重要原因是西方管理学一开始就在拉卡托斯眼中的学科成立性的"硬核（hardcore）"[1]锚定上存在"组织"和"人"的游移分离。一方面，"组织"是人与人的群体集合，多样性特征突出，难以获得一个统一的设定，正如孔茨[2]一针见血指出的，管理学陷入丛林的主要根源，在于"组织"这样的词被赋予了完全不同的意义。另一方面，西方管理学眼中的"人"，又有着"经济人""社会

---

[1] 伊姆雷·拉卡托斯. 科学研究纲领方法论 [M]. 兰征, 译. 上海：上海译文出版社, 1986.

[2] Koontz H. The Management Theory Jungle Revisited [J]. The Academy of Management Review, 1980, 5(2).

人""复杂人"的多重设定和游移分离，同样不能实现统设。由于缺失统一硬核的锚定和统设，统一范式体系的管理学大厦建构就很难得到支撑。

《大学》将管理学的源点和元点进一步回归下探到"修身"和"正心"层级之后，则有可能实现学科统一硬核的锚定和统设，从而实现管理学统一范式体系的建构成型。

三、《大学》对本义管理学体系逻辑结构的清晰确定

本义管理学体系的成型和建构，必须回答的重要问题之三是，总体管理学体系内不同管理层级之间的逻辑关系是什么样的？不同管理层级逻辑之下的深度逻辑又是什么样的？

西方整个管理学的基本逻辑结构以美国最有代表性。如前述蔺亚琼研究，在目前美国的 CIP 中，"管理学"就是"工商管理"和"公共管理"，"农业管理"等领域的"管理学"或者归属"农学"等学科，或者以"图书馆学""工程学"独立出现，脱离了"管理学"领域，并不存在中国分类中的统领性的大"管理学"。从本义管理学的角度审视，西方这种管理学体系基本架构显得过于以问题为导向，颇为零碎分散和不成系统。中国的分类中，"管理学"独成一个学科门类，下设"管理科学与工程"等五个一级学科，学科设置和划分的系统性明显。其中，作为管理基础的"管理科学与工程"，与作为管理应用的"工商管理""农林经济管理""公共管理""图书情报与档案管理"之间，是基础与应用的逻辑递进关系；"工商管理""农林经济管理""公共管理""图书情报与档案管理"彼此之间是相互并列但有适度交叉的逻辑平行关系。当然，其基本划设的严谨性和包纳性还存在争议。正如蔺亚琼所言，这种"知识体系划分中的人为性和随意性色彩"浓厚，并会"引发一些

知识边界争端和认同危机"。

《大学》原义性地提出的"修齐治平",以及基于此与时俱进式延展修正之后的正心(心本管理/心质管理)、修身(我本管理)、齐家(家本管理)、立业(业本管理)、治国(国本治理)、平天下(全球治理),提供了完整意义上的六个具体管理层级。六个具体管理层级之间,每一前者是每一后者的基础,每一后者是每一前者的扩展,由此形成从个体到总体、从微观到宏观的层层递进、逐层嵌入的最终包纳一切的严谨逻辑关系。

对应心本(质)管理的正心和对应我本管理的修身,其根本的管理指向是对内的,是对内管理自我,是一种"我—我"内向式的管理逻辑指向;对应家本管理、业本管理、国本治理、全球治理的齐家、立业、治国、平天下,其根本的管理指向是对外的,是对外管理物(人),是一种"我—物(人)"外向式的管理逻辑指向。与此不同的是,当代已然的管理学体系,无论是从美国管理学主打"工商管理"和"公共管理"两张王牌而把其他相关管理领域散放他处的逻辑结构看,还是从中国管理学由管理科学与工程、工商管理等组成的逻辑结构看,其管理指向均是向外的,是一种单纯的"我—物(人)"外向式的管理逻辑指向,缺失了"我—我"内向式的管理逻辑指向。

实际上,在整个管理学体系之中,"我—我"内向式管理和"我—物(人)"外向式管理是两个必备逻辑环节,缺一不可。就这两者的关系而言,前者是后者的前提和基础,是源点和元点,更为重要和关键。从这个意义上说,西方管理学仅纳入"我—物(人)"外向式管理,从逻辑上说是残缺的。《大学》同时涵盖"我—我"内向式管理与"我—物(人)"外向式管理,将两者有机结合,统一纳入总体的管理体系之中,并对包括心本(质)管理、我本管理的两个"我—我"内向式管理

环节，从管理元点和源点的角度予以高度重视，从而使管理学在基本逻辑上实现了科学、完整和闭环。（如图2-1和图2-2所示）

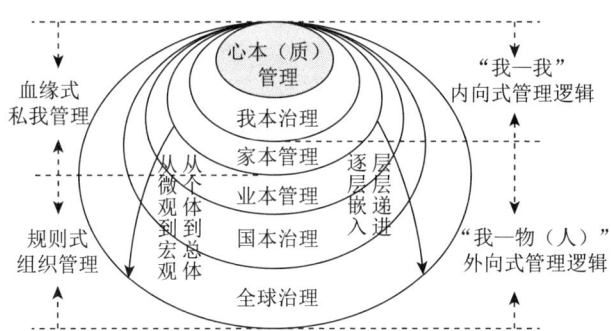

图2-1　基于《大学》的总体管理体系六个管理层级逻辑结构示意

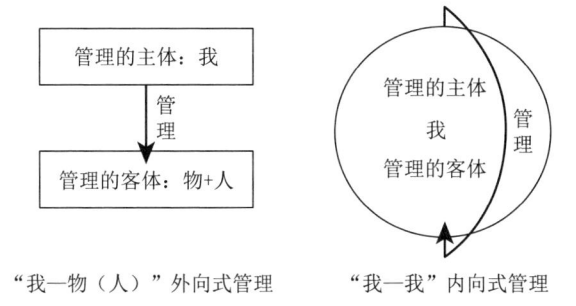

图2-2　基于《大学》的总体管理体系之两种管理逻辑指向示意

进一步，正如学者[1][2]所言，"规则管理是目前管理的主要方法""管理活动的本质是制定和实施规则"，以企业管理、工商管理等为代表的当代管理学体系是一种基于组织规则的管理范式。

---

[1] 班国春.管理：制定和实施规则的技术——管理规则论引论[J].管理学报，2009，（8）.
[2] 张晓东，朱占峰，朱敏.规则管理与组织变革综述[J].工业技术经济，2012，（9）.

《大学》提供的包括六个具体管理层级的管理学体系，其中业本管理、国本治理、全球治理三个管理层级是对应西方管理学的基于组织规则的管理范式，心本（质）管理、我本管理、家本管理三个管理层级则是一种未为西方体系包纳的基于血缘规则的私我管理范式，二者结合实现了管理范式的扩展和闭环。

四、《大学》对本义管理学体系终极目标的人本回归

本义管理学体系的成型和建构，必须回答的重要问题之四是，其总体管理学体系追求的终极目标是什么？或者说，其总体管理学体系运行的终极指向在哪里？

泰勒《科学管理原理》的出版开启了现代管理学发展新时代，在将整个管理学的源点和主体聚焦于企业的同时，也将管理的终极目标指向锚定于对效率与利润的追求。正如有学者评价，劳动生产效率问题是《科学管理原理》解决的中心问题，《科学管理原理》的本质是通过分工实现劳动生产率的最大化[1]。实际上，对企业而言，生产效率的不断提升是一种生产技术层面的管理目标指向，产品利润的不断增加是一种市场收益层面的管理目标指向，两者具有前因后果和表里相对的内在关系，具有本质上的一致性。因此泰勒的效率目标追求，实际上同时蕴含了对利润目标的追求。在这种终极目标引导之下，一方面生产效率和营销利润不断提升，社会生产力不断获得新的突破和发展，用马克思的话说就是，"资产阶级在它的不到一百年的阶级统治中所创造的生产力，比过去一切世代创造的全部生产力还要多，还要大"。然而另一方

---

[1] 陈春花. 泰勒与劳动生产效率——写在《科学管理原理》百年诞辰[J]. 管理世界，2011，（7）.

面，自由竞争导致的贫富两极分化、生态环境恶化等问题日益严重，又反过来制约了效率提高、利润增加和社会发展。由此，社会责任、社会公平、可持续发展、以人为本等其他有价值的发展目标开始得到关注。

资本是资本主义私有制国家的核心和灵魂，资本的本性是逐利，因而泰勒提出的效率和利润（在工商管理之外的领域扩展为效用）的追求目标拥有了强大的时空穿透力，始终是管理的终极目标指向。

资本和资本主义国家的本质决定，当代的管理目标追求虽然仍可归结为效率与利润（效用）的结合，但有两点明显的变化趋势。其一，从效率—利润的组合转置为利润—效率的组合，甚至可以不求效率只为利润。以美国中产阶级的困境为例，美国中产阶级收入水平与最富有的百分之一巨富阶层相比，20世纪70年代末为1∶80，国际金融危机爆发前已达到1∶650，30年来中产阶级收入水平基本停滞，与最富有阶层收入剧增形成鲜明对比。[1]国际金融危机期间，华尔街金融高管的"贪婪和傲慢"被奥巴马多次批评。其二，为了利润的核心目标追求，资本的控制领域逐步从经济向政治等领域扩展。美国学者评论："美国99%的民众，其权益根本无法得到政治上的代表。美国的经济、政府和税收制度，受到了少数经济精英的无耻操纵，正在以违反民众利益的方式运行"。[2]

《大学》开篇就提出了由"明明德，亲民，止于至善"组成的"三纲领"，实际上是鲜明地提出了总体管理体系的终极目标。"明明德"重点强调个人主体道德自觉及道德意志；"亲民"意指将个人道德理性转

---

[1] 金灿荣."占领华尔街"运动与美国中产阶级困境[J].经济研究参考，2012，（1）.
[2] 张新宁."占领华尔街"运动与资本主义制度危机——国外学者的视角[J].毛泽东邓小平理论研究，2012，（8）.

化为社会道德的集体理性,先知唤醒后知,先觉启迪后学;"止于至善"指当整个社会人人主动追求并循守准则时,社会除旧布新达到的极致境界。"三纲领"的终极目标之间也有一个递进的逻辑关系,即首先要实现自我的"明明德",进而实现对他人的"亲民",最终达到整个社会"止于至善"的终极目标。另外,"明明德,亲民,止于至善"终极目标的真正实现,从根本上说还必须回归每个个体人本自我的"修身"和"正心",达到心之纯正,才能使社会万众都得到升华。

显然,与现行西方管理学一贯坚持的"效率—利润"的冷基调基本目标指向相比,《大学》将管理学的终极目标转向人本格局意义上的包括"正心—修身"和"明明德—亲民—止于至善"在内的暖基调的心灵德善层级。这种关于管理学终极目标定位的巨大差异,从根本上说是由东西方文明的差异决定的。西方文明重点解决的是人与物的关系问题,其核心是人对自然的征服,结果虽然在征服自然的过程中获得了物质文明的极大丰富,但作为创造主体的人最终又必然受限于"人—物"的关系定式,在"役于物"而不是"君子役物"(《荀子·修身篇》)中迷失于物质文明的丰富而失去自我。东方文明重点解决的是人与人的关系问题,其核心是实现人与人的和谐共存,结果最终不但获得了物质文明的极大丰富,同时作为创造主体的人又受益于"人—人"的关系定式,回归于"君子役物"的人本自己而不至于迷失。两者的有机结合(而不是独立替代),则包括了物质,又超越了物质,从而呈现巨大的人类自我关怀价值。

第三节 《大学》对本义管理学体系的结构性嵌补启示

《大学》不但基于中国本土情境和中华哲学理念架构出一个包括基本层级、源点元点等在内的普适性的本义管理学总体框架，还以此为基础，进一步面向不同管理层级提供了明显不同于西方的结构性嵌补启示，从而进一步强化了其管理学本义价值。

一、心本（质）管理和我本管理层级的元点性结构性嵌补启示[1]

心和身的载体是个体，西方的个体指向个人主义。个人主义在西方由来已久，可以追溯到中世纪甚至古希腊时代。从蒸汽机时代开始到20世纪60年代的福特主义时代，个人主义尚在正常范围内运行。进入后福特主义的信息时代之后，劳动场所和工作方式更加个性和灵活，集体性社会共同体及共同体生活快速瓦解，加速推进后工业社会的个人主义快速膨胀，并使之演变为一种自我主义——以自我为中心的情感或行为的普遍方式。[2]经济上过于崇拜自己追求利益的正当性，甚至唯一性；政治上过于看重自我的权利和自由，把政府看作一种不可避免的弊

---

[1]本部分的论述，涉及"结构性嵌补""元点性结构性嵌补"等相关概念。"结构性嵌补"指西方管理学体系自身存在某个结构模块的缺失时，基于《大学》的本义管理学体系可给予相应的结构弥补和模块式嵌入。"元点性结构性嵌补"具体指西方管理学体系自身缺失"正心"或"心本管理"的元点层级结构模块，基于《大学》的本义管理学体系可给予元点性的结构弥补和模块嵌入。"元力性结构性嵌补"指家庭管理是全部管理第一把元力的施予者，但西方管理学体系并不包括家庭管理，基于《大学》的本义管理学体系可以将自身的家庭管理予以元力性的结构弥补和模块嵌入。其他相关概念理解思路基本同此。

[2]沈毅.西方社会个人主义走向的动因及其后果[J].浙江学刊，2013，（1）.

病；伦理上认为道德的标准在于个人利益、个人需要，个人是道德的最高权威。在个人主义的支配下，军火商只想多卖武器，议员只看下一届能否当选，股东只想着能否营利。美国学者保罗·法雷尔批评指出："没有道德指南，没有未来眼光，看不到短视的后果，这三种威胁可能导致资本主义和美国一起垮台。"[1]

从根本上说，西方崇尚的个人主义是一种以自我存在为原点、以自我权利为中心、以外向指向为指南、以利益获取为宗旨的主义，缺失了必要的内我反思和责任担当，其过度膨胀已经成为西方各种危机爆发的根源。

西方管理学领域对人性的认识先后经历了"经济人""社会人""复杂人"等阶段，无论哪一种人性假设，都是管理者站在自我立场对管理对象本性的一种窥探，目的在于找到有效的控制法门从而更好地创造利润和价值。虽然说可以认为这是一种与个人主义的针锋相对，但其同样缺失将眼光回视自己的勇气。即使是后来圣吉和德鲁克分别提出改善心智模式、重视管理者心灵的自我管理等观点，也多是指向组织建构的[2][3]，从而又远离了对自我和内心的探究。享誉全球的《管理学：原理与实践》和《组织行为学》[4][5]中，讲的多是"情绪如何影响管理""语言如何影响沟通"等外向的技巧管理，并没有对自我和内心真

---

[1] 沈永福，王茜．金融危机引发西方学者对个人主义的深刻反思[J]．红旗文稿，2014，（7）．

[2] 彼得·圣吉．第五项修炼：学习型组织的艺术与实务[M]．郭进隆，译．上海：上海三联书店，2002．

[3] 彼得·德鲁克．21世纪的管理挑战[M]．朱雁斌，译．北京：机械工业出版社，2006．

[4] 斯蒂芬·P．罗宾斯，戴维·A．德森佐，玛丽·库尔特．管理学：原理与实践[M]．毛蕴诗，主译．9版．北京：机械工业出版社，2015．

[5] 斯蒂芬·P．罗宾斯，蒂莫斯·A．贾奇．组织行为学[M]．孙健敏，朱曦济，李原，译．18版．北京：中国人民大学出版社，2021．

诚的寻找。有评论[1]指出，西方管理过于"注重人身之外，而缺乏一种向内的工夫"。

从这个角度说，当年泰勒建立现代科学管理体系，是基于现代资本主义大生产背景，基于稀缺资源的高效率配置和利用理念，从一开始就定基于"我—物（人）"的外向管理模式和"组织管理"的管理层级。管理学发展到今天，虽然边界和内涵都已大大扩展，但泰勒设定的管理学基本模式并未动摇，仍然是以我管理我之外资源为核心的外向管理学，仍然是"我—物（人）"的外向对物和对人的基本模式，仍然没有将元点性的心本（质）管理、我本管理纳入主流体系。

相比之下，以《大学》为代表的中华传统文化，崇尚的是一种以自我存在为原点、以集体存在为土壤、以内向审视为核心、以责任担当为宗旨的文化主义，天然地构建了我本管理和心本（质）管理的系统框架，具体包括以下几个方面。

第一，我本管理和心本（质）管理的元点地位界定。包括前述"自天子以至于庶人，壹是皆以修身为本""修身在正其心"等，此不赘述。

第二，我本管理体系的系统建构。以《论语》为例，其以"修身"为特征的我本管理中，核心是要做到内心有"仁"；具体要求是"己所不欲，勿施于人""己欲立而立人，己欲达而达人"；实现形式是"为仁由己"而不是"由人"；具体做法是"吾日三省吾身，为人谋而不忠乎？与朋友交而不信乎？传不习乎？""见贤思齐焉，见不贤而内自省也"，必要时可以"杀身以成仁"，最终达到"君子之道"，即"其行己也恭，其事上也敬，其养民也惠，其使民也义"。

第三，心本（质）管理体系的系统建构。以王阳明为例，其首先提

---

[1] 李非，杨春生，苏涛，等.阳明心学的管理价值及践履路径[J].管理学报，2017，（5）.

出"心外无性，心外无理"，彻底回归内心己心，明确了心的本体地位。进而提出"致良知"，无论心处何地都应持续致力光明善达，指明了行动方向和具体标准。最后指向实践，提出"知行合一"，认为知行本是一体、只知不行不是真知，实现了认识论与实践论的真正统一。

第四，与整体管理的一体融汇。"君子务本，本立而道生。孝悌也者，其为仁之本欤。"儒学将孝悌视为"仁之本"，孝道自然成为齐家、立国的基础和根本，由此正心、修身与社会国家层面的"政事"形成了高度契合。《大学》"修齐治平"的框架建构，则从行为哲学层面将我本管理和心本（质）管理融进治平的高阶管理。

由此，《大学》对本义管理学体系的第一个结构性嵌补启示，就是把"正心"和"修身"的心本（质）管理和我本管理纳入整体的管理体系之中，并且放置于整个管理系统的元点所在，可推动现行管理体系回归本义范畴。当然，嵌入过程中必须高度注重传统心本（质）管理、我本管理内容上的与时俱进和行为上的知行合一。[1]通过加强"我—我"内向式的心本（质）管理、我本管理，推动社会中人人不断克服"生而有好利……生而有疾恶……生而有耳目之欲"（《荀子·性恶篇》）等诸种原始恶我，逐步掘现"恻隐、羞恶、辞让、是非"四心（《孟子·告子上》）之下的仁义礼智之善我，可以有效提升每一个体人自我开发利用的效率和价值。可见，心本（质）管理、我本管理的元本位嵌补启示具有很好的现实价值。

---

[1] 中华传统文化虽然高度重视心性修养和修身管理，但知行不一问题也比较严重，所以在元点性新构和嵌入过程中，应特别强调回归知行合一。

二、家本管理层级的元力性结构性嵌补启示

西方国家原本占主导地位的是传统型家庭模式，随着工业化、城市化进程加速，由双亲和未成年子女组成的核心家庭急剧增加。20世纪60年代后，后工业时代到来，特别是"个人本位"和"权利本位"意识进一步强化，人们过于强调自我的权利和自由而回避应尽的责任和义务，以现代核心家庭为主导的家庭模式在激烈变迁中迅速走向瓦解。[1] 当前的美国已经从传统核心家庭为主的社会，进入由单亲等家庭共同构成的"多元家庭"社会。传统核心家庭比例跌至19%，41%的母亲在孩子出生时处于未婚或离异状态，单身妈妈家庭贫困比例高达40%。这种变迁根源于西方几十年来社会、经济、政治的不协调发展，并会反过来加剧这种不协调。例如，孩子在"畸形家庭"成长缺少安全感，会反过来导致犯罪率剧升。[2]

中国的家庭模式也受到了时代的极大冲击，包括核心家庭稳定性下降、家庭解体和重组频率加快、传统家庭伦理受到冲击等。由此，基于中华民族几千年来的齐家之道，重新审视家本管理的当代价值，促进社会发展与家庭和谐的同步实现，就显得非常必要而且迫切了。在这方面，《大学》依然可以给予有益的启示。

（一）家本管理关键纽带地位的界定

在《大学》给出的"修齐治平"总体框架中，家本管理处于心本（质）管理、我本管理之"我—我"内向式管理和业本管理、国本治理、全球治理之"我—物（人）"外向式管理之间，是内外向两种管理模式的界点所在，具有承上启下的纽带作用。

---

[1] 陈璇. 当代西方家庭模式变迁的理论探讨：世纪末美国家庭论战再思考[J]. 湖北社会科学, 2008, (1).

[2] 张维为. 从中美比较看中国道路的意义[J]. 求是, 2015, (15).

（二）家本管理的内涵建构

《大学》给出的总体性框架勾勒主要包括以下几点。其一，以孝悌为核心的自我修养，"故君子不出家而成教于国，孝者，所以事君也；悌者，所以事长也；慈者，所以使众也"。其二，以仁让为关键点的家庭实施，"一家仁，一国兴仁；一家让，一国兴让"。其三，以求诸己为重点的身体力行，"尧舜帅天下以仁，而民从之；桀纣帅天下以暴，而民从之""是故君子有诸己而后求诸人，无诸己而后非诸人"。其四，以宜兄宜弟为目标的和谐指向，"宜其家人，而后可以教国人""宜兄宜弟，而后可以教国人"。整体来看，《大学》给出的家本管理内涵建构，直接指向治国或者国本管理，从而开启了影响中国两千余年的家国同构发展模式。

（三）家本管理的思想扩展

其他儒家经典就家本管理进行了进一步的思想扩展，提纲挈领地把家庭关系浓缩为"夫妇有别""父慈子孝""兄友弟恭"三重关系。其一，夫妇有别见于《礼记·哀公问》，"夫妇别，父子亲，君臣严，三者正则庶物从之矣"。从历史层面看，这是从原来氏族社会男女无别走向文明进步的表现，而且包括《诗经·常棣》所言"妻子好合，如鼓瑟琴"的夫妻和睦本义。其二，父慈子孝见于《大学》，"为人子，止于孝；为人父，止于慈"。后来儒家多关注子孝，强调孝道要发自内心等，如《论语·为政》云，"今之孝者，是谓能养。至于犬马，皆能有养；不敬，何以别乎？"。其三，兄友弟恭见于《论语·子路》之"兄弟怡怡"，还可以推展至《论语·颜渊》的"四海之内皆兄弟也"。齐家思想在后世通过《颜氏家训》《朱子家训》等特有的家训文化得到很好的传承发展，同时也呈现走向"三纲五常"等歧途的危险，应予以警惕。

（四）家本管理的当代价值

面对西方家庭模式的震荡变动，传统的齐家之道究竟是否过时？是否还有当代传承价值？

新加坡的经验值得关注。新加坡建国以来经济迅速发展，同时个人主义膨胀、家庭结构松散甚至解体等社会现象日益严重。李光耀认为一个根本原因是传统家庭的消失动摇了社会稳定的基础[1]，并进而发动了一场"文化再生运动"，极力倡导包括家庭文化在内的东方文化价值观。2015年新年，李显龙发表了以"家"为主题的新春献词[2]，明确表达了"护家固本"的决心。

我国始终对传承优秀家风、建设美满家庭高度重视。习近平曾指出："尊老爱幼、妻贤夫安，母慈子孝、兄友弟恭，耕读传家、勤俭持家，知书达礼、遵纪守法，家和万事兴等中华民族传统家庭美德，铭记在中国人的心灵中，融入中国人的血脉中，是支撑中华民族生生不息、薪火相传的重要精神力量，是家庭文明建设的宝贵精神财富。"[3]"家庭是人生的第一所学校，家长是孩子的第一任老师，要给孩子讲好'人生第一课'，帮助扣好人生第一粒扣子。"[4]这就揭示了家本管理在整个管理体系中的元力性地位。

如前文所述，内向式的心本（质）管理和我本管理是整个管理的基础和元点所在，每一个个体自呱呱坠地到长大成人，一般先处于一个家庭之中，想要实现良好的心本（质）管理和我本管理，逐步发掘良性的

---

[1] 李光耀.李光耀40年政论选[M].北京：现代出版社，1994.
[2] 何惜薇.总理新春献词以"家"为主题[N].联合早报，2015-2-17.
[3] 习近平在会见第一届全国文明家庭代表时的讲话[N].光明日报，2016-12-16.
[4] 坚持中国特色社会主义教育发展道路 培养德智体美劳全面发展的社会主义建设者和接班人[N].人民日报，2018-9-11.

自我和优秀的超我,第一把管理之力往往不可能来自自我,而只能来自家庭。对个体而言,其所在家庭特别是父母,天然担当了第一把管理之力施予者的关键角色,这个第一把管理之力的施加力度、节奏、方向,会在很大程度上决定个体初始的人格品质和人生走向。对外向式的业本管理、国本治理以及全球治理而言,其管理主体的组成必然是脱胎成长于具体家庭的个体。这些个体受到起初家庭施加的第一把管理之力的教育引导状况,对其最终步入社会成长为各层次管理主体后的具体管理行为实施,有着重要的基础性影响。

这样,《大学》对本义管理学体系的第二个结构性嵌补启示,就是把"齐家"的家本管理纳入整体的管理体系之中,并且放置于内向式管理的修身与外向式治国的界点所在,从全部管理第一把管理之力施予者的元力性角度,推动现行管理体系回归本义范畴。

三、国本治理和全球治理层级的差异性结构性嵌补启示

在国本治理和全球治理两个层级,西方已经进行了系统建构。在国本治理层级,架构出一套以民主和竞争下的所谓天赋人权和民主自由为标榜,以多党并立、政党竞争、轮流执政、权力制衡为基本特征的国本治理模式,但资本主义的本质决定了,实际上"没有真正的民主、人权和自由,有的只是金主、金权和资本自由",本质上只是为本国少数特殊利益集团服务的。[1][2]在全球治理层级,第二次世界大战之后架构出的是一套以联合国为主体机构、五大常任理事国为关键组成部分的全球治理体系。其中,西方国家受内在资本趋利本质的驱动,施加的是一

---

[1] 王静. "占领华尔街"运动与美国资本主义的危机[J]. 红旗文稿, 2012, (3).
[2] 宋小川. 从"占领华尔街"看"美式民主"的非民主本质特征[J]. 马克思主义研究, 2012, (3).

种本国利益至上的贸易竞争和强权干涉相结合的全球控制性质的全球外交和治理模式，企图通过牺牲他国利益聚敛财富，奠定自身的中心霸主地位。[1]

西方的国本治理模式虽然貌似成熟完善，全球外交和治理模式虽然仍位居主流，但均已暴露出太多问题。国本治理方面，有学者指出其存在两个基本的"基因缺陷"：一个预设是"人是理性的"，但现在选民已经越来越民粹；另一个预设是"权利是绝对的"，但权利和义务的平衡才是真理。[2]最终，西方国家普遍陷入经济层面虚化、社会层面分裂、政治层面唯钱的泥潭不能自拔。还有学者认为，西方国家治理模式在资本主义早期短缺经济时代发挥了基于生产力发展主线的自动耦合和引导聚焦功能，但在社会发展步入过剩经济时代后，其自动耦合和引导聚焦功能失陷，必然导致在方向正确性、执政效率性、本质民主性、团队专业性四个方面背离正确轨道，出现致命缺陷。全球外交和治理方面，西方国家在全世界推销自己的发展模式，实际上给全球发展带来的更多是深重灾难。

以《大学》为代表的中国传统文化和历史实践，创建了具有鲜明本土特征的国本治理和全球治理模式。

（一）国本治理和全球治理最高层级地位的确认

《大学》"修齐治平"的整体框架建构，对以"治国"和"平天下"为代表的国本治理和全球治理，直接赋予了整体格局中的最高层级地位。"欲明明德于天下者，先治其国"的提出，则将"明明德""亲民""止于至善"在内的统领性"三纲领"作为"治国"和"平天下"

---

[1] 刘顺，周泽红. 马克思对资本主义自由贸易的本质批判及当代价值[J]. 马克思主义研究，2019，（6）.

[2] 张维为. 中国模式不怕与西方模式竞争[N]. 环球时报，2013-3-18.

的行为指南和目标指向,也从另一面确认了"治国"和"平天下"在整体格局中的最高层级地位。

(二)国本治理和全球治理的思想建构

《大学》在国本治理和全球治理方面有着系统而深刻的思想建构。其一,在基本理念方面,提出仁善的德治理念,提出"无以为宝,惟善以为宝",而且"道得众则得国,失众则失国,是故君子先慎乎德"。其二,在行为准则方面,提出"上老老,而民兴孝;上长长,而民兴弟;上恤孤,而民不倍"的正面性絜矩之道,以及"所恶于上,毋以使下;所恶于下,毋以事上"的反面性絜矩之道。其三,在选贤用能方面,提出"见贤而不能举,举而不能先,命也;见不善而不能退,退而不能远,过也"。要重点选用"断断兮""休休兮""有容焉"的品德高尚、能够容人容物的贤能,而不是"媢疾""违之"的"不能容"的小人。其四,在维系民众方面,提出"民之所好,好之;民之所恶,恶之";在义利取舍方面,提出"仁者以财发身,不仁者以身发财,未有上好仁,而下不好义者也,未有好义,其事不终者也",因此"国不以利为利,以义为利也"。其五,治理目标方面,提出"大学之道,在明明德,在亲民,在止于至善"的终极之道和"明明德于天下""天下平"的具体目标。受时代限制,《大学》没有将"治国"与"平天下"区分论述,实际上,国家之间的关系在某种程度上与个体之间的关系有相似性,同样适用"己所不欲,勿施于人"和"己欲达而达人"的原则。

综上所述,《大学》对"治""平"两个层级治理的论述体现了两大基本思想:一是基于仁善美德的和谐治理,旨在使各方面、层级和谐相处;二是基于道义的使命治理,超越财用利益,回归天下道义。这种基于性善假设的充溢着鲜明"仁和"光芒和"道义"使命的东方建构,明显不同于西方性恶假设下的私利、竞争、制衡、控制的理念认识与制度设计。

(三) 国本治理和全球治理的本土实践

当下的中国，一方面，有超巨大的人口规模、超广阔的疆域国土、超悠久的历史传统、超深厚的文化积淀，这意味着中国应该也必须提供本土的独特的国家治理模式和全球外交、全球治理模式。[1]另一方面，以《大学》的"仁和"光芒和"道义"使命为代表的优秀传统文化在后续的传承浸润，特别是近代红色革命历程和中国特色社会主义建设的伟大实践，已经为中国本土性的国家治理模式和独特性的全球外交、全球治理模式建构提供了一条科学道路。在国家治理方面，就是在中国共产党的领导下，立足基本国情，以经济建设为中心，坚持四项基本原则，坚持改革开放，解放和发展社会生产力，建设社会主义市场经济、社会主义民主政治、社会主义先进文化、社会主义和谐社会、社会主义生态文明，促进人的全面发展，逐步实现全体人民共同富裕，建设富强民主文明和谐的社会主义现代化强国的中国特色社会主义道路。在全球外交和治理方面，就是一种基于"仁和"和"道义"理念的以和平共处五项原则为核心的合作共赢的"命运共同体"新模式。

由此，以《大学》为代表的中国传统文化和发展实践，对本义管理学体系的第三个结构性嵌补启示，就是基于中国本土历史文化情境和中国国家治理与全球外交实践，在国本治理和全球治理两个层级予以不同于西方既有模式的差异化结构性补充和嵌入。

四、业本管理层级的与时俱进性结构性嵌补启示

受"重义轻利，君子不器"和"樊迟问稼"等思想影响，《大学》提出并为中国传统社会深度接受的"修齐治平"人生总体发展格局，在

---

[1] 张维为.中国模式和中国话语的世界意义[J].经济导刊，2014，（3）.

"齐家"和"治国"两个环节之间是直接性飞跃，两者之间可以统称为"业本管理"的涉及诸方面事业发展管理的宽广领域被有意无意地忽略了。这就是说，在业本管理层级，以《大学》为代表的中华传统文化相对涉及较少。相比之下，西方对业本管理的范畴已有深度关注，形成了以经济学和管理学为代表的理论体系，并且貌似已经成熟完善，甚至无懈可击。实际上，西方已有的所谓"成熟完善"的经济管理理论体系，在关键内容、整体结构、量化方法、中国化应用等四个方面，是存在局限和制约的。下面重点以西方市场理论体系中存在的关键内容局限和理论研究的量化方法局限示例说明。

西方的市场理论将市场区分为完全竞争、垄断竞争等四种类型。该理论首先基于完全竞争市场中"厂商同质且数量过多，单个厂商影响极小可以忽略不计"的前提，界定厂商的市场需求曲线是一条由既定价格引发的水平线；进而基于"市场只有一个厂商，厂商即全部市场"的前提，界定完全垄断厂商的市场需求曲线等同于整个产业的市场需求曲线（如图 2-3 所示）。基于对两个边界市场中厂商需求曲线形态的确定以及进而对其他形态市场中厂商市场需求曲线形态的界定，该理论借助社会福利等工具进行分析，得出完全竞争最有效率、完全垄断最低效率的结论。然而，根据"产业总体市场需求曲线等于所有单个厂商市场需求曲线水平加总"的基本规律（如图 2-4 所示），对一个已知具体的产业市场而言（其市场需求曲线为 $D_{整体产业}$），产业市场为完全垄断时（市场中只有一个厂商），单个厂商的市场需求曲线等同于产业总体市场需求曲线；产业市场为完全竞争时（基于市场中有很多厂商且彼此同质的相同分析前提），单个厂商的市场需求曲线将是一条非常逼近纵轴的陡峭下

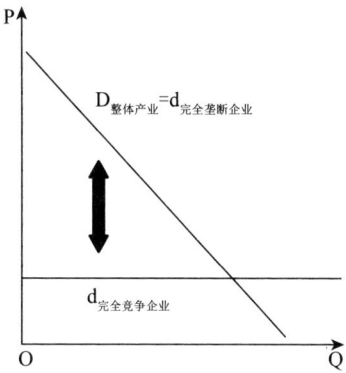

图 2-3 西方市场理论有关完全竞争和完全垄断两种市场中厂商需求曲线基本形态界定示意

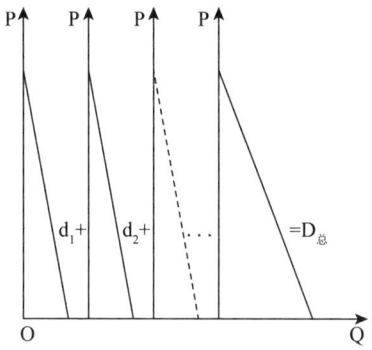

图 2-4 产业总体市场需求曲线等于所有单个厂商市场需求曲线水平加总的基本规律示意

倾线(如图 2-5 所示)。[1] 显然,这个基于基本规律的逻辑推论,与西方市场理论出现了重大冲突,却更有科学性和说服力。不同类型市场中

---

[1] 马文军,李孟刚. 新垄断竞争理论——产业集中、市场竞争与企业规模的最优度测算及中国钢铁产业组织安全的实证 [M]. 北京:经济科学出版社,2010.

厂商市场需求曲线基本形态的界定，是西方整个市场理论体系的基本逻辑起点。西方市场理论从一开始就在这个基本逻辑起点上出现了方向性偏差，其得出的结论也就存在明显的局限。[1]

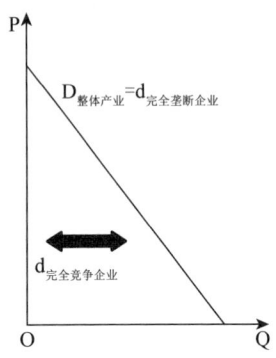

图2-5　完全竞争和完全垄断两种市场中厂商市场需求曲线基本形态科学界定

再说理论研究的量化方法局限。以统计验证为主的量化实证方法是当前管理学研究的主体方法，其在管理学中的大量应用，本意应该是学习借鉴自然科学研究范式，推进自身研究的理性化和科学化。然而由于管理学与工学、理学等自然科学存在重大差异，以数据收集、挖掘、应用为基础的统计验证型量化实证方法，虽然从表象上看具有客观精确的独特优势，在本质上却天然地存在八个方面的致命缺陷，分别是数据存在性缺陷、数据获得性缺陷、数据真实性缺陷、数据证我性缺陷、数据路径性缺陷、数据碎片性缺陷、数据应用性缺陷以及这些缺陷叠加效应下的缺陷倍扩。结果本应精确科学的统计验证型量化实证研究，收获的

---

[1] 西方现行市场理论得出的完全竞争最有效率、完全垄断最低效率的结论，应用于一个具体的有限空间的市场，就意味着企业数量越多、企业规模越小，越有效率；企业数量越少、企业规模越大，效率越低，显然这个结论是难能成立的。

恰恰是相反于本意的逻辑扭曲和本质失真，使管理学日益陷入理论研究与社会实践的知行两分困境，最终成为一种只是看上去娇艳美丽的方法性陷阱。[1][2]有关经济管理研究中存在的"数学化""模型化"等不良倾向的警示性提醒，可以认为是一种学界的集体反思。[3]

再回到《大学》，其提出的"修齐治平"人生总体发展格局虽然并没有直接涉及业本管理，但《大学》提出的"苟日新，日日新，又日新"论述传达了一种穿越时空的不断与时俱进的强烈创新精神。基于这种精神对本义管理学提出的第四个结构性嵌补启示，就是针对西方已有理论存在的关键内容、整体结构、量化方法、中国化应用等重大局限和制约，基于中国本土情境特别是改革开放和社会主义现代化建设伟大实践予以与时俱进性的修补和嵌入。

需要说明的是，《大学》体现出来的本义管理学思想，之所以与西方管理学呈现明显不同，就其根本而言，当是中国农耕文明与西方商业文明的生产方式差异导致的在系统论与还原论、个人主义与心我主义等方面的重大分趋所致。特别是，相对于已经理论深化甚至高深莫测的西方管理学体系，《大学》不但能够实现对本义管理学体系的结构性嵌补，而且呈现一种简明易懂的一目了然的独特风格，更加符合中国人直观性、系统性、经验性和语录式的思维习惯，更加符合中华传统文化一直强调的经世致用实践模式和致正致和价值指向，并实际上早已飞入寻常百姓家，在整个东方国家日用而不觉地践行了数千年。

---

[1] Corley K G, Gioia D A. Building Theory About Theory Building: What Constitutes a Theoretical Contribution [J]. Academy of Management Review, 2011, 36, (l).

[2] 刘源张. 中国，实践，管理 [J]. 管理学报，2012，（1）.

[3] 李志军，尚增健. 亟须纠正学术研究和论文写作中的"数学化""模型化"等不良倾向 [J]. 管理世界，2020，（4）.

第四节 《大学》的本义管理学元典地位

基于上述分析，本部分重点从与西方管理学经典著作、其他传统儒学经典著作、传统佛道经典著作对比的视角，就《大学》在本义管理学中的元典地位进行分析。

一、《大学》相对于《科学管理原理》的管理学元典地位

就当代主流的西方管理学而言，1911年泰勒的《科学管理原理》正式出版，标志着现代意义上的管理学正式成型，由此《科学管理原理》也就天然地成为当代西方最重要的管理学元典。其后包括法约尔的《工业管理和一般管理》、韦伯的《社会与经济组织理论》等在内的管理学典籍都是在《科学管理原理》元典的基础上发展而来的。

如前文所述，泰勒基于科学实验思维创建的现代管理科学体系，是基于现代资本主义大生产背景，着眼于企业这种组织的稀缺资源的高效率生产和利用理念构建的，从一开始就将管理的逻辑定基于管理者对被管理者进行管理的"我—物（人）"式的外向管理范式，将管理的层次和核心定基于以企业为重点的组织管理的中观管理层次，而没有纳括基于管理者对管理者本人进行管理的"我—我"式的内向管理范式，没有纳括企业和组织层级之外的心本（质）管理、我本管理、家本管理以及国本治理、全球治理诸管理层级，更没有突出我本管理和心本（质）管理在总体管理体系中的源点和元点性地位。从内在逻辑来看，《科学管理原理》开创的是一种基于问题导向逐步扩展研究边界的西方已然型管理学体系，本质上是一种归纳性逻辑路径。由此，《科学管理原理》如果放置于西方已然型管理体系内进行审视，确实是元典性著作，但如果放置于本义应然型的整体管理体系进行审视，则缺失了对全局的把握，

显得颇为狭窄局促。在某种程度上讲,《科学管理原理》被称作管理学源典而非元典可能更为恰当。

相比之下,《大学》从一开始就架构出基于"格物""致知""诚意""正心""修身""齐家""治国""平天下"的"八条目"的包括心本(质)管理、我本管理、家本管理、国本治理、全球治理在内的完整的管理层级,以及由格物、致知、诚意、正心、修身之心本(质)管理、我本管理的"我—我"式内向管理范式和修身、齐家、治国、平天下之家本管理、国本治理、全球治理的"我—物(人)"式外向管理范式有机结合的闭环式管理逻辑,并且特别强调基于"自天子以至于庶人,壹皆以修身为本"和"修身在正其心"的我本管理和心本(质)管理的管理源点和元点,以及基于"明明德""亲民""止于至善"的"三纲领"的,以人为本的,不同于利润和效率之以物为本的管理终极目标指向。从内在逻辑来看,《大学》开创的是一种基于管理本义,顶层规设研究框架的逻辑应然型管理学体系,本质上是一种演绎性逻辑路径,是管理学体系本应的面貌和模式。这样,相比于《科学管理原理》,《大学》就在管理本义视角上拥有了全局性和闭环式的高下之分的巨大优势,从这个角度讲,《大学》具有显然的管理学元典相对优势。

二、《大学》相对于其他儒家经典的管理学元典地位

就整个儒学体系而言,其"仁义礼智信"之自我约束,其"修身""齐家""治国""平天下"之人生格局,其"穷则独善其身,达则兼善天下"和"知其不可而为之"的责任担当,其"杀身成仁,舍生取义"和"人生自古谁无死,留取丹心照汗青"的大义凛然,其"我心光明,知行合一"的实践操切,无不充溢着强烈的进取精神,从而使其实现了与管理学之积极进取本色的内在契合,拥有了鲜明的本义和本土的

管理学特征。

在浩如烟海的儒学典籍文献中,《论语》等"四书"由于共同建构了儒学的基本思想体系,自宋代朱熹编订成型后,被指定为科举考试官书,成为研治儒学最重要的四部文献。其后,明朝大儒王阳明的《传习录》也影响深远。这五本著作中,《大学》尤其重要。如前文所述,《大学》的核心是"三纲领"和"八条目",首先论述了"三纲领"的本末递进关系以及由"明明德"达到"止于至善"的方式方法;进而论述了"八条目"的彼此关系,以及由"格物"达到"平天下"的具体步骤;最后提出"修身"是"大学之道"的根本,以及正确掌握"本末"关系的重要性。"三纲八目"包括从个人主体道德意志的寻求和建立到社会集体道德律令的形成的具体操作原则与实践过程,最终指向"治国""平天下"的终极高度,基本包括了儒家学说的全景视野和总体精神。

正是因为这样,朱熹将《大学》列在"四书"之首,作为入门阶梯、治国德政之基石。正如朱子所言:"学问须以《大学》为先,次《论语》,次《孟子》,次《中庸》""《大学》是为学纲目,先通《大学》,立定纲领,其他经皆杂说在里许"。《朱子语类》认为,《大学》既是学者"初学入德之门",又是整个儒家思想体系的最高纲领。

相对而言,儒学经典"四书"中,《论语》关注心性之仁爱,提出了一套以忠恕孝悌为核心的,以自省体悟为方法的自我管理提升方案;《孟子》导向道义之正轨,通过性善和仁政给予正确的指向和教导;《中庸》聚焦处事之周全,提出了一种深入国民性的总体的处事态度和行为方式;《传习录》回归内心之良知,提炼了一种事上炼、事上磨的知行合一的实践哲学,各自侧重于一个方面。《大学》则立足全局,架构出以"修齐治平"为代表的逻辑严密、体系完整的总体发展格局。这样,如果说儒学具有鲜明的本义和本土的管理学特征，如果说"四书"和《传习录》在儒家全部经典中具有特殊重要地位，那么《大学》因其全局性视野就拥有了相对于其他经典分别侧重一面的总分之别的本义管理学元典地位。

三、《大学》相对于佛道典籍的管理学元典地位

佛教源自印度，东汉时传入中国并逐步发展，成为与儒、道并列的一个重要文化源流。佛教典籍浩如烟海，包括《心经》《金刚经》《坛经》等；佛教内容非常丰富，包括诸行无常、诸法无我、一切皆空、一切皆苦、克己忍耐、业报轮回、慈悲为怀等。总体来看，佛教的核心思想可以归纳为"缘起性空，无常无我"八个字。[1][2] 万事万物都是远近各种关系偶然的组合，此即"缘起"；然而所有一切的本性都只能指向空，此即"性空"；世上一切事物的发展都不可预测，此即"无常"；我本是空，放下我执，此即"无我"。佛教认为，人生即苦，根在贪欲，既然世界本是"缘起性空"，本应"无常无我"，现世俗人就应该在虔诚向佛的基础上，在自我内心世界里主动放弃对现世苦难的抗争和对拥有富贵的贪恋，通过自我身心虔诚的修炼以脱离苦海，实现自我度化和众生度化。可见，佛教所倡导的并非对自己内在心性进行有效改造以实现当下的收获，而是为了摒弃无尽苦难从内心深处放弃对当下幸福的追求。因此严格意义上讲，佛教与管理学本义上的"稀缺资源优化配置和充分利用"之积极进取本色有本质的区别，两者之间存在天然的不可逾越的鸿沟。从这个角度看，佛学文献虽然浩如烟海，但难有管理本义的

---

[1] 张志伟. 存在之"无"与缘起性空——海德格尔思想与佛教的"共鸣"[J]. 世界哲学，2019，(1).

[2] 余秋雨. 中国文化课[M]. 北京：中国青年出版社，2019.

呈现，更遑论管理学元典文献。

　　道家是中国本土文化流派，《道德经》被认为是其元典性典籍。《道德经》的核心理念是道法自然、与世不争、无为而治。比如，认为水"善利万物而不争，处众人之所恶，故几于道"，得出的结论是"上善若水"和"夫唯不争，故无尤"。在治国方面，道家特别推崇小国寡民、无为而治。提出"使有什伯之器而不用，使民重死而不远徙，虽有舟舆无所乘之，虽有甲兵无所陈之，使人复结绳而用之，至治之极""邻国相望，鸡犬之声相闻，民至老死不相往来"。道家的核心理念也是要求现世俗人放弃自我内心世界的努力和抗争，外在回归自然的原道，内在回归原始的本我，无为而为，无为而治，积极进取以获得内心欲望的满足不应该也没必要。可见，道家同样并不倡导对自己内在心性进行有效改造以实现进取和收获，而是提倡遵循自然原道，从内心深处放弃欲望追求。因此，从严格意义上讲，道家与管理学本义上的"稀缺资源优化配置和充分利用"之积极进取本色也有本质的区别。当然，道家"道法自然"的论述一定程度上具有天人合一、生态和谐性质的有益思想[1]，其"夫唯不争，故天下莫能与之争""柔弱胜刚强""后其身而身先""外其身而身存"等论述一定程度上蕴含辩证进取的积极态度[2]。由此，《道德经》可以提供管理哲学方面的辩证启示，但与管理学元典地位尚有不小距离。

　　这样，就儒释道三家各自核心本意而言，只有儒家的"修齐治平"因其鲜明的积极进取本色可以划归管理之类，《大学》可以划归管理之

---

[1] 帅瑞芳，张应杭. 论老子"道法自然"命题中的和谐智慧[J]. 自然辩证法通讯，2008，（4）.

[2] 王心娟，綦振法，王学真. 老子《道德经》中渗透出的企业管理哲学[J]. 管子学刊，2011，（3）.

元典，释道两家因缺失管理本应的积极进取本色，其相关文献也就难以划为管理学元典了。

即使抛却"是否积极进取"的底色标准，虽然《心经》《道德经》及儒家《周易》等典籍中确实也有许多宝贵的管理思想和精华，但均没有对本义管理学体系予以相对完整系统的表达和建构。从根本上说，它们是形而上学层面的哲学典籍，称之为"管理哲学的元典"更为适宜，而不是"管理学的元典"。从这个角度说，中国本土或本义管理学建构，就呈现了《大学》之元典与其他经典之多源相结合的"一元多源"的鲜明特征。

第五节 研究结论

基于推进充分体现"中国特色、中国风格、中国气派"经济（管理）学科建设的时代背景，本章从管理的视角就儒家典籍《大学》进行了重新审视。研究认为，《大学》对总体管理学基本层级的总体架构、源点元点的关键聚焦、逻辑结构的清晰确定、终极目标的人本回归，使其获得了全新的管理学本义价值。《大学》在总体管理学中对心本（质）管理和我本管理的元点性结构嵌补启示、对家本管理的元力性结构嵌补启示、对国本治理和全球治理的差异性结构嵌补启示、对业本管理的与时俱进性结构性嵌补启示，进一步夯实了其管理学的本义价值。从管理学本义视角审视，无论相对于西方《科学管理原理》等著作，还是相对于其他儒家经典与佛道典籍，《大学》都堪称本义管理学元典。

如本章开篇所述，中国本土管理学或儒学的本义管理学转型建构是否可行，取决于中国本土历史文化情境在管理领域的思想、实践和典籍三个基本方面能否提供有效支撑，其中关键是是否具有相应的元典性典籍存留支撑。儒学之《大学》的管理学本义价值与元典地位的成立，为中国本土管理学建设特别是儒学的本义管理学转型建构提供了坚实的基础。中国本土管理学建设，或者说儒学的本义管理学转型建构，可行，可成！

第三章

心质管理（元管理）研究

心质管理[1]在全部管理体系中具有元级的重要地位，目前相关研究尚不理想，本章的研究内容如下。

首先就中华传统文化特别是儒家文化的心质管理思想进行系统梳理，然后建构包括基本概念、逻辑地位、功效机制在内的心质管理基本框架，以及基于关键三因素研究方法的包括心质良善、心质目标、心质执行三维品质在内的心质管理量化测评体系。

进而基于儒家《论语》《孟子》等经典挖掘建构了一套心质管理提升方案，厘清了求诸己式自省反思的关键地位和家庭是第一把管理之力施予者的元力价值。

最后从建构使命型家国社会框架和实现中华民族伟大复兴角度，提出构建心质管理学科体系和实践体系，推进研究向纵深迈进的对策建议。

---

[1] 本章的心质管理研究，实际上等价于前文论及的心本（质）管理研究，两者具有本质的一致性。相对而言，心本管理用语重在突出其与我本管理、家本管理等管理层级的并列性，心质管理用语重在突出其相对于我本管理、家本管理的管理元点价值，突出其在整个本义管理体系中的元管理逻辑地位。由此，本章研究统一表述为心质管理研究。

当前，我国适龄劳动力数量逐渐不足，青年人口比重下降和老龄化趋势上升，同时，一定范围内普遍（特别是在青年人群体中）存在的应就业未就业的问题，以及部分优学群体国内学成后流失问题，都对社会主义现代化建设顺利推进产生了不利影响。由此，具有元级基础重要性的心质管理显然是一个必不可少的研究课题。在相关研究尚不多见的情况下，本章基于中华优秀传统文化特别是儒家文化的思想启示，将心质管理从传统的道德修养等软科学范畴抽取出来，置入管理学科的范畴进行审视研究，并应用于解决当前中国的实践问题。

第一节 研究基本动态分析

国外管理研究已经对心质管理有所关注，比如，圣吉和德鲁克分别提出改善心智模式、重视管理者心灵的自我管理等观点，卡耐基则有人性弱点的论述等，不过总体看来，此类研究并不多见。特别是，西方基于管理学视角的心质管理及自我管理，多作为组织管理的一个环节，从而又远离了心质管理的本义。比如，圣吉[1]提出的改善心智模式就是指向学习型组织建构的，"未来真正优秀的组织，将是能使组织内部所有层级的员工都自觉进行学习、发挥他们的学习能力的组织"。享誉全球的《管理学：原理与实践》和《组织行为学》[2][3]，讲的多是"情绪

---

[1] 彼得·圣吉. 第五项修炼：学习型组织的艺术与实务[M]. 郭进隆, 译. 上海：上海三联书店, 2002.
[2] 斯蒂芬·P. 罗宾斯, 戴维·A. 德森佐, 玛丽·库尔特. 管理学：原理与实践[M]. 毛蕴诗, 主译. 9版. 北京：机械工业出版社, 2015.
[3] 斯蒂芬·P. 罗宾斯, 蒂莫斯·A. 贾奇. 组织行为学[M]. 孙健敏, 朱曦济, 李原, 译. 18版. 北京：中国人民大学出版社, 2021.

如何影响管理""语言如何影响沟通"等外向的人际关系技巧管理，并没有对自我和内心真诚的寻找。有评论[1]指出，西方管理理论"缺乏一种向内的功夫，一种让人们成为自身意识的产物的能力"。

相比之下，属于西方国家行列但实际上处于东亚儒家文化圈的日本，对心质管理的思考研究更为深入，稻盛和夫是其中一个典型代表。稻盛和夫是一名实业家，他特别重视基于实践的心质管理体悟和思考，先后出版了《心法》《活法》《干法》等一系列著作，提出了包括动机良善、以强大心灵成就未来、贯彻正道、培育美好心根等观点。[2] 不过，稻盛和夫的心质管理研究往往是随心而想、随想而写，更多呈现为一种随笔体裁，在一定程度上缺乏清晰的逻辑脉络，未能做到逻辑自洽。

就国内而言，笔者近期查询中国知网，对心质管理研究总体情况梳理如下。

基于"心质"关键词，查询到有效文献数量为0篇；基于相近的"心能"关键词，查询到有效文献数量为3篇，都只是提出了基本概念，没有深入分析和系统构建，其中CSSCI期刊有效文献数量0篇。

基于"心性"关键词，查询到的有效文献较多，多是哲学、历史、伦理方面的讨论。

进一步基于"心性＋管理"关键词组合，查询到的有效文献数量只有2篇[3][4]，其中CSSCI期刊有效文献1篇。齐善鸿等由此呼吁，让

---

[1] 李非，杨春生，苏涛，等.阳明心学的管理价值及践履路径[J].管理学报，2017，（5）.
[2] 稻盛和夫.心：稻盛和夫的一生嘱托[M].曹寓刚，曹岫云，译.北京：人民邮电出版社，2020.
[3] 齐善鸿，肖华.管理的科学本源性回归——自我与心性的管理[J].管理学报，2013，（3）.
[4] 葛树荣.提高心性提升管理——稻盛哲学落地模型与评价、指导工具[J].企业文明，2013，（6）.

管理回归本质，承继中华文化优秀思想，用哲学的方法论凝练心性修炼体系，作为管理主体自我心性成长提升的方法。葛树荣着眼于稻盛和夫思想研究，认为其法宝是"以心为本"，提出应该通过提高心性来提升管理和推展经营。

基于"心本"关键词查询，其中 CSSCI 期刊有效文献 4 篇。[1][2][3]相对而言，吴甘霖、龙长青、吴发荣等人的研究具有较好的启发价值。吴甘霖[4]提出，近百年来的管理学发展历程可以分为物本管理、人本管理、心本管理三个阶段，其中心本管理是管理学发展史上的第三次革命。龙长青等[5]批判了只重视管理他人而不重视管理自己尤其是不重视管理者心灵自我管理与修炼的问题，给出了心本管理的定义。吴发荣[6]从中华传统文化的本源出发，勾勒了一个包括意识、记忆、思维、情绪等内容和修心、正心、去伪、争心、聚心、凝心等方法在内的心本管理逻辑体系。

基于"心力"关键词，查询到的 CSSCI 期刊有效文献 4 篇，主要是对近现代一度流行的心力思潮的评述。如对龚自珍包括"血性、性情、侠骨"等在内的"心力"思想的评述[7]，对谭嗣同"心力说"原创价

---

[1] 胡宇辰，詹宏陆. 基于心本管理的企业员工幸福感提升分析 [J]. 江西社会科学，2014，(6).

[2] 沈顺福. 性本还是心本——论胡宏哲学主题 [J]. 湖南大学学报（社会科学版），2014，(1).

[3] 万能武，王文涛，顾勇. 军队人力资源管理之"本"理念的嬗变——事本、人本、能本、心本 [J]. 东南大学学报（哲社版），2008，(S2).

[4] 吴甘霖. 心本管理——管理学的第三次革命 [M]. 北京：机械工业出版社，2006.

[5] 龙长青，李琴，徐锋. 心本管理——管理学前沿的新方向 [J]. 法制与社会，2007，(9).

[6] 吴发荣. "心本管理学"初想 [J]. 新经济，2013，(23).

[7] 龚郭清. "心力""学术"与"天地国家"——论龚自珍的人才思想 [J]. 天津社会科学，2018，(5).

值的评价[1],对戊戌维新派"心力"的评价[2]。特别是,张锡勤[3]就维新诸家的心力论述,从因缘提出、功效价值、实现路径等方面,有较为系统全面的评述。

也有学者在研究前述适龄青壮劳动力普遍存在应就业未就业或者就业不充分的问题时,分析是家庭对子女的溺爱、父母对孩子过强的责任感导致子女过于依赖父母、缺乏独立生活能力和意识、缺少吃苦耐劳品质。[4][5]结果是,这些人因为长大成人步入社会之前缺失正面参与社会激烈竞争的心质和心志,形成心无力或心弱力状态,成了心质或心志方面的弱者。

此外,有关中华传统文化特别是儒家经典之心学的探究性研究相对较多[6][7][8][9],如孔子"六艺"教学内容设置的正心方案指向[10],孟子"尽心、知性、存心、养性"的以心证性修养方法[11],也有学者[12][13]就孙中山和毛泽东的管理思想有过探讨,大都限于哲学范畴,

---

[1] 胡建.谭嗣同"心力说"的原创性价值[J].浙江学刊,2005,(3).

[2] 姜华.试论戊戌时期维新派的"心力"说[J].求是学刊,1998,(5).

[3] 张锡勤.对近代"心力"说的再评析[J].哲学研究,2000,(3).

[4] 陈庆滨.社会排斥视角下的"新失业群体"现象研究[J].青年研究,2006,(7).

[5] 王燕锋,陈国泉.城郊农村NEET族问题探析[J].中州学刊,2010,(2).

[6] 董平:孔子的"一贯之道"与心身秩序建构[J].孔子研究,2015,(5).

[7] 储朝晖.探析孔子之"心"[J].北京大学教育评论,2004,(1).

[8] 沈顺福.人心与本心——孟子心灵哲学研究[J].现代哲学,2014,(5).

[9] 邵显侠.王阳明的"心学"新论[J].哲学研究,2012,(12).

[10] 张春英.论孔子"正心"的育人观[J].齐鲁学刊,2000,(3).

[11] 余新华.论孟子以心证性的修养方法——兼解"养浩然之气"[J].东北师大学报,2001,(5).

[12] 陈尧.试论孙中山之心学及其意义[J].学术交流,2014,(2).

[13] 臧峰宇,何璐维.青年毛泽东知行观的实践心学阐释[J].湖南社会科学,2019,(2).

与本章主题距离稍远。

综上所述，国内有关"心质""心能""心性"等的文献，多是研究者基于各自对相关概念的理解和体悟进行的概念性初步勾勒，有的虽已触及心质管理的内核，但深入性和系统性尚待提高，且后续进一步探索建构也不尽理想。特别是，上述大部分文献研究的本质仍然是一种管理者对被管理者的心本管理，而非个体自我对自我的心本管理，实际上是回归了组织管理中的心理资本看待[1]，从而又回归了旧路。

管理学体系在心质管理研究方面的谨慎，最终也反映在管理学科的设置上。目前美国的 CIP 分类中，管理学科设置有"工商管理""公共管理"两个并列门类，心质管理则没能入列。德日等国的情况也大都如此。[2]在中国，根据国家颁布的《授予博士、硕士学位和培养研究生的学科、专业目录》，管理学科门类下设"管理科学与工程""工商管理"等五个一级学科，心质管理同样没能进入正式的管理学科序列。

第二节　儒学文化中的心质管理思想梳理

心质管理思想在古代的东方和西方都颇为丰富。在古代西方，心质管理思想多融汇在宗教思想中。由于宗教的一个本质特征是承认神的存在并把虔诚信神作为最高宗旨，从而使其心质管理性思想步入了神学范畴，偏离了科学之道。以儒释道三家思想为主并和其他思想流派相互参

---

[1] 郑国娟. 心本管理背景下心理资本的嵌入[J]. 经济管理，2008，（15）.
[2] 纪宝成. 中国大学学科专业设置研究[M]. 北京：中国人民大学出版社，2006.

长的中华传统文化格局中,涌现的心质管理相关思想可谓浩如烟海,其中最具代表性的,当属居于主流地位的儒学思想。

儒学创始人孔子的思想核心为"仁"。"仁"简单说就是"爱人",具体含义则有多种理解,如"夫仁者,己欲立而立人,己欲达而达人"(《论语·雍也》),"己所不欲,勿施于人"(《论语·颜渊》)。此后孟子发展了孔子的思想,把"仁"同"义"联系起来并看作道德行为的最高准则,强调舍生取义的重要性,"生,亦我所欲也;义,亦我所欲也。二者不可得兼,舍生而取义者也"(《孟子·告子上》)。孟子认为人生来就具备"恻隐,羞恶,辞让,是非"四心,分别对应"仁义礼智"之四端,并认为"人皆有不忍人之心",提出了性善论(《孟子·公孙丑上》)。孔孟认为,践行仁义的可行办法有学习、内省、求诸己等路径。关于学习,如"学而时习之"(《论语·学而》),"温故而知新"(《论语·为政》);关于内省,如"见贤思齐焉,见不贤而内自省也"(《论语·里仁》),"每日三省吾身,为人谋而不忠乎?与朋友交而不信乎?传不习乎?"(《论语·学而》);关于诸己,如"君子求诸己,小人求诸人"(《论语·卫灵公》),"行有不得,反求诸己"(《孟子·离娄上》)。孔孟的这些仁义理念,从本质上说是一种内心的修炼。这表明,儒学理论从一开始就直指内心,将对内心的修炼和心质的提升作为其全部学说的出发点。

《大学》从人生全局的视角进行了全新并系统的审视,阐明了儒家"内圣"和"外王"的圣王之道,提出了"三纲领"和"八条目"。"三纲领"是"明明德""亲民""止于至善"。《大学》认为,人生来就具有善良的"明德",但入世后会被利欲遮掩,需要经过"大学之道"的教育重新发扬,然后推己及人以革新民心,最终共同达到心性完善的至善境地。可见,作为儒家最高统领的"三纲领",始终执着地恒定于心性或心质的修炼提升。

《大学》认为，要实现"三纲领"的宏伟目标，需要通过八个步骤的努力，分别是"格物""致知""诚意""正心""修身""齐家""治国""平天下"，即"八条目"。"八条目"整体逻辑架构的核心和关键是"修身"，正所谓一切以修身为本，自天子以至于庶人概莫能外。"修身"的具体内涵包括"格物""致知""诚意""正心"四个前提，其中，"格物""致知"偏重具体的行为行动，"诚意""正心"偏重于心性锻炼，只有前提性"诚意""正心"的心性锻炼好了，才能有行为上的"格物""致知"。如果说"修身"是一切之本，那么前提性的"诚意""正心"又是"修身"之本，从这个角度说，"诚意""正心"可谓全部"修齐治平"的根本之本。"诚意""正心"就其内涵而言，实际上涉及的是心与意、心与性的修炼，可归属心质管理之列。这样，《大学》在执着地将追求至善的心性或心质修炼恒定于"三纲领"的内在统领之后，又进一步把以"诚意""正心"为代表的心质管理夯实为全部行动的元点。

宋代程朱理学对儒学思想进行了基于训诂视角的系统性阐释，把儒学内圣和成德的思想特别提出来向着天理和完美人格的方向展开探讨，开掘了宇宙论、人性论、境界论、功夫论等领域，从而进一步推进到心性的高度。不过，朱子在心性修炼方面仍然坚持"格物致知"进而"诚意正心"最终"修齐治平"的层层递进之逻辑关系，与孔孟并无太大区别。真正将孔孟修身理论进一步推身入心的是陆九渊和王阳明，特别是王阳明开一代心学之风气，影响深远。

王阳明的心学体系可以概括为四点。其一，"心即理""心外无理，心外无事"，此论强调心的本体地位和心性修炼在整个人生系统中总开关的地位和价值。其二，致良知，此心光明。"致良知"源自孟子，到王阳明达到升华，"必有事焉……只是致良知……说致良知即当下便有实地步可用工"。王阳明遗言"此心光明，夫复何求"，给作为人生系统总开关的心性修炼指明了行动的方向和具体的标准。其三，知行合一。"若会得时，只说一个知，已自有行在，只说一个行，已自有知在""知而不行，只是未知"。此论将审视的重点从"知"转换到"行"上，成为一种典型的实践哲学，从而为心性修炼指明了清晰的实现路径。其四，人人皆可为圣贤。"故虽凡人而肯为学，使此心纯乎天理，则亦可为圣人"，这就极大地吸引了芸芸众生的注意力、关注度和参与性，社会潜藏的巨大力量被大大激发，原本各行其是的精英读书群体和劳苦大众群体悄然间实现了交集并融。

王阳明之后，其心学思想因统治者压迫在内的原因，又被程朱理学覆盖。到了晚清，王阳明心学又开始受到士人群体的重视。龚自珍首倡"心力"之说[1]，提出"报大仇，医大病，解大难，谋大事，学大道，皆以心之力"[2]。维新派康有为、谭嗣同、梁启超等人旋即跟进，重新回视陆王心学，同时兼取西方科学，推心力学于新高度。如康有为提出，"救亡之道，惟增心之热力而已"[3]。这些思想对此后中国革命产生了深刻影响。

佛家和道家作为中华传统文化的两大流派，在心性修养方面也多有论述。总体来看，佛教核心思想大致可以归纳为"缘起性空、无常无我"[4][5]，现世俗人应该在虔诚向佛的基础上，在自我内心世界主动放

---

[1] 高瑞泉.龚自珍——近代唯意志论的先驱[J].学术月刊，1989，(8).

[2] 龚自珍.龚自珍全集[M].王佩诤，校.上海：上海古籍出版社，1999.

[3] 康有为.康有为政论集[M].汤志钧，编.北京：中华书局，1981.

[4] 张志伟.存在之"无"与缘起性空——海德格尔思想与佛教的"共鸣"[J].世界哲学，2019，(1).

[5] 余秋雨.中国文化课[M].北京：中国青年出版社，2019.

弃对现世苦难的抗争和对已有富贵的贪恋，通过自我身心虔诚的修炼脱离苦海，实现自我度化和度化众生。这与心质管理积极进取本色有本质的区别。道家思想以《道德经》为典型代表，其核心理念是道法自然、与世不争、无为而治，也是主张放弃自我内心世界的努力和抗争，外在回归自然的原道，内在回归原始的本我，与心质管理之积极进取本色也具有本质的区别。当然，其"道法自然""柔弱胜刚强"等论述，有着一定程度的辩证进取态度[1]，可提供管理哲学方面的有益启示。

综上所言，就儒释道三家而言，似只有儒家的心性修养和心质管理具有管理本义上的积极进取本色。就积极进取的儒家思想而言，宋代之前虽然提出了"仁义"的核心理念和"修齐治平"的总体格局，但多是形而上学的论述建构，实践成分有所欠缺，且论述比较散漫，缺乏内在完整的逻辑体系黏合，就其本核而言，指向的是修身，而不是正心。宋之后王阳明心学的提出，实现了形而下学的知行合一实践转向。特别是，王阳明心学在紧紧聚焦心性的同时，就心性修炼的重要性（或者说地位与价值）、方向性（或者说标准与指向）、实践性（或者说路线与途径）、普适性（或者说目标与结果）等给予了一次系统而深刻的阐述，进而在借助人人"皆可为圣贤"打动每个人内心最柔弱处从而把每个社会人积极潜能调动出来的同时，悄然完成了一次心性认知的巨大转向，心质管理的逻辑体系也得到了极大加强。

总之，儒家从孔孟到程朱再到王阳明，通过持续千年的接棒努力，在心质管理方面进行了颇有建树的系统建构。特别是，汉武帝"独尊儒术后"儒学成为治国主流思想，朱子之后儒家"四书五经"成为科

---

[1] 王心娟，綦振法，王学真. 老子《道德经》中渗透出的企业管理哲学［J］. 管子学刊，2011，（3）.

举取士的官书，这样，儒学内圣外王的治心之学，就借助国家主流渠道影响了万千家庭亿万子民，显然，这可为当前心质管理之研究提供丰富给养和思想启示。

第三节　心质管理基本框架建构

一、心质管理的基本概念界定

古代文献中并未出现"心质"一词，但多见"心力"一词，如"尽心力而为之，后必有灾"（《孟子·梁惠王上》），以及"尽心力以事君"（《左传·昭公十九年》）。《辞海》对"心质"和"心力"词条都有收纳，"心质"词条的解释是"心性、气质"，"心力"词条的解释有两条，分别是"心思与能力"和"智能智力"。显然，这里的"心质"和"心力"与本书含义并不一致。

"心力"作为一个哲学概念在近代的提出和使用源于龚自珍。后来维新派在陆王心学和西方科学的基础上，认识到意识是人脑而不是心脏的机能，同时试图用"力"对意识能动性做新的说明。谭嗣同曾说："心力可见否？""吾无以状之，以力学家凹凸力之状状之，愈能为事者，其凹凸力愈大。"[1]康有为认为，"凡能办大事，复大仇，成大业者，皆有热力为之"，提出了心力的热力学论。[2]同时代的其他思想家还提出爱力说、创造力说等概念，虽侧重点有所不同，但大都可归于心力之类。

---

[1] 谭嗣同. 谭嗣同全集[M]. 方行, 编. 北京：中华书局，1981.
[2] 康有为. 康有为政论集[M]. 汤志钧, 编. 北京：中华书局，1981.

其实，心质管理的基础是"心"，是支配精神活动并且控制身体行为的大脑。单就大脑而言，其只是一个物质器官，只有和某个生命躯体结合才能进行基于客观存在物质器官的主观精神活动。心质管理中的"心"，更准确地说应该指客观物质器官与主观精神活动有机融合的大脑物质器官。由此，心质管理之"心质"，就是"与生命躯体结合为一体的客观物质器官大脑进行主观精神活动的基本品质"。

要说明的是，大脑进行主观精神活动的基本品质与大脑的生理健康程度及智商遗传情况有直接关系。大脑的生理健康程度及智商遗传情况，属于先天性或外在性的客观因素，而大脑进行主观精神活动的基本品质主要指大脑主体对外部客体的主观应对品质，两者并不在同一讨论范畴。大脑即使生而平凡，如果后天能够心地光明，目标远大，且知行合一，则仍可做到心质优良。

由此，心质管理可定义为：基于不同个体间心质各不相同甚至差异极大的现实，对大脑这个客观物质器官进行主观精神活动的基本品质进行自我性的管理和调节，使之光明纯粹、远大坚定成分不断提升，使之瑕疵杂染、卑微狭促成分逐步消除，从而使得心之基本品质不断提升的过程。

二、心质管理的元级逻辑地位明确

第一，从整体管理学的体系架构视角进行观察。

如果超越西方基于效率与利润目标的工商管理与公共管理的管理学科边界限制，根据《大学》的"格致诚正修齐治平"八条目，可以扩展延伸出一个从个体到总体、从微观到宏观的层层递进、逐层嵌入的本义或广义的管理学科体系。心质管理与我本管理、家本管理、国本治理等有层级并列性，同时由《大学》"自天子以至于庶人，壹是皆以修身为本"的论述可知，修身或自我管理是以"修齐治平"为代表的总体管理学体系的原点所在。进一步，根据《大学》论述，修身包括"格致诚正"四个前置性具体环节，具备这四个前置性环节，才能达到身修的目标。四个环节论提出从知识修养和道德修养的角度进行自我内心修炼以达到最终修身的目标。其中关键在于正心，或者说正心是修身的前提要件。正如《大学》所言，"心不在焉，视而不见，听而不闻，食而不知其味，此谓修身在正其心"。由此，以正心为代表的心质管理在整个管理学体系中就获得了元级的逻辑地位。

从哲学角度看，人类社会的发展可以以自我为界点区分为"我之外"的客观世界和"我之内"的主观世界，人类社会发展终归是"我之内"的主观世界归聚于"我之外"的客观世界的有机融汇结果，两者缺一不可。在某种程度上说，"我之内"的主观能动性也即心质及其管理水平，具有人类社会发展的根本源泉的价值。

第二，从整体管理学的逻辑闭环视角进行观察。

泰勒创建现代科学管理体系，是基于现代资本主义大生产的背景和环境、基于稀缺资源的高效率配置和利用理念，因而从一开始就定基于"我—物（人）"的外向管理模式和"组织管理"的管理层级。管理学发展到今天，虽然沿着管物和管人的路径分别向产业、区域、国家的管理及相应层级的人力资源管理领域扩展，但总体上没有动摇泰勒设定的以劳动生产效率提升为中心的管理学基本模式[1]，管理学仍然定基于以我管理我之外资源为核心的"我—物（人）"的外向管理基本模式。

就整体的管理体系而言，"我—我"内向式管理和"我—物（人）"

---

[1] 陈春花. 泰勒与劳动生产效率——写在《科学管理原理》百年诞辰[J]. 管理世界，2011，(7).

外向式管理是两个必备的逻辑环节，缺一不可。就两者的关系而言，前者是后者的前提和基础，是源逻辑和元逻辑，更为重要和关键。从这个意义上说，西方管理学仅纳入"我—物（人）"外向式管理，从逻辑上说是残缺的。心质管理及修身管理的注入实现了管理逻辑对"我—我"内向式管理与"我—物（人）"外向式管理的同时涵盖，并将之有机结合，统一纳入总体的管理体系之中，从而使管理学在基本逻辑上实现了科学、完整和闭环。

三、心质管理的功效发挥机制梳理

第一，心质管理功效发挥的逻辑机制。

根据前述分析，将心质管理置于"修齐治平"的总体管理体系之中，其基因和元点式的功效发挥机制包括两个方面。一是，由内及外、层层递进的功效发挥机制，即由心质管理起始，从心质作用于修身，再由修身作用于齐家，再由齐家作用于治国，最后由治国作用于平天下，形成一种以心质管理为起点，沿着修身、齐家、治国、平天下逐层递进的逻辑路径发挥作用。二是，由内及外的综合扩散的功效发挥机制，即由心质管理开始，同时直接作用于修身、齐家、治国、平天下各个层级，形成一种以心质管理为核心，沿着修身、齐家、治国、平天下综合扩散的逻辑路径而发挥作用。

第二，心质管理功效发挥的倍扩机制。

根据前述分析，心质管理在全部管理体系中居于基因和元点式的总发动机地位，则心质管理的功效发挥，就不是一个简单的 $G±N$ 式的加减机制，而是一个强大的 $G^{±N}$ 式的功效倍扩机制。心质基于管理的每一次微不足道的细微提升，将通过单向逐层递进和综合扩散递进的双重机制，在最终的全部管理中产生倍扩的正向功效。如果心质的这种微不

足道的细微提升能够持续，则其在最终全部管理中产生的正向倍扩功效将是不可想象的巨大；反之则反。[1]（如图3-1所示）

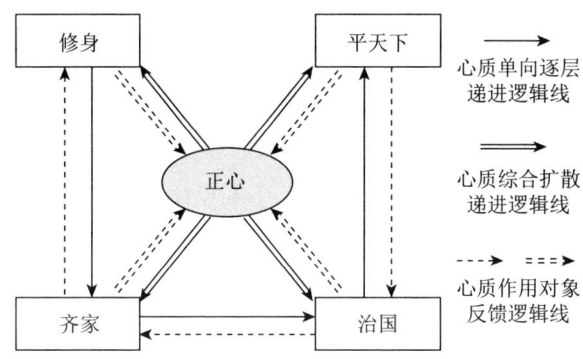

图3-1　心质管理功效发挥的逻辑机制示意

四、心质管理在新时代的元价值定位

由于心质管理在全部管理体系中的这种重要逻辑地位，可以说心质管理就是管理元或者元管理，是全部管理的基因和元点，在全部管理中具有关键性的总发动机意义上的重大价值。由此，面对新时代发展建设，可以初步得出结论：欲中华复兴，要在吾国而非外国；欲吾国发达，要在人力而非物质；欲人力致用，要在质优而非多量；欲人力质优，要在心因而非身因，心因之要在心质；质心强心而后身健，而后质以补量，而后全民奋进，而后物尽其用，而后家国发达，而后民族复兴。由之，心质管理，实是管理之元，是元管理。

---

[1] 举例来看，两个个体心质起点相同，A心质管理良好，每天提升1‰，B心质管理不佳，每天下降1‰，开始时差距微乎其微，持续一年会形成2.09倍的差距，持续一生（以60年计）则会形成数亿倍的不可逾越的鸿沟式差距。当然，这里只是一种机理分析，后续可以通过持续跟踪性的心质量表测评予以验证。

第四节　心质管理量化测评体系建构

就心质管理的量化测评而言，在目前相关研究尚不多见的情况下，不宜过早引入复杂的量化分析工具，而应以简单实用的指标体系测评方法为宜。要通过指标体系方法实现对心质管理的量化测评，首要的是确定心质管理的测评因素。对此，古人今人均已有所论及。古者如孔子论及君子之道时提出"君子中庸，小人反中庸""君子怀德，小人怀土""君子坦荡荡，小人长戚戚"等，论及仁义标准时提出"温良恭俭让""仁义礼智信"等。今人如储朝晖[1]论及孔子之"心"时提出"完善知性、恢复德性、提高悟性、唤醒志性"，杨少涵[2]把孔子"心学"的良知之心和认知之心予以两个维度划分等，都一定程度上涉及心质管理的因素界定。本书认为，就指标体系测评而言，相对于建构复杂的指标体系进行测评，简化的关键三因素研究方法更有借鉴价值。

关键三因素研究方法的理论基础是，在决定事物发展态势的诸多因素之中，重要性最高的三个因素往往会在事物发展过程中发挥关键性作用，决定事物发展的基本性质和趋向。由此，本书选择重要性最高的三个关键因素进行重点分析，往往就能对事物发展的基本性质和趋向形成清晰的勾勒、本真的把握和基本的共识。相反，如果从事物的发展由诸多因素共同决定的认识出发，选择诸多的侧面和因素建构复杂的指标体系进行分析，则不同研究者会有各自不同的问题审视和因素选取，导致对同一问题出现千差万别的认识结论，从而失去或者干扰对事物发展的本真把握。

---

[1] 储朝晖.探析孔子之"心"[J].北京大学教育评论，2004，（1）.
[2] 杨少涵.论孔子的"心学"[J].江淮论坛，2010，（4）.

关键三因素分析方法在现实中已经获得广泛应用。比如，在资产定价和领导行为评价领域分别有被广泛应用的 Fama-French 三因素模型和 CPM 领导理论三因素动力机制模型[1][2]，重点关注的分别是市场组合的超额回报率等三关键因素和目标达成等三关键因素。还有三因素利率模型、企业雇员组织承诺三因素模型、幸福感三因素模型等。[3][4][5]

由此，借鉴孔孟尤其是王阳明心学思想，从基本的逻辑分析角度出发，这里将心质管理最为基本的三个品质因素界定为：心质良善品质、心质目标品质和心质执行品质。在心质管理研究过程中，选择这三个最重要的因素进行重点分析，就能对心质管理形成总体的把握和清晰的勾勒，从而获得心质有效管理和心力有效提升的良好功效。

第一，心质良善品质因素。

对一个个体的心质而言，良善品质是显然的最为重要的因素所在。儒学对此有深刻的论述。"仁"是儒家学说的核心，是儒家进行自我理想人格追求的一种最重要的目标境界，"仁"从本质上说就是爱人。孟子"老吾老，以及人之老；幼吾幼，以及人之幼"的提出，则将"仁"推展到对天下的大爱。孟子对舍生取义的强调，明确了仁爱的正确指向，并提出良知和性善之说。如果说孔孟有关心质良善品质的论述尚且

---

[1] 李倩，梅婷. 三因素模型方法探析及适用性再检验：基于上证A股的经验数据[J]. 管理世界，2015，（4）.

[2] 李明，凌文辁，柳士顺. CPM领导理论三因素动力机制的情境模拟实验研究[J]. 南开管理评论，2013，（2）.

[3] 李少育，黄泓人. 基于三因素过程的利率连动息票研究[J]. 管理科学学报，2019，（2）.

[4] 张勉，张德，王颖. 企业雇员组织承诺三因素模型实证研究[J]. 南开管理评论，2002，（5）.

[5] 高良，郑雪，严标宾. 当代幸福感研究的反思与整合——幸福感三因素模型的初步建构[J]. 华南师范大学学报（社会科学版），2011，（5）.

比较抽象笼统，那么王阳明的"致良知""此心光明"，则是精辟到极点的对心质良善品质的论述，也就是说，心质良善品质的正向标准应该是源自内心的光明与善良，反向标准则是黑暗与邪恶。

第二，心质目标品质因素。

通俗地说，心质目标品质就是心质的人生定位和理想追求规划，是良善品质因素之外心质的第二重要品质因素。《论语·泰伯》记，"士不可以不弘毅，任重而道远，仁以为己任，不亦重乎？死而后已，不亦远乎"，《孟子·尽心上》记，王子垫问曰"士何事？"，孟子曰"尚志"，都提出了士人应该立志高远的人生指向。《大学》因其"修齐治平"框架的提出，成为士人"为学纲目"和"修身治人底规模"，好像盖房子，读《大学》等于搭好房子的"间架"，可以为将来"却以他书填进去"。[1] 受此启发，心质目标品质的基本要求可界定为个体具有宏伟远大的目标追求。

第三，心质执行品质因素。

心质目标明确之后，其能否实现的关键取决于能否有效执行，因此心质执行品质可列为心质第三重要的品质因素。《论语·子罕》言，"三军可夺帅也，匹夫不可夺志也"，《孟子·滕文公下》言，"富贵不能淫，贫贱不能移，威武不能屈，此之谓大夫也"，说的都是心质目标确立之后应自我坚持、恒定不移的意思。心质目标实现的关键，实际上就是王阳明提出的"知行合一"，目标一旦确定，即内化为知，就要坚决执行，拒绝知而不行、志而少行，避免远离具体的生活实践，沦入清玄空谈，导致对宏伟目标追求因与具体实践阻隔加剧而最终失败。

基于三个基本品质因素选择及每个品质因素自高到低十等级区分

---

[1]黎靖德，等.朱子语类[M].中华书局，1994.

思路，可以进一步对心质管理能效的心质能量（MQE）或心力（MQP）进行量化分析和等级区分。

基本思路有两种。一是算术加总思路，即将三个基本品质因素各自实际测评得分直接加总，可以直观反映测评心质的基本状态。二是三维合成思路，即将三个基本品质因素对应三维空间结构予以逻辑处理，三个基本品质因素之间不再是并列独立的加总结构，而是三个维度交叉叠加的相乘结构，可以更加清晰地揭示某一维或两维存在的问题对整体造成的几何级影响，更能突出重点，也更为符合实际。[1]

在具体处理数据时，算术加总思路可以从实际调查问卷获得原始数据，对各品质因素数据算术加总再除以满分值100分，最终得出心质能量（MQE）或心力（MQP）指数值。三维合成思路须先求出三个品质维度各自的加总得分，然后对应每个维度满分10分，折算出各自的标准得分值并彼此相乘，再除以满分值1000分，最终得出心质能量（MQE）或心力（MQP）指数值。

图3-2展示三维合成思路，整个心质能量（心力）范围就是三个基本品质因素决定的ABCD—EFOG正方体。其中，X轴上的OG代表心质良善品质，Y轴上的OC代表心质目标品质，Z轴上的OF代表心质执行品质，均以原点O为起点，各有10个等级。可知，正方体ABCD—EFOG代表基于三个基本品质因素的心质能量（心力）最大范围，其中A点代表三个基本品质因素均达到最高等级的点，坐标为（10，10，10），其心质能量（心力）原始值为1000，指数值为1。

---

[1] 结合心质测评的直观举例：某个体目标远大宏伟，心质目标品质极优，获得满分10分，但心质执行品质极差，从不付诸行动，获得最低的0分。按算术加总思路测评，可以获得0.5分左右的综合心质指数得分；按三维合成思路测评，只能获得0分的综合心质指数得分。前者是一种仅有美好空想就能获得良好评价结果的思路，后者是一种只有空想没有行动等同于无的思路，显然后者往往更为可靠。

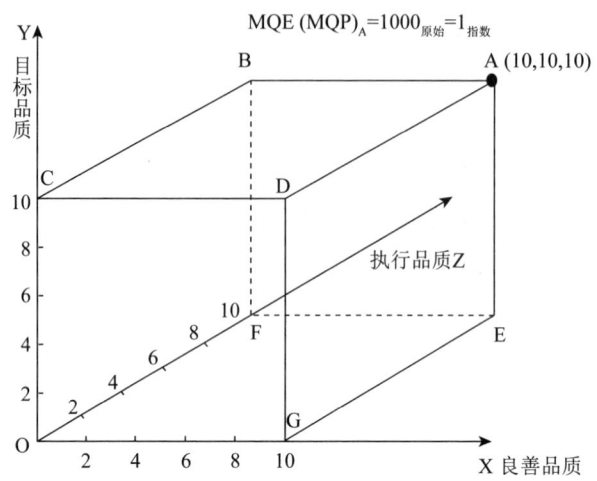

图 3-2　心质管理三个基本品质维度量化分析三维合成示意

进一步，根据正态分布基本规律和一般分布常识，可以进行两种分析思路的心质能量（心力）测评优良等级划分，如表 3-1 所示。

表 3-1　心质能量（心力）优良等级界定表

等级划分	优	良	中	一般	差
等级代号	A	B	C	D	E
比例定位	0~10%（含）	10%~20%（含）	20%~30%（含）	30%~40%（含）	40% 以上
心能（心力）区间	$M \geq 0.9$	$0.9 > M \geq 0.8$	$0.8 > M \geq 0.7$	$0.7 > M \geq 0.6$	$0.6 > M$

第五节 初步的实证分析

基于前述研究，进一步开发了基于李克特式量表思路的由 3 个基本维度和 18 个题项组成的《心质能量（心力）测评问卷》（如附件 1 和表 3-2 所示），并以鲁东大学商学院 2019 级市场营销和公共管理两个专业本科学生为对象进行了测评。共发放问卷 105 份，收回有效问卷 105 份。基于测评问卷原始数据统计（如附件 2 所示）的进一步分析挖掘得出表 3-3 和表 3-4 所示结果。

表 3-2 《心质能量（心力）测评问卷》基本情况描述

问卷结构	心质良善品质维度	包括 8 个测试题，主要测评心质仁爱和正义状态，反映包括"致良知"和"心质光明"在内的心质良善品质
	心质目标品质维度	包括 4 个测试题，主要测评有无目标体系、有无关键目标、关键目标高度、关键目标自我适衡性，反映心质目标品质
	心质执行品质维度	包括 6 个测试题，主要测评目标刚性、失衡纠偏、自力更生、自省反省、内省致和，反映以"知行合一"为核心的心质执行品质
样本	105 个	鲁东大学商学院 2019 级市场营销和公共管理本科专业学生，男生 40 名，女生 65 名，"中国本土管理学概论"授课期间随堂测评

注：本问卷具体内容见本章附件 1《心质能量（心力）测评问卷》。

表 3-3 心质能量（心力）测评总体统计结果

	算术加总方法			三维合成方法		
	男生	女生	总体	男生	女生	总体
最高/最低	0.95/0.61	0.94/0.65	0.95/0.61	0.87/0.20	0.83/0.24	0.87/0.20
平均值	0.78	0.81	0.80	0.46	0.50	0.48
中位数	0.79	0.81	0.78	0.45	0.48	0.44
变异系数/%	8.61	8.40	8.59	31.07	28.97	30.07

表3-4 按"维度—性别—题项"细分的心质能量（心力）测评得分率分析

维度	得分率/%	题项	得分率/% 男生/女生	得分率/% 总体
心质良善维度	86（男生） 89（女生） 88（总体）	1	95.00/98.77	97.33
		2	67.50/67.08	67.24
		3	95.00/90.77	92.38
		4	71.50/84.31	79.43
		5	89.50/92.92	91.62
		6	87.50/90.46	89.33
		7	85.50/90.15	88.38
		8	97.50/98.46	98.10
心质目标维度	63（男生） 66（女生） 65（总体）	9	60.00/62.46	61.52
		10	65.00/67.38	66.48
		11	57.00/62.15	60.19
		12	76.50/74.15	75.05
心质执行维度	83（男生） 84（女生） 83（总体）	13	69.00/66.46	67.43
		14	87.50/88.62	88.19
		15	86.50/92.62	90.29
		16	88.50/92.92	91.24
		17	73.50/76.00	75.05
		18	93.00/88.62	90.29

注：每一品质维度指标的得分率等于本维度指标实际测评得分占满分值的百分比，原始数据见本章附件2。

第一，全体被测评学生算术加总的心质能量（心力）平均指数值为0.80，处于良好等级区间，其中最高0.95，最低0.61，变异系数为8.59%。全体被测评学生三维合成的心质能量（心力）平均指数值为0.48，处于差等级区间，其中最高0.87，最低0.20，变异系数30.07%。

第二，从性别看，男女生算术加总的心质能量（心力）指数分别为0.78和0.81，分列中等接近良好的等级区间和良好接近中等的等级区间，女生是男生的103%。其中，男生最高0.95，最低0.61，变异系数为8.61%；女生最高0.94，最低0.65，变异系数为8.40%。三维合成的心质能量（心力）指数，男女生分别为0.46和0.50，女生是男生的108%，其中，男生最高0.87，最低0.20，变异系数为31.07%；女生最高0.83，最低0.24，变异系数为28.97%。

第三，从基本维度看，心质良善、心质目标、心质执行三个维度的总体平均得分率分别为88%、65%、83%，分别处于良、中、良的等级。其中男生三个基本维度的得分率分别为86%、63%、83%，女生三个基本维度的得分率分别为89%、66%、84%。

第四，从具体指标看，心质良善维度8个指标中，得分最低的是总第2指标，得分率只有67.24%；心质目标维度的4个指标中，总第9、总第10、总第11指标普遍得分较低，分别为61.52%、66.48%、60.19%；心质执行维度的6个指标中，总第13指标得分最低，得分率只有67.43%。

可知，该群体大学生心质水平总体情况表面看比较满意，但深层次看不能令人满意，心质水平欠佳。具体说，心质良善品质方面表现良好且稳定，但心质目标品质的有无目标体系、有无关键目标、关键目标高度方面和心质执行品质的刚性践行方面均表现不够理想，成为直接制约整体心质水平等级提升的关键障因。通俗地说，该群体大学生心质良善，但缺乏远大理想目标，没有良好的发展规划，家国情怀不足，而且遇到困难容易退缩，缺乏应有的坚持和韧性，攻坚克难力度不够。具体呈现为平时"忙忙碌碌"式的"茫然不知所措"，以及勇往直前和坚不可摧品质的缺失。

作为测评对象的鲁东大学市场营销和公共管理2019级本科专业学生，在2019年山东高考中的最低提档率为25.51%（如表3-5所示），2019届高考学生在2016年初中毕业时，国家规定普职分流比例大致相当（最低55%：45%）。山东省统计数据显示，2019年高考学生主要对应出生年份为2001年，2001年山东省共出生99.42万人，2016年参加中考学生的数量为80万人，大致相当于全部同龄人只有80.47%参加了中考。这样，按55%的普职分流比例和80.47%的中考参加比例，可知从主流的求学角度看，作为测评对象的两专业学生大致位列同龄人的前12%。这说明，本心质测评对揭示整个社会群体特别是以大学生为代表的青年群体的心质水平和结构状况具有全国性的普遍参考意义。

表3-5　鲁东大学相关专业2019年录取位次及提档率一览表

专业	录取位次	山东省报考人数	提档率/%
市场营销（理科）	88794	263447（理科）	33.70
市场营销（文科）	18669	143909（文科）	12.97
公共管理（文科）	31167	143909（文科）	21.66
综合	—	407356（文理）	25.51

注：综合提档率是将两个文科专业提档率予以平均，取得文科提档率均值，然后与理科提档率平均而得。（相关数据来源于鲁东大学招生办）

由此结论出发，我们应关注人口质量，尤其是整体国民的总体心质质量。总体心质水平不够理想，特别是缺乏远大理想目标、家国情怀不足，以及缺乏坚持和韧性、攻坚克难力度不够，显然已经成为不得不面对的沉重话题。如果这个问题不解决，我们的社会有可能变成"心无力"的社会，触发"中等收入陷阱"。

第六节　基于儒学的心质管理提升方案

应该如何进行有效的心质管理以提升心质能量（心力）？实际上，从问卷测评的心质良善、心质目标、心质执行三维品质审视，儒家经典五书即《大学》《论语》《孟子》《中庸》《传习录》每种书各有侧重，难成体系，但五种经典组合一体，就架构出了一套体系完整、逻辑严密、现实可行的心质修炼和管理提升方案。

《论语》创立了一套以仁爱、忠恕、孝悌思想为核心的以自省和体悟为基本方式的自我心质修炼和管理提升方案。《孟子》全篇贯通的是道义二字，对《论语》提倡的宽博广泛的仁爱，予以道义范畴的正确指向。对《论语》和《孟子》进行研读和体悟、践行，不但可以获得广博的仁爱，使心质不断光明纯朴，而且可以实现心质的正切和正义的升华，最终将光明纯朴之心质导向天下道义的正确轨道，在心质良善品质方面实现正大光明。

《大学》提出"三纲领"和"八条目"的内圣外王的总体架构，整体上看逻辑严密、体系完整、指向宏伟。其中"修齐治平"的人生总体目标格局设计尤其深入人心，影响深远。对《大学》进行研读和体悟、践行，首先可以对心质管理在全部人生系统中的基因和元点的关键角色地位获得一目了然的清晰把握，进而助力自觉地将自我人生发展与国家时代需求有机结合，实现心质目标品质的高远阔达。

《传习录》特别强调事上磨、事上炼，是一种想即做、知即行的实践哲学，在致良知、吾心光明的基础上，明确提出了知行合一的思想理念，把"天下靡然争务修饰文词，以求知于世，而不复知有敦本尚实、反朴还淳之行"的知行分离、清高玄谈一下子拉回到了经世致用、实干兴邦的现实境界。对《传习录》进行研读和体悟、践行，可以将自我打造成能够真正做到想即做、知即行的具有知行合一优良品质的个体，在获得巨大心质执行品质提升的同时，在现实中所向披靡、无往不胜。

《中庸》提出了一种基于中国国民性的总体的处事态度和行为方法，或者说提供了一套基于目标指向的有效的哲学指导和总体方法，讲求在过和不及之间实现均衡、周全而不偏激，最终达到中正、中和、中时的佳境。对《中庸》进行研读和体悟、践行，可以将内心慈柔的仁爱与刚烈的道义及高远阔达的指向，通过温雅和谐的外在行为展现，获得周围人与环境的友好和必要支持，确保心质执行品质获得亲和力的加持。

总之，儒家经典五书中，《论语》之仁爱忠恕解决的是心质纯朴本性问题；《孟子》之道义正气解决的是心质正向问题；《大学》之"修齐治平"解决的是心质目标之高远品质问题；《中庸》之执其两端取其中实现了对心质执行品质的有效加持问题；《传习录》之知行合一解决的是心质执行之坚韧品质问题，五者彼此融结，构筑了一套体系完整、逻辑严密的囊括心质良善、心质目标、心质执行诸品质在内的心质修炼和管理提升方案。（如图3-3所示）

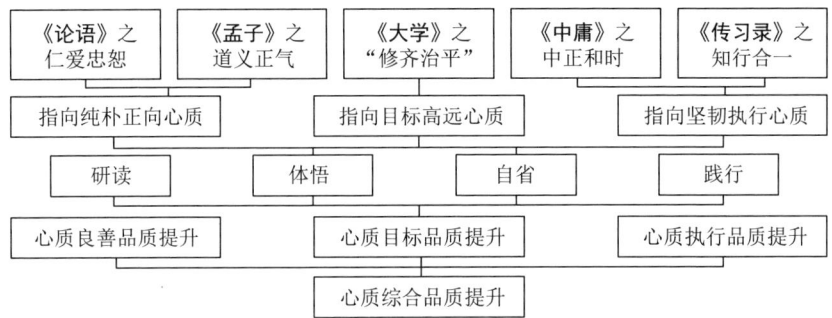

图 3-3 儒家经典五书提供的心质修炼和管理提升方案示意

儒学经典五书提供的心质修炼和管理提升方案中,最为关键的是内向的自省和反思,儒学在这方面也提供了一套成熟的解决方案,即"内省自讼"和"求诸己"。"内省自讼"的论述,如"吾日三省吾身"和"见贤思齐,见不贤而内自省",即要立足自己内心的修行标准,正反面参照身边的贤和不贤,经常甚至每天对自己的言行予以内向的反思,求得"苟日新,日日新,又日新"的效果。"求诸己"即"行有不得,反求诸己",意指遇到挫折和困难,就要自我反省,从自身而不是身外找原因。在心质修炼和管理提升过程中,内向的自省和反思本身就是心质管理的核心要素,也是关键抓手,只有具备这种心素,心质水平才能不断提升。相对而言,"内省自讼"是一种基于自我内心标准的自觉性内审和反思,"求诸己"是面对困境主动从自身寻找原因并解决问题,前者侧重于知,后者侧重于行,两者的结合就是内我性知行合一。

第七节　进一步研究的思考

要完成全面推进社会主义现代化建设和实现中华民族伟大复兴的历史使命，从微观层面讲，就必须让一切劳动、知识、技术、管理、资本的活力竞相迸发，让一切创造社会财富的源泉充分涌流；从宏观层面和更为本质的角度讲，要建构一种不同于西方逐利型的使命型家国社会发展框架。这个框架应该由使命型政党、使命型政府、使命型家庭、使命型公民等子体系构成，其中，使命型公民体系建构是使命型家国发展体系建构的基础，使命型国民心质养成又是使命型公民体系建构的前提，这样，使命型国民心质体系建设就成了使命型家国体系建设推进的元点所在。

根据上面的分析，可以提出以下具体政策建议。

第一，充分认识和重视心质管理在个体和家国发展中的元级重要价值，从国家高度系统性构建中国特色的心质管理和提升方案并应用于新时代发展实践，推动劳动力要素市场实现基于心质维度的供给侧结构优化和素质提升，重拾人口红利优势，解决劳动力短缺困难，源源不断提供高心质的社会主义现代化建设者和接班人。

第二，适时从国家层面进行学科规划调整，将心质管理从隐性的伦理道德之学科序列，转换入显性的管理学科序列，让心质管理真正成为全民之学，助推中国成为强心之国。

第三，推进心质管理研究向纵深迈进，包括心质基本因素的进一步梳理确定、各因素等级量化的进一步规范、心质能量（心力）与个体成长关系实证量化、实验方法的引进补充、心质管理国家重点实验室建设等。

第四，鉴于儒学体系已经形成比较成熟系统的心质修炼和管理提升方案，以及儒学在中国先天性的影响力，适时编写推出儒学视野的心质管理教材，将儒学经典教育有机融入教育体系。

从中国本土管理学科建构的角度讲，西方管理学"缺乏一种向内的功夫，一种让人们成为自身意识的产物的能力"，其在管理学科设置上偏重"工商管理""公共管理"而忽视心质管理，中华传统文化特别是儒家文化在心性管理方面有着浩如烟海的文献积累和丰富系统的思想支撑，主要基于儒学思想启发的心质管理研究推进，可为儒学的本义管理学转型建构提供一种元力性的赋能，也可为西方管理学的深耕完善补齐硬核性的元点逻辑。

附件1：《心质能量（心力）测评问卷》

一、背景说明

本问卷基于李克特式量表思路制作，其理论依据是本章有关心质管理基本内涵、基本维度与等级量化的分析，目标是为个体心质水平的量化测评和结构分析提供工具，为正确评价自我心质水平并发掘问题和采取针对性改进措施提供价值型帮助，最终实现心质管理研究的实用化和可操作化。

二、单项赋分与计分加总

本问卷共有18个测试题，每一测试题均有从A到E共5个选项。基于层次分析法和专家打分法，进行单项权重与计分加总的结构性量化分配如下：

第一部分由8个测试题组成，每一题从A到E的5个选项分别赋分5分、4分、3分、2分、1分，原始满分40分；

第二部分由4个测试题组成，其中无关键目标（第10题）和关键目标高度（第11题）两个测试题从A到E的5个选项分别赋分10分、8分、6分、4分、2分，其他两个测试题从A到E的5个选项分别赋分5分、4分、3分、2分、1分，本部分原始满分30分；

第三部分由6个测试题组成，每一题从A到E的5个选项分别赋分5分、4分、3分、2分、1分，第13题和第14题的测评共同指向目标刚性项，予以特别加强，总权重为10分，本部分满分30分。

根据三部分实际得分，可以分别从算术加总和三维合成角度进行综合性指数分析，并予以优良中差等级划分。

三、具体问卷

第一部分——心质良善基本品质测评

本层面主要测评内心仁爱状态（第1~4题）和内心正义状态（第5~8题），两者综合反映的是包括"致良知"和"心质光明"在内的心质良善基本品质。

问题1：你在远方的城市工作，也在城市成家立业，但老父母还在偏远的小山村生活。新年就要到了，天气变得异常寒冷，是留在城市过年，还是回没有暖气的家乡陪父母过年呢？（测评的内涵指向：对父母之孝）

A. 没有特殊原因就每年拖家带口回老家过年

B. 家里其他人不想回老家，我一个人每年回去几天

C. 我一个人年前回去看看就回来

D. 隔几年回去看一次

E. 基本上不回

问题2：你的经济条件相对宽裕一点，你的兄弟姐妹则相对紧张一点。在多年的交往中，他们先后从你手中借走了大致相当于你半年工资的钱，而且很长时间没有归还，甚至过年也不再提起，怎么办？（测评的内涵指向：对兄弟之悌）

A. 没法提，还就收，不还就算了，自己吃点儿亏吧

B. 估计他们财务紧张，再等等吧，还是得要回来

C. 时间不短了，看谁家不太紧张就先要一下

D. 时间不短了，最近都催一下

E. 不行，得马上要，要求对方马上还

问题3：有一次你正在理发，理发师在帮你刮胡须，你突然咳嗽了一下，理发师没控制好理发刀，你的脸被刮破出血了，但并不严重，不过理发师好像吓坏了，你怎么办？（测评的内涵指向：对他人之恕）

A. 可能是自己咳嗽导致的，再说谁没个手误，也不严重，没事，安慰安慰理发师

B. 谁没个手误，也不严重，算了算了

C. 有点恼火，不过算了，不说了

D. 真倒霉，把理发师狠狠批一顿

E. 这事不行，马上和理发师理论，要求赔偿

问题4：有一天天很晚了，你在回家的路上看到路边还有一个卖苹果的老人，苹果看上去不是很好，但也没剩多少了，可能老人想坚持卖完再回家。如果你经济条件还算宽裕，看到这个场景会怎么办？（测评的内涵指向：对凡众之爱）

A. 我全买了，让老人早点儿回家吧

B. 我买一点儿吧，帮帮老人的忙

C. 犹豫了一下，想帮着做点儿什么，想想还是算了

D. 犹豫一下走了

E. 和我没有任何关系，赶紧回家

问题5：有一天晚上我一个人出去散步，突然踩到一个什么东西，一看是一部梦寐以求的新款手机，看看周围，一个人也没有，怎么办？（测评的内涵指向：见利思义）

A. 不是我的，我不能要，马上上交或者明天上交

B. 不是我的，上交处理，不过失主应该给我一点儿报酬

C. 犹豫了好久，先拿回家，看看情况再说

D. 犹豫了一下，又不是我偷的，悄悄收起来拿回家

E. 反正不是我偷的，又没人看见，就是我的了

问题6：有一天骑车外出办事，看到一个老人倒在地上，正在痛苦挣扎，可能是被车撞了，撞人的车已经溜了，怎么办？（测评的内涵指向：见义勇为）

A. 马上下车，观察并帮扶老人，报警或打120，同时采取自我保护措施

B. 马上下车，外围观察但不靠近，以免说不清，同时电话报警

C. 犹豫了好久，担心好心帮助反而被讹上，打个报警电话然后走人

D. 觉得应该帮一下，可我有事啊，让后来的人帮吧，我先走了

E. 反正不是我撞的，和我没关系，管他呢，走了

问题7：20世纪20年代，你已经在美国取得博士学位，又在美国一所著名大学工作了不短时间，收入、工作条件、生活环境都很好，这个时候，祖国对你发来了呼唤：回来吧，报效祖国！怎么办？（测评的内涵指向：见危授命）

A. 毫不犹豫，没有条件，马上回国

B. 犹豫良久，克服困难，决心归国

C. 这可是人生的重大抉择，先看看再说，择机再回

D. 犹豫良久，拖家带口，回去不容易，还是不回了

E. 绝对不回

问题8：好不容易到了周末晚上，与朋友聚餐，大家嚷嚷着喝一口，你是开车来的，怎么办？（测评的内涵指向：遵规守矩）

A. 看情况，或者不喝自己开车回，或者喝一点儿然后找代驾或打车回

B. 只喝了一点儿酒，犹豫是请代驾回还是自己开车回

C. 只喝了一杯酒，应该没事，犹豫良久，还是自己开车回吧

D. 只喝了几杯酒，犹豫良久，决定开车回，应该没事

E. 虽然喝了不少，觉得没事，还是决定开车回

第二部分——心质目标基本品质测评

本层面主要测评的是有无目标体系（第9题）、有无关键目标（第10题）、关键目标高度（第11题）、关键目标自我适衡性（第12题），四者综合反映的是心质目标基本品质。

问题 9：一般来说，有目标才有前进的方向，所以目标构建对自我发展特别重要。请问你有没有考虑构建自己的目标体系？（测评的内涵指向：有无目标体系）

A. 我有包括长期目标、中期目标、短期目标和家庭目标、学习目标、工作目标等在内清晰的人生目标体系，且已经整理记录下来

B. 我有上述目标体系，但没有整理记录下来

C. 我有自己的目标体系，但没有上述那样细致和清晰，也没有记录下来

D. 我有目标，但都是短期或临时性目标，难成体系

E. 不考虑那么多，心累，过一天算一天挺好的

问题 10：一个人的目标体系由多种类型的具体目标组成，这些目标的重要性并不相同，有一般性目标，也有关键性目标，关键性目标在整个目标体系中有至关重要的地位。请问你的关键目标处于什么状态？（测评的内涵指向：关键目标）

A. 我有分别关于家庭、学习、工作等的关键目标，还有整体的关键目标，且都清晰地整理记录了下来

B. 我有分别关于家庭、学习、工作等的关键目标，也有整体的关键目标，但未特别清晰地整理记录下来

C. 有关键目标，但没有上述那么细致清晰，有些模糊

D. 有关键目标，但都是短期或临时性关键目标，没有中长期关键目标

E. 什么关键不关键的，不考虑那么多，心累，过一天算一天挺好的

问题 11：一般来说，个人关键发展目标的制定，应该能够支持自我的个人理想追求，同时应该响应家国社会的使命与责任，或者说应该将个人的发展与国家社会的需要进行关联性的考虑和结合。请问你个人关键发展目标的制定属于下面哪种情况？（测评的内涵指向：关键目标高度）

A. 关键目标的制定，将个人的发展与国家社会的需要进行了充分的考虑和结合

B. 关键目标的制定，将个人的发展与国家社会的需要进行了良好的考虑和结合

C. 关键目标的制定，将个人的发展与国家社会的需要进行了较好的考虑和结合

D. 关键目标的制定，重点考虑了个人的理想追求，结合国家社会需要考虑较少

E. 关键目标的制定，仅考虑个人的理想追求，完全不用考虑结合国家社会需要

问题 12：一般来说，个人关键发展目标的制定，应该与自身所处的具体情境和所拥有的主客观条件资源具有相符性，既不好高骛远又不局促短浅。请问你个人关键发展目标的制定，属于下面哪种情况？（测评的内涵指向：关键目标自我适衡性）

A. 关键目标的制定，充分考虑了自身所处的具体情境和所拥有的主客观条件

B. 关键目标的制定，良好考虑了自身所处的具体情境和所拥有的主客观条件

C. 关键目标的制定，较好考虑了自身所处的具体情境和所拥有的主客观条件

D. 关键目标的制定，只是简单想了想自己的具体情境和主客观条件

E. 关键目标的制定，没有考虑自己的具体情境和所拥有的主客观条件

第三部分——心质执行基本品质测评

本层面主要测评的是目标刚性（第13~14题）、失衡纠偏（第15题）、自力更生（第16题）、自省（第17题）、内省致和（第18题），五个层次问题的测评综合反映的是以"知行合一"为核心的心质执行基本品质。

问题13：很久很久以前，一位已经63岁的老人带着他的弟子为着自己的理想四处奔波却屡屡碰壁。其实他只要回头，就可以享受生活、安度晚年。一天，他和他的弟子在中原大地的某一个荒野角落被歹徒围困，绝粮七日，陷入绝望。随从弟子都饿倒了，爬不起来。是为了理想继续向前，还是掉头返回？如果你是这位老人会怎么办？（测评的内涵指向：确立坚定的理念和态度，困难面前坚韧前行、捍卫初心、刚性践行）

A. 为了心中的理想，继续坚定前行

B. 为了心中的理想，再坚持坚持

C. 理想与现实都得考虑，应该重新审视和反思一下了

D. 虽然心有不甘，但还是无奈掉头返回吧

E. 还考虑什么，直接掉头返回就是了

问题14：你在大学三年级时确定了考研的目标，为此精心选择了自己理想的大学和喜欢的专业，开始刻苦研读。复习考研的过程极其艰难，特别耗费体力。考前一个月，你因劳累过度开始经常性出鼻血；考前半个月，鼻子几乎每天都出血，而且每次都是大量出血。你的身体变得极其虚弱，这时你会怎么办？（测评的内涵指向：确立坚定的理念和态度，困难面前坚韧前行、捍卫初心、刚性践行）

A. 为了实现既定目标，劳逸结合，但继续坚定前行

B. 为了实现既定目标，劳逸结合，适当放松一下

C. 理想目标和身体健康都重要，复习先放放，但要参加考试

D. 虽然心有不甘，但身体实在不行，决定放弃考研

E. 还考虑什么，身体最重要，赶紧放弃考研

问题15：假如你是明朝中期的一位进士，现在京城为官。有一天你在朝堂上坚持真理，得罪了宦官，被廷杖四十，并贬到山高水远、交通非常不

便的云贵烟瘴之地做驿丞（且只有你一个人），且被告知永不回用。请问你该怎么办？（测评的内涵指向：主客观条件发生变化导致失衡适时自我修正和纠偏）

A. 京城是待不成了，那就先干好驿丞，再好好考虑还能做其他什么

B. 京城是待不成了，那就先干好驿丞，再考虑做一些什么吧

C. 干好驿丞就行了

D. 这个驿丞将就干干就行了

E. 时不济我，命运不公，算了，得过且过吧

问题16：你们要结婚了，决定买一套新房，可是你们刚刚工作，虽然收入还行，但手边没有多少积蓄。不过，双方父母每月都有三四千元退休金。你们该怎么办？（测评的内涵指向：立足自己，自力更生，君子求诸己）

A. 自己贷款，慢慢还呗，我们自己能解决，不用老人再操心了

B. 自己贷款，慢慢还呗，不过首付最好老人能出一部分

C. 自己贷款，慢慢还呗，不过首付最好老人能帮忙解决

D. 先看看老人那里有多少吧，先用他们的，让他们解决大部分，不够再想办法

E. 老人就应该给送一套新房，他们想办法就是了

问题17：《论语》中说：吾日三省吾身。请问你在现实中是如何理解和反省的？（测评的内涵指向：君子求诸己，自省）

A. 反省很重要，我每天（如晚上睡觉前）都会回顾这一天经历的事情并反省

B. 反省很重要，我每一阶段会定期回顾和反省这一阶段经历的事情

C. 反省挺重要，我偶尔会回顾和反省过去一阶段经历的事情

D. 反省其实没什么用，我基本上没有过反省

E. 我从来不反省

问题18：年底的评先进大会上，我得票不高，甚至有可能不及格。应该怎么看这个情况？（测评的内涵指向：君子求诸己，且中且庸，致中致和，努力实现与周围环境的友好和谐相处）

A. 这说明我确实存在问题，以后我得好好改变自己，从改变自己做起

B. 这说明我确实存在问题，以后要改变改变自己，但这实在令人气愤

C. 我确实存在问题，但有些同事投票确实很不客观

D. 我存在问题，但更多的是同事的问题

E. 我没有什么问题，问题是同事的，他们投票不公

附件2：问卷测评原始数据统计表

序号		指标																
		1	2	3	4	5	6	7	8	9	10	11	12	13	14	15	16	17	18
1	GG-M	5	3	5	1	3	4	5	5	4	8	6	4	3	4	5	5	4	5
2	GG-M	5	3	5	3	3	5	4	5	3	6	6	4	4	4	4	4	4	5
3	GG-M	5	3	4	4	5	5	5	5	3	8	8	4	4	4	5	5	4	5
4	GG-M	5	4	4	4	5	5	5	5	3	8	10	5	5	5	4	5	3	4
5	GG-M	5	4	4	2	5	4	3	5	4	6	8	4	2	4	4	5	4	5
6	GG-M	5	4	5	4	5	5	4	5	2	6	4	2	4	5	5	5	3	5
7	GG-M	5	5	5	4	5	5	5	4	4	6	8	5	3	4	5	3	3	4
8	GG-M	4	5	5	4	4	3	4	5	4	8	4	3	3	5	4	4	3	4
9	GG-M	5	2	5	4	5	4	4	5	3	6	6	5	5	5	4	4	3	5
10	GG-M	5	3	5	4	5	5	5	5	5	2	4	5	5	5	5	5	5	5
11	GG-M	5	4	5	1	4	1	4	5	5	10	10	5	3	4	4	2	4	4
12	GG-M	5	4	5	3	5	5	5	5	3	6	8	5	3	4	5	2	3	4
13	GG-M	5	5	5	4	5	4	5	5	2	6	6	3	4	4	4	4	3	5
14	GG-M	4	3	4	2	5	5	5	5	2	10	10	5	3	4	1	2	5	5
15	GG-M	5	3	5	4	5	5	5	5	2	6	4	3	4	1	5	5	3	5
16	GG-M	5	2	3	5	3	5	3	5	4	6	10	5	3	5	5	5	4	5
17	GG-M	5	4	4	5	4	5	4	5	5	8	6	4	3	4	5	5	4	5
18	GG-M	5	4	5	4	5	4	3	5	2	8	2	4	3	5	5	5	4	5
19	GG-M	3	2	5	4	5	4	5	3	3	6	4	4	3	5	4	5	3	3
20	GG-M	5	3	5	4	3	5	4	5	3	10	8	5	4	4	4	5	3	5
21	GG-M	5	3	4	5	5	5	4	5	3	8	4	4	4	5	4	5	3	5

续表

序号		指标																	
		1	2	3	4	5	6	7	8	9	10	11	12	13	14	15	16	17	18
22	GG-M	5	3	4	3	4	5	4	5	4	8	8	5	3	5	4	5	4	4
23	GG-M	5	2	5	3	5	3	5	5	2	6	4	4	2	5	5	5	4	5
24	GG-M	5	4	5	5	5	3	5	5	3	4	4	2	3	5	5	4	3	5
25	GG-M	5	5	5	4	5	4	5	5	2	4	2	2	3	4	1	4	3	5
26	GG-M	5	3	5	5	1	5	5	5	3	6	4	4	2	4	5	4	4	5
27	YX-M	4	2	5	4	5	4	5	5	2	6	4	2	5	4	4	3	5	3
28	YX-M	5	4	5	1	5	4	5	5	1	6	4	2	1	5	5	5	3	3
29	YX-M	5	4	5	4	5	5	5	5	4	8	10	5	3	5	5	5	4	5
30	YX-M	5	5	5	5	5	5	5	5	5	5	5	5	5	5	4	2	5	5
31	YX-M	5	4	5	5	5	5	5	5	3	8	4	3	5	5	5	4	3	5
32	YX-M	5	4	5	4	4	5	3	4	3	6	4	1	3	5	5	4	4	5
33	YX-M	3	4	4	3	5	3	3	2	3	6	4	2	4	5	5	4	3	5
34	YX-M	5	4	5	4	3	5	3	5	1	4	4	5	3	4	5	5	3	5
35	YX-M	5	3	5	4	3	5	4	5	4	6	6	5	3	5	5	3	3	5
36	YX-M	5	2	5	5	5	5	5	5	5	5	5	4	5	5	4	5	3	5
37	YX-M	2	2	5	1	5	5	3	5	1	4	4	3	3	3	4	5	2	4
38	YX-M	5	1	5	2	2	3	5	5	2	6	4	3	2	3	4	5	5	5
39	YX-M	5	2	5	4	5	5	5	5	5	10	10	5	5	5	4	5	5	5
40	YX-M	5	4	5	3	5	5	5	2	4	4	4	5	4	5	5	5	5	4
41	GG-F	5	3	5	4	5	5	5	5	5	10	4	5	5	5	5	5	4	5
42	GG-F	5	2	5	5	5	4	5	3	8	8	5	3	4	5	4	4	5
43	GG-F	5	3	5	5	5	5	4	4	2	8	4	2	3	5	5	5	4	5

续表

序号		指标																	
		1	2	3	4	5	6	7	8	9	10	11	12	13	14	15	16	17	18
44	GG-F	5	4	4	4	5	4	5	5	3	6	4	3	4	5	5	4	3	4
45	GG-F	5	3	5	5	5	3	4	5	4	8	8	4	3	4	5	5	4	3
46	GG-F	5	4	5	5	5	5	4	5	4	10	8	5	3	4	4	5	4	5
47	GG-F	5	4	4	5	5	5	5	5	3	6	6	3	3	5	5	5	5	5
48	GG-F	5	3	3	5	3	4	5	5	3	6	4	3	3	4	4	5	4	5
49	GG-F	5	3	3	4	5	5	4	5	4	6	8	5	4	5	5	4	5
50	GG-F	5	4	5	4	5	5	5	5	5	10	6	3	5	5	5	4	5
51	GG-F	5	2	4	5	5	5	5	5	4	8	4	4	3	5	5	4	5
52	GG-F	5	5	5	5	5	4	5	3	8	8	3	2	5	5	5	3	3
53	GG-F	5	2	5	5	5	4	5	5	4	8	8	3	3	4	5	5	4	5
54	GG-F	5	2	5	4	5	5	5	5	5	10	10	5	3	4	5	5	4	5
55	GG-F	5	4	4	4	5	3	3	4	3	6	4	4	3	4	4	5	3	3
56	GG-F	5	3	5	5	5	5	5	5	2	6	4	2	3	5	4	3	4	5
57	GG-F	5	2	4	5	4	5	5	4	6	10	3	4	5	5	3	4
58	GG-F	5	4	5	4	5	4	5	5	3	4	4	4	3	5	5	5	3	4
59	GG-F	5	3	5	2	5	4	5	5	2	8	6	4	3	5	4	4	4	4
60	GG-F	5	4	5	4	5	5	4	5	1	6	6	3	3	4	4	5	3	5
61	GG-F	5	5	4	5	5	4	5	5	4	6	8	5	5	5	5	4	5
62	GG-F	5	4	4	4	5	5	5	5	10	8	5	3	5	5	5	5	5
63	GG-F	5	4	5	5	5	5	5	5	2	4	4	3	3	4	5	5	3	4
64	GG-F	5	4	4	4	4	5	4	5	4	8	8	5	3	5	5	5	5	5
65	GG-F	5	5	5	4	5	5	5	5	3	8	4	4	3	4	5	5	5	5

续表

序号		指标																
		1	2	3	4	5	6	7	8	9	10	11	12	13	14	15	16	17	18
66	GG-F	5	3	5	4	3	4	5	5	3	8	4	4	3	5	4	5	3	5
67	GG-F	2	2	3	3	5	4	5	5	3	8	10	5	3	4	4	4	3	5
68	GG-F	4	2	4	3	5	4	4	5	2	6	6	3	3	5	4	5	4	4
69	GG-F	5	4	5	4	5	5	5	5	4	10	10	5	5	5	5	5	5	5
70	GG-F	5	4	5	5	5	5	5	5	2	6	4	4	5	5	5	5	3	5
71	GG-F	5	3	4	4	5	4	5	5	4	4	8	5	3	1	5	5	3	3
72	GG-F	5	4	5	5	5	5	5	5	3	6	8	3	3	5	4	3	3	3
73	GG-F	5	4	4	4	5	5	4	5	2	6	8	4	3	5	5	4	3	4
74	GG-F	5	2	4	4	4	4	2	4	4	4	4	3	4	5	4	3	4
75	GG-F	5	3	4	4	5	5	5	5	4	4	6	3	4	3	5	5	4	5
76	GG-F	5	3	4	4	5	5	4	5	2	6	4	2	2	4	4	5	3	4
77	GG-F	5	4	5	4	4	5	5	5	3	6	4	4	3	4	5	5	3	5
78	GG-F	5	5	5	1	4	5	5	5	2	4	6	3	5	5	5	5	5	5
79	GG-F	5	3	5	4	4	5	4	5	3	4	6	3	3	4	5	5	4	4
80	GG-F	5	4	4	5	3	5	3	5	3	8	10	5	3	5	5	3	5	5
81	GG-F	5	4	4	4	4	5	5	5	5	4	8	5	3	3	5	5	5	4
82	GG-F	5	4	5	4	5	5	5	5	4	6	8	5	4	5	5	5	4	5
83	GG-F	5	3	5	5	5	3	5	5	2	8	4	3	5	5	5	4	4	4
84	GG-F	5	3	5	4	4	2	4	5	5	8	10	4	5	4	4	4	3	3
85	GG-F	5	2	4	4	5	4	4	5	3	6	8	5	5	5	5	4	4	5
86	GG-F	5	3	5	4	5	5	5	5	3	4	6	4	3	5	5	5	4	5
87	GG-F	5	3	3	3	5	5	5	5	3	6	6	3	3	4	5	5	3	5

续表

序号		指标																
		1	2	3	4	5	6	7	8	9	10	11	12	13	14	15	16	17	18
88	GG-F	5	4	5	5	5	4	5	5	3	6	8	5	4	5	5	4	3	4
89	GG-F	5	4	5	4	5	5	5	5	5	10	8	5	5	5	4	5	5	4
90	YX-F	5	5	4	4	5	4	4	5	2	6	4	2	2	4	2	4	4	3
91	YX-F	5	3	5	5	5	5	5	5	3	6	8	3	3	5	5	5	4	5
92	YX-F	5	5	5	5	5	5	5	5	4	6	6	2	5	5	5	5	5	4
93	YX-F	5	4	3	4	3	4	3	5	3	8	4	2	3	4	5	4	3	5
94	YX-F	5	2	5	4	5	5	5	5	3	6	4	5	3	5	4	5	4	5
95	YX-F	5	4	5	4	5	4	5	5	3	8	5	4	3	3	5	4	5	5
96	YX-F	5	5	4	5	4	5	4	5	2	6	4	2	4	4	4	5	4	3
97	YX-F	5	4	5	4	3	5	3	4	3	4	4	2	1	4	1	5	5	4
98	YX-F	5	2	3	4	3	5	5	5	4	8	6	4	3	4	4	4	5	4
99	YX-F	5	3	5	5	3	4	3	5	2	6	4	2	3	4	4	4	3	3
100	YX-F	5	4	5	5	5	5	3	4	3	8	8	4	3	5	5	5	3	5
101	YX-F	5	3	5	4	5	5	5	5	2	8	6	3	3	5	5	5	4	5
102	YX-F	5	3	5	5	5	5	5	5	3	6	8	4	3	5	5	4	4	5
103	YX-F	5	1	5	2	2	3	5	5	2	6	4	3	2	4	5	5	3	3
104	YX-F	5	2	5	5	5	5	4	5	3	6	6	3	4	4	5	5	4	5
105	YX-F	5	3	5	5	5	5	4	5	3	4	4	5	2	4	5	4	2	5

注：表中 GG-M、GG-F、YX-M、YX-F 分别代表公共管理专业男生、公共管理专业女生、市场营销专业男生、市场营销专业女生。

第四章

儒商的源缘因变与新时代商业伦理打造

本章首先基于对儒学元典基本逻辑的挖掘,从儒学本义视角就儒商概念进行了一次源缘因变式的系统考察,厘清了"儒本无商""儒本非商""国本抑商"的含义,界定了儒商并非儒学本义体系的内生概念。进一步的研究表明,儒商是近现代中国本土和东渐西学两种时代文化各自固守"义""利"一端激荡冲击下应时而生的一个内含有义利并重良好期待的新概念。仁义之心、义利之道、家国使命是有关儒商的三个本质规定性。

儒商的内在本质规定与新时代企业家精神具有内在的一致性,儒商理念在新时代商业伦理打造中具有重要的价值。

———

近年来,正面积极的儒商概念重新得到工商界和学术界的热视,有学者评论,儒商(精神)已成为社会话题,在国家主流意识形态推广下变得更加积极活跃[1]。学术界有关儒商的研究虽然已经取得了不少进展,但仍有一些问题需要深入探讨。对儒商概念源缘因变和真正内涵的

---

[1] 李培挺. 儒商精神的内生境遇探析:历史溯源、存在特质及其实践内生[J]. 商业经济与管理, 2018, (10).

探索挖掘还不足够深入全面，影响了对儒商基本精神和时代价值的精准把握，影响了其在中国特色社会主义建设中应有的价值发挥。

2020年7月21日，习近平主持召开企业家座谈会，勉励企业家要以清末民初实业家张謇等为榜样，"主动为国担当，为国分忧"。[1] 2020年11月12日，习近平在南通参观张謇生平展陈时评价，"张謇在兴办实业的同时，积极兴办教育和社会公益事业，造福乡梓，帮助群众，影响深远，是中国民营企业家的先贤和楷模。"[2]

究竟应该在何种方位上看待张謇兴办实业和热心公益、为国担当的行为？在中国特色社会主义建设中应该如何切实践行？显然，这是迫切需要梳理回答的时代新课题。

本书认为，有关实业家张謇的审视评价及其当代价值发挥问题可以放置于儒学的本义管理学转型建构这一大框架之下的儒商视角，从儒商概念的源缘因变及其在新时代商业伦理打造中的时代价值角度进行一次系统审视。在相关研究尚不十分透彻的情况下，本章拟就此问题进行分析。

第一节 研究基本动态分析

如上所述，近年来有关儒商的研究有明显趋热的态势，这至少体现在三个方面。一是有关儒商的研究成果发表数量呈现明显的递增趋

---

[1] 激发市场主体活力 弘扬企业家精神 推动企业发挥更大作用 实现更大发展[N]. 人民日报, 2020-7-22.
[2] 习近平赞扬张謇：民营企业家的先贤和楷模[EB/OL]. http://www.gov.cn/xinwen/2020-11/13/content_5561189.htm.

势。从国内学术期刊网的查询可获得基于"儒商"关键词的文献上千篇（部），其中包括20多篇硕博士论文和70多篇CSSCI高水平期刊论文。二是有关儒商的学术会议活动日益增多。三是工商企业界对儒商的关注度和参与度呈现高涨的态势。

儒商研究取得的成果是显著的，但也存在一些问题。如目前有关儒商的价值判断尚不一致，大多数学者对儒商（精神）持以积极支持和肯定的态度，也有学者对现代商业伦理中套用儒商精神持否定态度。[1] 特别是，作为研究最为核心的原点，儒商的基本概念究竟是什么？评判标准究竟如何确立？目前对这两个问题尚缺乏基本的共识。以2018年6月苏州大学儒商研究工作坊论坛为例，该论坛收到参会论文30多篇，其中至少有一半论文的主题仍然是探讨儒商的基本概念。这恰恰说明，儒商研究推进多年之后，相关研究在一些基础理论的认识上尚未取得必要的共识。有学者一针见血地指出，界定"儒商"内涵不是根据历史事实与文献文本，而是任由作者自己的价值判断。[2]

之所以出现这种情况，一个可能的原因是，目前有关儒商的研究，立足儒学元典进行深入系统研读和基本逻辑剖析，从而在获取一手资料和深刻把握儒学内在精神基础上进行研究审视还相对不够，同时对儒商概念提出的时代背景缺乏应有高度的审视，落入了就事论事的境地，导致对包括儒商基本概念在内的若干基本问题的认识不能准确到位和形成共识。反过来，这就影响了对儒商基本精神和时代价值的精准把握，影响了其在中国特色社会主义建设中的应有价值发挥。

关于实业家张謇，学术界也进行了长期深入的研究，其中对张謇发

---

[1] 陈志武. "儒商"走不出去[J]. 中国企业家, 2006, (23).
[2] 董恩林. 简论中国传统"儒商"精神的思想内涵[J]. 社会科学家, 2016, (11).

展实业和关心公益、为国担当的研究，始终是一个重点。稍早的代表性研究包括孙中山与张謇实业思想比较研究[1]、张謇理性爱国主义研究[2]、张謇教育思想研究[3]以及张謇企业制度创新研究[4]等。近年的代表性研究包括张謇生态文明转型之社会价值研究[5]、张謇现代企业家典范意义研究[6]、张謇义利观研究[7]及张謇慈善公益事业研究[8]等。也有学者直接将张謇归类于儒商框架下并进行剖析，包括再造儒商与张謇企业家精神研究[9]、张謇和涩泽荣一儒商思想比较研究[10]、张謇近代儒商传统考察[11]、张謇儒商本色研究[12]等。相关研究在张謇的实业发展、社会责任、爱国主义等方面已经形成了较好共识，并从典型案例解剖角度推动了儒商研究的进步。不过，由于儒商基本概念、评判标准等

---

[1] 马敏.孙中山与张謇实业思想比较研究[J].历史研究，2012，（5）.

[2] 章开沅.学习张謇的理性爱国主义[J].华中师范大学学报（人文社会科学版），2006，（2）.

[3] 李建求.张謇教育思想述评[J].教育研究，1999，（9）.

[4] 陈争平.近代张謇的企业制度创新及其现实意义[J].清华大学学报（哲社版），2007，（1）.

[5] 温铁军.生态文明转型召唤社会企业和社会企业家——张謇的启示[J].文化纵横，2019，（2）.

[6] 任剑涛.现代建国中的企业家：张謇的典范意义[J].清华大学学报（哲社版），2018，（2）.

[7] 羌建.张謇的义利观及其在"地方自治"中的实践[J].南通大学学报（社科版），2017，（4）.

[8] 周秋光，李华文.达则兼济天下：试论张謇慈善公益事业[J].史学月刊，2016，（11）.

[9] 高全喜.再造儒商：张謇的企业家精神[J].文化纵横，2019，（2）.

[10] 曾丹，向婉莹.张謇和涩泽荣一的儒商思想比较——基于中日近代资本主义发展观的视角[J].学习与探索，2018，（11）.

[11] 马敏.近代儒商传统及其当代意义——以张謇和经元善为中心的考察[J].华中师范大学学报（人文社科版），2018，（2）.

[12] 彭安玉.论张謇的儒商本色[J].江苏行政学院学报，2009，（6）.

基础研究支持不足，目前有关张謇与儒商的研究还难称完美，这也是本章研究得以进行的一个重要考量。

第二节　儒学之"儒本无商"考论

所谓儒学之"儒本无商"指儒学本义体系没有儒商概念的表达和呈现，没有给儒商概念提供必要的空间。

先秦时代的儒家经典著作（《论语》《孟子》《荀子》等）记载了诸多商贾人物，包括富可敌国的子贡等人。葛荣晋[1]等多位学者认为，鉴于子贡的这种双重身份，实际上可将其作为"儒商"这个称谓的元初人物或鼻祖人物。这个观点可以成立，但这并不意味着儒家对儒商这一概念和这一群体的重视和打造，而是孔子"有教无类"教育理念下广泛接纳诸方学生的具体呈现。正如有学者指出的那样，子贡"不受命而货殖焉"，其财富的积累与儒学并无多大关系。[2]

《论语·子路》有一则樊迟问稼："樊迟请学稼。子曰：吾不如老农。请学为圃。曰：吾不如老圃。樊迟出。子曰：小人哉！樊须也。上好礼，则民莫敢不敬；上好义，则民莫敢不服；上好信，则民莫敢不用情。夫如是，则四方之民，襁负其子而至矣，焉用稼？"学术界往往将这则对话理解为孔子对农业耕作活动的蔑视，实则不然，其反映的应该是孔子对儒家仁义礼智信等君子之基本品德修养的重视，以及对君子对立面的小人从事包括耕稼在内的具体生产营利活动的排斥，或者说是孔

---

[1] 葛荣晋.儒学与儒商[J].河北大学学报（哲学社会科学版），2004，（5）.

[2] 白宗让.儒商研究的"曲通"范式——基于"道术"关系的考察[J].商业研究，2017，（10）.

子秉持自己基本义利观念之下对仁义的坚守和对求利的排斥。

总体上看，在先秦儒家经典文献中，虽有"儒"与"商"的字眼，也有"良商""诚贾"或"廉贾"等概念出现，但未见"儒商"这一概念。汉武帝推行"罢黜百家，独尊儒术"政策之后，"儒"与"商"被区分为两个截然对立的范畴，"儒"与"商"相结合的路径堵死了，这种情况下提出"儒商"这一概念就更是不可能的了。

明朝中叶后，随着资本主义萌芽的产生和"西学东渐"的影响，随着人们开始冲破"重农抑商"的思想壁垒和大批士大夫投身于工商业，嘉靖时（1522—1567年）与"儒商"含义相似的"士商""儒贾""贾儒"等词语开始出现。明万历（1576—1620年）刻本汪道昆所著《太函集》卷二十《范长君传》记载，范长君戒其二子，"第为儒贾，毋为贾儒"，并声称"与其为贾儒，宁为儒贾"。明清之际对"贾儒""儒贾"等概念褒贬不一，而不是现代意义上的多为褒奖。如范长君就是对"儒贾"予以褒扬，对"贾儒"予以贬斥。明万历三十四年刻本焦竑所著《焦氏澹园集》卷三十《范长君本禹墓志铭》记载，"世以儒贾，君以贾儒"，就是对"儒贾"予以贬斥，对"贾儒"予以褒扬。这个时期新成的儒家经典《传习录》等著作中仍然没有出现"儒商"及相关词语。有学者考证，"儒商"一词最早出现于清康熙（1662—1723年）时杜浚所撰《汪时甫家传》，时间在1671年到1687年。[1]

综上可知，无论《论语》《孟子》，还是《大学》《中庸》，抑或之后的《传习录》，儒学经典著作中均没有"儒商"及相关概念的表达。这说明，儒学本义体系确实没有给"儒商"概念提供相应的空间，呈现出"儒本无商"的态势。相反，"儒商"是一个始见于清康熙年间的非儒学本义概念。

---

[1] 周生春，杨缨. 历史上的儒商与儒商精神 [J]. 中国经济史研究，2010，（4）.

第三节　儒学之"儒本非商"考论

所谓儒学之"儒本非商"指儒学本义体系之所以没有"儒商"概念的表达，并非疏忽，而是儒学在义利对立基本理念下对"商"的高度警惕和刻意排斥的结果，儒学本就没有准备对"儒商"或者其他类型的商人在系统内部予以接纳。

一、儒学本义体系对"商"持有本能性的高度警惕

儒学本义体系对必要的富贵追求是予以肯定的。《论语·里仁》云"富与贵是人之所欲也"，《论语·述而》云"富而可求也，虽执鞭之士，吾亦为之"。《论语·子路》记载了孔子与冉有在卫国的一段对话："子曰：庶矣哉！冉有曰：既庶矣，又何加焉？曰：富之。曰：既富矣，又何加焉？曰：教之。"这段"先富后教"的经典对话，证明了儒学本义体系对必要富贵追求的肯定。不过，儒学对富贵的追求始终持有一种本能性的高度警惕。孔子在同意"富与贵是人之所欲也"和"富而可求也"的同时，马上警告性地提出"不以其道得之，不处也""如不可求，从吾所好"，又意犹未尽地特别告诫"君子喻于义，小人喻于利""不义而富且贵，于我如浮云"，从君子与小人对立的角度表明了重义轻利的严正态度。

《孟子·梁惠王上》记载了孟子初见梁惠王时的一段对话。"王曰：叟，不远千里而来，亦将有以利吾国乎？孟子对曰：王，何必曰利？亦有仁义而已矣。王曰何以利吾国，大夫曰何以利吾家，士庶人曰何以利吾身，上下交征利，而国危矣！万乘之国，弑其君者必千乘之家；千乘之国，弑其君者必百乘之家。万取千焉，千取百焉，不为不多矣。苟为后义而先利，不夺不餍。未有仁而遗其亲者也，未有义而后其君者也。

王亦曰仁义而已矣，何必曰利？"显然，这更是将仁义与求利放置于对立的位置。

《大学》是儒学最重要的经典著作之一，其对义利有进一步的对立性警惕审视。其《释治国平天下》篇反复论言，"德者本也，财者末也。外本内末，争民施夺。是故财聚则民散，财散则民聚。""长国家而务财用者，必自小人矣。彼为善之，小人之使为国家，灾害并至。虽有善者，亦无如之何矣！"最终的结论是，"此谓国不以利为利，以义为利也"。

二、儒学本义体系对"商"从整体格局上的摒弃

《论语·泰伯》云："士不可以不弘毅，任重而道远。仁以为己任，不亦重乎？死而后已，不亦远乎？"《论语·子罕》云："子罕言利，与命，与仁。"这表明，孔子儒学的整体格局重点始终在于仁义，罕有求利。朱子认为，儒家经典之中的《大学》是"为学纲目"，是"修身治人底规模"，从而把《大学》列为"四书之首"，放置于整个儒学思想体系的最高纲领地位。《大学》最重要的贡献，是提出了"三纲领"和"八条目"的人生总体发展架构。《大学》在将义利对立之后，在"三纲领"和"八条目"的总体格局中又对之进行了对应性的有意识的呈现设计。

就"八条目"而言，一般把其心外的四个层级简称为"修齐治平"，四个层级是从小到大、从微观到宏观的体系完善且逻辑严谨的层层递进关系。认真审视"八条目"可以发现，其从"齐家"到"治国"的层级递进，是一种跨层性跃进。其实在这两个层级中间，还存在一个极其宽广的领域，包括工商经济、科技创新、文化教育等。这个被余秋雨称为

"被漠视的公共空间"[1]，总体上可以区分为两个层面，一个是公共事务层面，如政府事务、文教事务；另一个是家庭之外的私人事务层面，主要呈现为个体性的商贸求利活动。公共事务层面的活动本身就是治国层级的内在组成和延伸，可以放置于治国层级范畴；商贸求利活动，既不能归入治国层级范畴，也不能归类入齐家层级范畴，从而被漠视和置空了。

"三纲领"体系始于"明明德"，中间经历向大众推广普及的"亲民"，最终达到"止于至善"的境界，始终围绕着德善论述，并未留出任何一点空间给商贸求利。根据上文的义利分析，这显然不是疏忽，而应该是一种对商贸求利活动高度警惕下的刻意摒弃。

实际上，中国的"儒本非商"思潮也深刻影响了周边国家。涩泽荣一在回顾日本学术发展史时曾深有感触，"仁义道德之说认为此说对参与国家政事的士大夫以上的人们是必要的，而如农工商不参与政道之辈，则无须学习……结果，仁与富，义与利，相互隔离之弊风起，人视为两物"。[2]

第四节　儒学之"国本抑商"考论

所谓儒学之"国本抑商"指，汉武帝"罢黜百家，独尊儒术"之后，儒学成为国家统治的主流学说，其对商贸求利高度警惕和刻意摒弃的理念行为就进一步延展深植于国家治理体系之内，在整个国家层面助

---

[1] 余秋雨.中国文化课[M].中国青年出版社，2019.
[2] 涩泽荣一.论语讲义[M].讲谈社，1977.

推了重本抑末和"国本抑商"局面的出现。

先秦时代，诸子思想百花齐放、百家争鸣，儒学并没受到诸侯国当政者的特别重视和优待。孔子周游列国的遭遇也说明，其坚持的以仁义为基本理念的儒家学说以及重义轻利的理念因不能给诸侯国当政者带来立竿见影的利益而备受冷落和排斥。同时，社会总体上保持同等看待商业其他行业的比较平和的态度。《史记·货殖列传》记载"农不出则乏其食，工不出则乏其事，商不出则三宝绝，虞不出则财匮少"，将农、工、商、虞并重。结果是自由市场和自由商人相当活跃，士、农、工、商不分高低厚薄，彼此也可以相互通连，因而一系列富商大贾得以迅速成长壮大。《史记·货殖列传》还记载，孔子的弟子子贡以商致富，"结驷连骑，束帛之币以聘享诸侯，所至，国君无不分庭与之抗礼"；范蠡会稽雪耻后辞官归居陶地，"能择人而任时，十九年之中三致千金，再分散与贫交疏昆弟"，等等。当时甚至还涌现了女性富商大贾，如巴寡妇清，"其先得丹穴，而擅其利数世，家亦不訾……秦皇帝以为贞妇而客之，为筑女怀清台"。

目前比较一致的认识是，重本抑末思想发端于战国时期魏国的李悝、秦国的商鞅等人。其中商鞅完整地提出"事本而禁末"（《商君书》）并在秦国予以实践。战国时期主张重本抑末的不仅是法家，如上所述，儒家重义轻利理念对商贸求利的高度警惕，"修齐治平"格局对商贸求利的摒弃，实质上也体现了儒学的抑末的基本思想。

汉武帝推行"罢黜百家，独尊儒术"之后，诸子学说平等并行格局受到冲击，儒学一跃上升为国家治世显学，其对重义轻利理念的坚守和对商贸求利行为的警惕摒弃，也就当仁不让地转化为国家统治的内在理念。由此，"重本抑末"的治国之策就从原先局限于法家等学派和秦、魏等诸侯国的范围开始借助儒学理念在治国体系中全面渗透并进一步在整个国家范围内得到推广实行，并在后续各代得到传承延续，直到封建时代结束。

重本抑末政策通过儒学理念在整个国家范围的渗透和实践，必然会进一步扩展固化为整个社会的非商认识，并导致整个社会对商业和商人形成一种不公正的歧视态度。这种情境下，儒者往往被视为道德高尚、博学多才的君子，商人往往被视为唯利是图、道德卑下的小人，儒与商形成了截然对立的态势。结果几乎在整个封建社会，商人群体往往先天性地被位列士农工商四民等级之末，饱受各类抑商政策与文化的压迫和歧视。[1]

最终基于整个国家层面的重本抑末，就形成了持续两千年之久的蔚为壮观的"国本抑商"行动。反过来说，由于国家统治的内在支撑理念是儒家学说，所以整个国家层面持续两千年之久的蔚为壮观的重本抑末和"国本抑商"本质上是儒本无商、儒本非商在国家治理层面的一种反映。

第五节　儒商概念成型考论

儒商并不是儒学本义体系的内生性概念，那么，儒商这个概念究竟是在什么时间和什么情况下提出和成型的呢？实际上，儒商一词真正得到广泛关注是在近现代。中国进入近代半殖民地半封建社会后，先后涌现了一大批民族工商实业家，如胡雪岩、张謇、卢作孚，有学者评论他

---

[1] 王帅. 从士商互动到儒商形成——中国传统社会商人地位嬗变的文化解读[J]. 理论探索, 2015, (3).

们已经初具近代儒商的典型品格。20世纪后半期特别是20世纪80年代大批知识分子"下海",王选等一大批知名企业家出现,人们将这些企业家的成功归功于中华优秀传统文化特别是儒家文化,将他们誉为"儒商",他们自己也往往认可这种说法。正式意义上的儒商概念至此形成,成为现代社会关注的热门话题。[1]

深入观察,儒商是在独特的时代和文化背景下出现的一个近现代概念。这个时代文化背景包括两个方面,一是中国本土的时代文化背景,另一个是西学东渐的时代文化背景。

对中国本土时代文化背景的分析,仍然需要从儒学及其在中国古代的主流地位谈起。如前所述,儒学本义体系虽然并不否认对必要富贵的追求,但对富贵的追求始终持有一种本能的高度警惕,并始终坚持一种义利对立的内在理念,结果导致"儒本无商""儒本非商""国本抑商"局面的出现。两千多年的浸染渗透,形成了整个封建时代国家层面的重义轻利和社会层面的羞于谈利。国家层面的表现,包括中央王朝与周边各国的朝贡关系和郑和下西洋的国家行动,此不赘述。社会层面的表现,可举二例。蔡元培任北京大学校长时,每到教授薪水发放日,不是直接由工作人员将薪水发到教授手上,而是校长按照古礼上门拜访探望教授,在相互问候聊天之间,工作人员悄悄把教授薪水交于教授夫人或家人,然后致谢返回[2]。鲁迅在《端午节》一文中,提及方玄绰与太太谈及是否亲自去领薪水时,气愤地表示,"我不去,这是官俸,不是赏钱,照例应由会计科送来的"。在主流儒学的影响下,很长时间内人们普遍羞于谈利,即使是正常合理的收入。

---

[1] 葛荣晋.儒家"三达德"思想与现代儒商人格塑造[J].学术界,2007,(6).
[2] 余秋雨在喜马拉雅平台的"中国文化必修课"之"生命形式:敬是做人重要的素养"专题中提及该例,但之后其由中国青年出版社出版的《中国文化课》一书未收录。

实际上，就整个社会发展而言，农业固然非常重要，但包括商贸求利在内的其他行业也同样重要，重本抑末思想的长期存在并不利于整个社会的发展前进，甚至成了中国传统自然经济长期延存而资本主义难以萌芽的重要原因。从更深的层次讲，儒学自身奉行的中庸哲学，核心本意是执其两端取其中，过与不及均不合适，而儒学在对"义""利"两个端点予以审视后，却坚定地固守"义"这一个端点，放弃了另一个端点"利"，从根本上说，儒学在这一点上恰恰摒弃了对中庸的坚守，实际上是反中庸和非中庸的。

另一个需要考虑的是西学东渐的时代文化背景。西方资本主义诞生之后取得了令人瞩目的发展成绩。然而西方资本主义国家的核心和灵魂是资本，资本的本性是唯利是图，正如马克思所言，"资本害怕没有利润或利润太少，就像自然界害怕真空一样……有300%的利润，它就敢犯任何罪行，甚至冒绞首的危险"。在资本逐利目标的强大驱动之下，西方商业行动逐渐摆脱了新教等倡导的固有道德教化，迅速陷入了韦伯眼中的"工具理性"陷阱：为了利润目标，可以不择手段。[1] 工具理性威力所向披靡，人类的一些基本价值观备受摧残，传统上凝聚社会的力量出现分崩离析的危机，早期资本主义时代，表现为国内的羊吃人运动和国外的船坚炮利侵略，后又有两次世界大战的爆发。第二次世界大战后虽然表现有所缓和，但本质没有改变，内在唯利驱动更为赤裸裸。可以说，资本的逐利本性及其导致的工具理性，在西方可谓所向披靡、横扫一切。

从中国中庸哲学和义利之别的角度审视，西方资本主义实际上在

---

[1] 马克斯·韦伯. 新教伦理与资本主义精神 [J]. 马奇炎，陈婧，译. 北京：北京大学出版社，2012.

"义""利"两个端点之间，坚定地选择了"利"这一个端点，放弃了另一个端点"义"。从根本上说，这恰恰也摒弃了中庸的内在精神，走上了反中庸和非中庸的道路，其与中国儒学理念相比，正好形成了对立的极端。

对中国而言，第一次鸦片战争后，西方的资本逐利和工具理性就伴随着坚船利炮一并进入中国，并以强势文化的姿态对中国工商企业界原本的从商生态形成了巨大冲击。是该坚守本土文化的守义轻利，还是屈就西方文化的重利轻义，这给国人造成了巨大外在冲击和心灵困惑。不经意间，仁义坚守的可能逐渐松动，唯利是图的可能步步紧逼，工具理性的可能日益渗透，精致利己的可能改头换面，开始在整个社会蔓延，道德底线有可能日益退缩甚至最终失守。[1]这可以从西方文化对日本的冲击略见一斑，据涩泽荣一《论语讲义》所记，日本明治年间国门被打开后，在西方文化冲击之下，社会上下皆求富，往往不择手段，以至纲纪颓废令人痛叹。[2]

可见，儒商是一个在中国本土传统文化和近现代西学东渐交汇激荡冲击下应时产生的新式概念，包含着近现代社会发展对商人群体提出的对义利并重的良好心理期待。从正面说，这是对中西方营商理念的有价值的折中调和，是把中国对义的坚守和西方对利的追求有机结合在了一起，实现了完美统一。从反面说，这是在中国对义的坚守中增添了合理的追利成分，对西方的追利补充了必要的义的防火墙。从哲学上说，这是在原本各自面对义利困惑固守一端时，进行了有机调和，推动两者从各自的端点向中间的中正、中和、中时、中权点位实现有效迈进。

---

[1]李军，张运毅.基于儒商文化视角构建新时代商业伦理探析[J].东岳论丛，2018，(12).
[2]涩泽荣一.论语讲义[M].讲谈社，1977.

第六节 儒商之本义内涵挖掘

明确了儒商概念提出的源缘因变和时代背景之后，需要进一步讨论的问题是，究竟什么是儒商？或者说儒商的本义内涵究竟应该是什么。之所以重提这个原点性问题，是因为学术界就这个问题的回答见仁见智，难成共识，不能令人满意。

葛荣晋整理了早期学术界的研究，认为有三种观点。一是从文化知识层面界定，认为儒商是文人型商人，代表性学者有陈公仲、施忠连等人。二是从道德层面界定，认为儒商是具有高尚道德的商人，代表性学者有张岂之、成中英等人。三是从文化与道德相结合的层面界定，认为儒商既是有较高文化素养的企业家，又是有较强烈人文关怀的企业家，代表性学者有贺飞雄、苏勇等人。如前所述，2018年6月的苏州大学儒商研究工作坊论坛，至少有半数参会论文的主题仍然是探讨各自理解的儒商概念，表明儒商概念的共识推进并不乐观。

综合前述有关儒商概念源缘因变和成型背景的分析，下面就儒商概念的本义内涵进行剖析。

"儒商"就其本义而言是一种具有或者符合"儒"的规定标准的"商"人。"商人"是一个社会群体，其从事的活动是贩卖商品和商贸流通，其目的在于获利。那么，究竟什么是"儒"？或者说"儒"的本质规定应该是什么？显然，对"儒"的探究是重点所在，不能止于表面，必须内探到"儒"的本质规定。显然，需要回归《论语》《孟子》《大学》《中庸》等儒家经典才能进行"儒"的本质抽象和画像。部分学者在对儒商的定义中，已经表达出各自对"儒"的本质抽象。如李培挺认为儒商（精神）究其本体来说，主要指向"一种文化以及基于文化的一种人格状态、心理状态、价值观状态"。周生春等认为，现代儒商应是

"认同、重视中华文化,具有传统道德与良知,关爱亲友、弱势群体与所有利益相关者,热心环保和社会公益事业,能做到儒行与贾业的统一和良性互动的工商业者"。

本书认为,"儒学"是一门重点关注人本问题的思想体系,其理想的人格指向是君子,由此,"儒"的本质规定实际上最核心体现在对君子的要求标准上,或者说君子应该就是符合"儒"的本质规定的社会群体。关于君子的要求标准,儒家原典论述颇丰,包括"君子喻于义,小人喻于利"(《论语·里仁》),"君子求诸己、小人求诸人"(《论语·卫灵公》),"君子坦荡荡,小人长戚戚"(《论语·述尔》)等。

综合而言,儒学对君子这个群体的本质要求应该包括三个层次。一是就其内在核心要求而言,应该具备儒家基本的仁义标准。"志士仁人,无求生以害仁,有杀身以成仁"(《论语·卫灵公》),"生,亦我所欲也,义,亦我所欲也,二者不可得兼,舍生而取义也"(《孟子·告子上》)。缺失了"仁义"这个核心条件,儒将不儒,儒商也将不再是儒商。二是就外在表象而言,应该达到儒家的"温、良、恭、俭、让"和"仁、智、勇"以及"孝、悌、忠、恕、诚、正、礼、信"等标准。显然这个要求颇高,用董恩林的话说就是,如果全部做到,将圣贤难比。其中直接指向营商活动的是"诚"和"信",所以,儒商就应该做到诚信经营、童叟无欺。实际上对商人而言,诚信经商是基本的底线要求,儒对商的要求不应该止步于底线层次。进一步分析可知,"儒"基于诚信又超越诚信的升华要求是"见利思义"(《论语·宪问》),"以义克利"(《荀子·大略》)的义利观。面对"利"的诱惑,应坚守"义"的底线,始终把对"利"的获取置于"义"的正道上。正如孔子所言,"富与贵,是人之所欲也,不以其道得之,不处也"。三是就其终极使命而言,持有儒家"修齐治平"的高大格局,有强烈的使命感和责任感。儒商则应自觉将自我的营商活动置入"治平"的国家和时代发展框架，依靠国家和时代发展实现自己事业的合规发展，反过来则应通过自己事业的合规发展为国家的进步做贡献。特别是在国家和民族的危难时刻，能够"见利思义，见危授命"，挺身而出，将自己的商业事业融入国家和民族需要。

由此，可以界定儒商的本义内涵：儒商是一个自觉地秉持儒家基本理念从事商业营利活动的新型商人群体，体现了商人本位与儒家理念的有机结合。作为商人群体，儒商对"儒"额外的本质规定性有三，分别是坚守仁义之内心、坚持义利之正道和致力家国之使命，这三个本质规定性也就成为对儒商的三条行之有效的评判标准。也即，一名商人是不是儒商或在多大程度上符合儒商标准，可以以此三条评判。

第七节 儒商理念下的新时代商业伦理打造

儒商这个概念虽然得到了工商界和学术界的重视，但从以上对"儒本无商""儒本非商""国本抑商"的分析可知，儒商其实并不是儒学本义体系的内生性概念，而是在近现代中国本土和西学东渐两种时代文化激荡冲击下应时产生的一个新概念。儒商这一概念本质上是对儒学仁义坚守与西方利益追求的有机融合，内含义利并重的良好期待。对儒商理念的践行，有可能实现工具理性与道德价值两股力量的相遇与中和。正如有学者所言，"商场与战场是工具理性当道的地方，如果在这里活动的人也能秉持个人操守，其他人自然也不会有多大问题。"[1] 这就给儒商赋予了特别重要的时代价值。

---

[1] 张德胜，金耀基.儒商研究：儒家伦理与现代社会探微[J].社会学研究，1999，（3）.

中国特色社会主义进入新时代，中国的经济、政治、文化、科技、军事诸领域发展都达到全新的高度。立足新时代发展，对儒商提出的背景进行进一步的梳理，对儒商的基本精神进行进一步的探究，对儒商的当代价值进行进一步的挖掘，可知儒商理念正好契合新时代发展对经济层面打造使命型工商企业家群体这支经济建设中坚力量的基本期待，并根本指向使命型国家治理体系的建设完善，以及中华民族伟大复兴历史使命的最终实现。可以说，儒商理念实际上就是中国工商企业家群体的一份新时代行动指南，是新时代中国商业伦理打造的基本锚定，这也正是儒商论的真正价值所在。

习近平 2020 年 7 月 21 日在企业家座谈会上谈及弘扬企业家精神时，提出企业家"首先是办好一流企业……实现质量更好、效益更高、竞争力更强、影响力更大的发展"，应该"诚信守法""做诚信守法的表率"，并"真诚回报社会、切实履行社会责任"，还提出，企业家应该"增强爱国情怀""把企业发展同国家繁荣、民族兴盛、人民幸福紧密结合在一起，主动为国担当、为国分忧"。由此可见，儒商的内在本质规定与新时代企业家精神具有内在的一致性，新时代中国商业伦理打造由此明确了前进方向，儒商概念也获得了新时代的崭新内涵。

从这个角度讲，挖掘中华传统文化特别是儒学文化中的优秀成分，打造一批植根于中国历史文化土壤的不同于西方资本主义模式的儒商式新型企业家群体，不但是中国新时代发展前进的关键所在，也是儒学的本义管理学转型建构之内在重要组成部分。

第二篇
儒学的本义管理学转型建构之基本框架初构

获得内在的基本逻辑挖掘支撑后，儒学的本义管理学转型建构进而要做的工作就是具体的体系建构，以解决儒学转型建构的本义管理学究竟"是什么样子"的问题。

第五章挖掘了儒学转型建构本义管理学的"和合"管理基因问题；第六章梳理了儒学转型建构本义管理学的"以民为本，人本思想"等管理哲学问题；第七章架构了儒学转型建构本义管理学的包括六个基本层次、心质管理元点、内在逻辑脉络在内的基本体系问题。

有了内在基本逻辑"为什么可以"的挖掘支撑，又有了外在基本框架"是什么样子"的初构加注，儒学的本义管理学转型建构可以正式成型。

第五章

儒学的本义管理学转型建构之管理基因挖掘

综观中华民族数千年的悠久历史，特别是主流的儒学文化思想的发展演进历程，有一个显明的特征相伴始终，整个中华历史文化可谓以此为主线演绎而出、一气呵成，这是和西方社会达尔文主义明显不同的特征，可视为中华文化之核心基因，也是儒学转型建构本义管理学之管理基因。这个历经数千年历史熔铸的中华文化和中国管理的核心基因就是中华优秀传统文化之精髓——和合。

和合思想自产生以来，作为对普遍的文化现象本质的概括贯穿于中华文化发展史的各个时代、各种流派，成为中华文化的精髓和被普遍认同的人文精神，从而也就必然成为儒学转型建构本义管理学的管理基因。

一

中华和合文化源远流长。"和""合"二字都见于甲骨文和金文。"和"的初义是声音相应和谐；"合"的本义是上下唇的合拢。《易经》中"和"字两见，有和谐、和善之意，"合"字则无见。《尚书》中"和"指对社会、人际关系诸多冲突的处理；"合"有相合、符合之意。道家学派创始人老子提出"万物负阴而抱阳，冲气以为和"，意指万物都包括阴阳，阴阳相互作用构成"和"，"和"是宇宙万物的本质和天地万物生存的基础。儒家学派创始人孔子以"和"作为人文精神的核心，《论语·学而》说"礼之用，和为贵"，《论语·子路》说"君子和而不同，小人同而不和"，对治国理政、礼仪制度、人际关系等事务承认差异，提出通过互济互补达到统一和谐。

春秋时期，"和""合"二字联用并举，构成"和合"理念。《国语》称"商契能和合五教，以保于百姓者也"；《管子集校》指出"畜之以道，则民和；养之以德，则民合，和合故能习"；《墨子》言"离散不能相和合"；《易传》曰"保合太和，乃利贞"。可见，各学派均对"合"与"和"的价值特别重视，认为保持完满的和谐，万物就能顺利发展，"和合"文化由此产生和发展。

概言之，"和合"之中，"和"指和谐、和平、祥和；"合"指结合、融合、合作；"和""合"连起来指在承认不同事物之矛盾、差异的前提下，把彼此不同的事物统一于一个相互依存的和合体中，并在不同事物和合的过程中，吸取各事物的优长而克其短，以达到最佳组合，由此促进新事物的产生，推动其发展。这表明，和合文化有两个基本要素：一是客观地承认不同，如阴阳、天人、男女、父子、上下等相互不同；二是把不同的事物有机地合为一体，如阴阳和合、天人合一、五教和合、五行和合等。

在中华和合文化产生、发展、流传并成为人们普遍认同的观念的过程中，孔子的思想较能够反映和合文化的本质。不仅是人与人之间的关系，国与国、人与社会、人与自然（天人）之间的关系，都可以用"和而不同"或"不同而和"来概括。

秦汉以来，和合概念被普遍运用，中华文化的发展呈现一种融合的趋势，同时，各文化流派的鲜明个性和特色也得到了保留。不仅世俗文化各家各派讲和合，宗教文化也讲和合。宗教文化与世俗儒家等文化在保持各自文化特色的同时，相互吸取、相互融合，由此促进了中华文化的持续发展。

和合文化在中华民族文化体系中的核心地位，得到了当代学者的高度认可。程思远指出："'和合'是中华民族独创的哲学概念、文化概念。国外也讲和平、和谐，也讲联合、合作。但是，把'和'与'合'两个概念联用，是中华民族的创造"。[1]钱穆说："中国人常抱着一个天人合一的大理想，觉得外面一切异样的新鲜的所见所值，都可融会协调，和凝为一。这是中国文化精神最主要的一个特性。"[2]钱穆还对中西方文化性格和国民性格进行了比较，指出"西方人好分，是近他的性之所欲。中国人好合，亦是近他的性之所欲。今天我们人的脑子里还是不喜分，喜欢合。……全世界的中国人，都喜欢合"。[3]张立文等学者则更是直接将和合精神置于中华民族文化体系的核心位置。[4]

作为中华民族的特有思想和文化特质，和合思想在当前具有重要的现实意义。对内有利于化解冲突、解决矛盾，合理满足各方的利益和要求，推动社会的长治久安和国家的安定团结；对外有利于向世界提供一种不同于西方霸权主义的价值评判标准，推动世界和平发展。当前世界有两百多个国家和地区、两千多个民族，各有不同的文明和文化，世界发展不能只有一种模式、一种要求，国际社会应该是多元又互补的。国与国之间的冲突、矛盾难以避免，但不应动辄诉诸武力，而应以和平的

---

[1] 程思远. 世代弘扬中华和合文化精神——为"中华和合文化弘扬工程"而作[N].人民日报，1997-6-28.

[2] 钱穆. 中国文化史导论[M]. 上海：上海三联书店，1988.

[3] 钱穆. 从中国历史来看中国国民性及中国文化[M]. 香港：香港中文大学出版社，1982.

[4] 张立文. 和合学概论——21世纪文化战略的构想[M]. 北京：首都师范大学出版社，1996.

方式化解冲突。在这个方面，中华和合文化提供了一种和平共处、互不干涉、共同发展、命运与共的思想理论，使人类不同文明和文化在迎接新的挑战时可以相互吸取优长，融会贯通，综合创新。

第六章

儒学的本义管理学转型建构之管理哲学提炼

我国数千年的历史文化发展特别是主流的儒学文化发展提供的思想和实践情境，可以为儒学的本义管理学转型建构提供系统而清晰的管理哲学指导，其核心内容大致包括：以民为本，人本思想；重视人情，兼取理性；中庸之策，致正致和；全局着眼，系统思维；经验思辨，语录体式；道法自然，天人合一。这些本土管理哲学，与中华民族在数千年历史文化发展中沉淀成型的国民性、民族性深度融合，甚至本质上就是内在一体的。

历经数千年历史发展沉淀成型的中华本土文化和中华民族国民性、民族性呈现的相对于西方的鲜明的特征，对人类文明发展有独特的重大贡献。面对之，我们应该做的是认同、尊重和接受，而非基于所谓西方标准或西方优先理念的简单自我否定，要避免陷入民族虚无主义的深渊。

———

一、以民为本，人本思想

中国传统的民本思想或者说人本思想发轫于商周之际。《尚书》中有"民惟邦本，本固邦宁"的记载，反映了朴素的民本或人本思想。到孔子时代，民本或人本思想已经比较成熟系统。

孔子曾经劝导为政者爱惜民力，"道千乘之国，敬事而信，节用而爱人，使民以时"（《论语·学而》），体现了一种为了巩固统治者统治的民本思想。不过更主要的，孔子提倡的是一种人本思想。孔子一生提倡"己欲立而立人，己欲达而达人""己所不欲，勿施于人"的立世之方，其中的"人"显然是彼此平等的社会主体人，而不是统治者的统治对象"民"。在"民"和"人"的基础上，孔子进一步提出"爱人"。综观《论语》二十篇，"仁"是思想核心，而"仁"的本质就是"爱人"。孔子还认为，这种"爱"可以超出血缘的界限，达到"泛爱众"（《论语·学而》）的境界，从而把"爱"的情怀扩展到所有人。进一步，为了实现"爱人""泛爱众"的理念，孔子对统治者提出了"为政以德"的要求。可见，《论语》中虽然有"民"和"人"的不同表述，但这里的"人"是涵盖了"民"的，范畴更大。

这样，相对于西方物本理念的起点，中华文化传统的基础和起点定位于民本或人本思想。由此，"以民为本，人本思想"应该成为儒学的本义管理学转型建构秉持的一个基本哲学理念。

二、重视人情，兼取理性

中国特别重视亲情和人情，对此可从三代的制度文化说起。

西周推行一种以血统远近区别亲疏的宗法制度，这种制度早在原始氏族时期就有萌芽，但形成维系贵族间关系的完整制度则是周代的事情。宗法制度以嫡长子继承制为核心。《左传》记载："天子建国，诸侯立家，卿置侧室，大夫有贰宗，士有隶子弟。"这就是说，宗法制和分封制又互为表里。世袭制、宗法制和分封制一起对中国社会发展产生了深远的影响。

受世袭制、宗法制和分封制社会实践的影响，以孔子思想为代表的儒学思想体系特别强调亲情人情。孔子思想体系的核心是"仁"，仁即"爱人"。《论语·颜渊》载："樊迟问仁，子曰：爱人。"在孔子眼里，仁爱即"忠恕"。《论语·里仁》载："子曰：参乎，吾道一以贯之。曾子曰：唯。子出，门人问曰：何谓也？曾子曰：夫子之道，忠恕而已矣。"朱熹《论语集注》注释，"尽己之谓忠，推己之谓恕"或"己所不欲，勿施于人"可谓恕。孔子还认为，仁是克己复礼，即约束自己的行为以符合礼制。在孔子看来，仁爱首先应该体现为孝悌，其次是对大众之爱，"弟子入则孝，出则弟，谨而信，泛爱众，而亲仁"（《论语·学而》）。孔子晚年的最高理想是建立"大道之行，天下为公"的大同社会，"人不独亲其亲，不独子其子，使老有所终，壮有所用，幼有所长，矜寡孤独废疾者皆有所养"（《礼记·礼运》）。后来孟子进一步概括为"老吾老，以及人之老；幼吾幼，以及人之幼"（《孟子·梁惠王上》）。

世袭制、宗法制和分封制的社会实践，仁爱、爱人、忠恕等儒家思想，是相互呼应、内在一致的，贯穿其中的主线是一种基于血缘关系以至社会大众的由里及外层层推进的亲情人情思想。它们一起成为一种以血统为核心纽带、以血缘关系为原点的，由近及远、由里及外、层层推进的亲情人情文化土壤，并深深植根于中国社会文化发展的基因之中。由此，"重视人情，兼取理性"应该成为儒学的本义管理学转型建构秉持的一个基本哲学理念。

三、中庸之策，致正致和

中庸之道是中华民族的民族性和国民性中一种扮演世界观和方法论的存在。中庸之道源自儒学经典《中庸》，可以概括为以"仁"为指导，以"诚"为基础,以"中庸"为方法的人生哲学,旨在追求个体和社会的协调和谐发展。

中庸之道在儒家学说中,既是哲学意义上的认识论和方法论,又是道德伦理上的行为准则。在认识论上,中庸之道表现为"叩其两端"以取"中"的全面调查研究的方法,既反对主观片面的武断,也反对人云亦云,而主张一种力求与客观实际相符的实事求是的认识方法。在方法论上,中庸之道的基本法则是坚持"中",戒"过"勉"不及"。"过"和"不及"同为"中"之对立面,"中"为"是","过"与"不及"为"非",故中庸之道的实质是坚持"是"反对"非",既不是在"不及"与"过"两端之间机械地对半折中,也不是在"是"与"非"之间取其中性。

作为认识论和方法论的中庸之道,具体包括几层含义。一是对调节同一事物内在两极的关系,中庸之道体现为在相反相成的关系中采取既"中"且"正"的"中正"思想,而绝不是折中主义。二是对协调不同事物之间的关系,中庸之道体现为"因中致和"与"和而不同"的"中和"思想,而非无原则的调和主义。三是在历史发展观上,中庸之道体现为因时制宜、与时俱进的"中时"思想,既非随波逐流地赶时髦,更非顽固的保守主义。四是在对事物变化规律的"常"与"变"关系上,中庸之道体现为原则性和灵活性高度统一的"执中达权"思想,既反对没有灵活性的"执一不通"死守教条,也反对没有原则性的"见风使舵"或任意妄为。

中庸之道在中国得到了高度的认可和践行。北宋程颢、程颐评价:"《中庸》之书,学者之至也。善读《中庸》者,只得此一卷书,终身用不尽也。"[1]发展到当代，可以说中庸之道已经作为一种行为哲学和方法论被广泛地应用于"修齐治平"诸领域。由此，"中庸之策，致正致和"应该成为儒学的本义管理学转型建构秉持的一个基本哲学理念。

四、全局着眼，系统思维

中国文化崇尚全局着眼、由大见小的思维逻辑，这可以从儒家文化的发源演变进行观察。儒家经典中，四书占据核心和首要的地位，四书之中，朱熹认为《大学》既是学者"初学入德之门"，又是整个儒家思想体系的最高纲领。

《大学》之核心在于"三纲领""八条目"，站在整个中华历史文化的制高点上，基于中国本土情境和中华哲学理念，建构了一个包括基本层级架构、源点元点聚焦、逻辑结构明确、终极目标定位等在内的东西方普适性的本义管理学要件体系。

《大学》系统性建构了本义管理学体系，表面上零散不成体系的《论语》等儒学经典三书与王阳明的《传习录》实际上围绕着这个基本架构，各自立足不同的侧面重点，融结构筑了一套体系完整、逻辑严密的本义管理解决方案，形成明显的全局性系统性格局。[2]（具体见本书第一章和第二章的分析）

由此，"全局着眼，系统思维"应该成为儒学的本义管理学转型建构秉持的一个基本哲学理念。

---

[1] 李世忠，王毅强，杨德齐.《大学·中庸》新论[M].北京：北京工业大学出版社，2012.
[2] 李禹阶.从主体道德自觉到集体道德理性——论朱熹"修、齐、治、平"的社会控制与整合思想[J].重庆师范大学学报（哲社版），2006，（6）.

五、经验思辨，语录体式

先秦诸子思想是中华文化的源，先秦文献多为片段的语录体文献，少有系统严谨的著述。语录体可以追溯到更早的史书记录传统。如果说《尚书》中的誓、命、训、诰在文化功能上与甲骨卜辞中的仪式之辞相差还不远，作为列国档案资料汇编的《国语》则多为政治生活的鉴戒之语，且以名臣贤君言论的形式来表现。

随着学术活动下沉，私学兴起，作为师者的孔子以史籍为教，顺理成章地完成了由史而子的学术与道统的转变，他的弟子也以"语"体的形式载录其言语，既延续了史官文化的传统，又承传了师长的道义。普遍承用的"子曰"形式，一方面可以看作《尚书》《国语》中"王若曰""君子曰"传统的延续，另一方面也是著书立说和聚徒讲学之风兴起的标志。

从文体的角度而言，语录体的特征表现为篇幅上多为短章小语，语言浅白简约，结构上多有"子曰"标志，多由后学编纂而成。与此相应，语录体著述的文化特质往往表现为无须演绎的直接判断与单向教诲。从另一个方面讲，与西方逻辑推理、科学分析与综合构建的系统式路径不同，中国语录式的文献是直观的、感悟式的，通常就某个具体问题进行阐述，语言简短精妙，往往一语中的，形象说理多（如用比喻说理），抽象分析少。

自先秦诸子相关文献尤其是《论语》起，语录文体在后代一脉相承，广见于儒道释、诗词文等思想、政治、文艺文献。若广义地理解为言语的记录或摘录，则语录更可谓无所不在。可以说，在我国数千年的文化传承中，语录体发挥了很大作用并已经为我国国民所习惯，其所反映的直观式经验思辨思维方式也已经成为我国国民习惯的思维方式。[1][2]由此,"经验思辨,语录体式"应该成为儒学的本义管理学转型建构秉持的一个基本哲学理念。

六、道法自然,天人合一

中国文化体系始终倡行着一种"道法自然""天人合一"的思维。老子是春秋时期伟大的哲学家和思想家,《道德经》体现了古代中国的一种世界观和人生观,对中国的哲学、科学、政治、宗教等产生了深远影响。

所谓"道"就是客观规律,"德"就是按客观规律办事。"道法自然"是《道德经》的核心哲学思想,是指万事万物的运行法则都是遵守自然规律的,没有例外。"人法地,地法天,天法道,道法自然",老子用了一气贯通的手法,将天、地、人乃至整个宇宙的生命规律精辟涵括并阐述出来,将宇宙天地万事万物都总归于"道法自然"这个总规律。

在"道法自然"的总架构下,如何对待自然和社会,《道德经》第三十八章给出了答案:"上德不德,是以有德;下德不失德,是以无德。上德无为而无不为,下德为之而有以为;上仁为之而无以为;上义为之而有以为;上礼为之而莫之应,则攘臂而扔之。故失道而后失德,失德而后失仁,失仁而后失义,失义而后失礼。"司马迁在《史记》中也说:"道家无为,又曰无不为,其实易行,其辞难知。其术以虚无为本,以因循为用……有法无法,因时为业;有度无度,因物与合,故曰:圣人不朽,时变是守。"可见,在老子眼里,"道法自然"的具体实施需要分

---

[1] 潘明霞,曹萍. "系统诗学"与"语录体诗话"——古希腊与中国先秦文论比较[J]. 学术界,2010,(12).

[2] 刘伟生. 语录体与中国文化特质[J]. 社会科学辑刊,2011,(6).

类区别。上德应该无所事事，一切顺应自然，带有明显的"无为"特征，可理解为因循自然的行为规范，体现为轻名利、守清静、戒贪欲、息心行、自然无为，将自身与自然融为一体。下德由上仁、上义及上礼组成，需要人在实践中推广，注重人为的行为规范，带有明显的"有为"特征。以《道德经》的"道法自然"为基础，庄子阐述了他的"天人合一"思想。庄子说："有人，天也；有天，亦天也。"在庄子看来，天是自然，人是自然的一部分，天人本是合一的。

到汉代，源于道家的"道法自然"、天人合一思想逐渐为儒家体系接纳吸收。《汉书·董仲舒传》曰："天人之征，古今之道也。孔子作春秋，上揆之天道，下质诸人情，参之于古，考之于今。"

"道法自然"对客观规律的认知和遵循，"天人合一"对自然世界的敬畏和顺应，已经成为中华民族的思想核心与精神要义。季羡林[1][2]认为，"天人合一"就是人与大自然要合一，要和平共处，不要讲征服与被征服""天人合一论，是中国文化对人类最大的贡献"。由此，"道法自然，天人合一"应该成为儒学的本义管理学转型建构秉持的一个基本哲学理念。

---

[1] 季羡林."天人合一"新解[J].传统文化与现代化，1993，（1）.
[2] 季羡林.关于"天人合一"思想的再思考[J].中国文化，1994，（2）.

第七章

儒学的本义管理学转型建构之基本体系架构

基于中国本土历史文化特别是儒学主流文化的本义管理学转型建构包括六个基本层级，即正心、修身、齐家、立业、治国、平天下，或者说心本（质）管理、我本管理、家本管理、业本管理、国本治理、全球治理。全部管理或治理的终极目标，是回归人本，指向"正心—修身"和"明明德—亲民—止于至善"的暖基调的心灵德善层级。正心和修身是根本，是全部管理的核心和关键。

基于儒学的本义管理学转型建构，心本（质）管理、我本管理、家本管理是重点所在，国本治理和全球治理也大有可为。贯穿六个管理层级的本义管理学内在逻辑脉络，就是由中华优秀传统文化、红色革命文化、改革开放文化共同铸就的从内向式心本（质）管理、我本管理之"自省—中庸"，到外向式家本管理、业本管理、国本治理、全球治理之"批评与自我批评—民主集中"的一脉相承。

———

如上所述，作为整个儒学思想体系的最高纲领，《大学》站在整个中华历史文化的高度，勾勒出了基于中华历史文化情境和哲学理念的本义管理学基本框架。本书第二章已有详细分析，这里仅做必要的提炼和概括。

一、儒学的本义管理学转型建构之基本框架

（一）就儒学的本义管理学建构基本层级而言

儒学的本义管理学建构包括六个基本层级，即正心、修身、齐家、立业、治国、平天下，或者说心本（质）管理、我本管理、家本管理、业本管理、国本治理、全球治理。

（二）就儒学的本义管理学转型建构终极目标而言

不同于西方管理学一贯坚持的"效率—利润"的冷基调基本目标指向，儒学的本义管理学建构将管理学的终极目标指向转至人本格局意义上的包括"正心—修身"和"明明德—亲民—止于至善"在内的暖基调的心灵德善层级，既包括物质，又超越物质，从而表现出巨大的人类自我关怀价值。

（三）就儒学的本义管理学转型建构核心关键而言

一方面是"自天子以至于庶人，壹是皆以修身为本"，另一方面是修身和我本管理的关键在于正心，从而将"心本（质）管理—正心"和"我本管理—修身"归置于儒学的本义管理学转型建构之核心和关键地位。

（四）就儒学的本义管理学转型建构逻辑结构而言

儒学的本义管理学建构的心本（质）管理、我本管理、家本管理、业本管理、国本治理、全球治理六个具体管理层级之中，前一步都是后一步的基础，后一步都是前一步的扩展，由此形成一种层层递进的关系。对应心本（质）管理的正心和对应我本管理的修身，其根本的管理指向是对内的，属于对内管理自我。对应家本管理、业本管理、国本治理、全球治理的齐家、立业、治国、平天下，其根本的管理指向是对外的，属于对外管理物（人）。

（五）就儒学的本义管理学转型建构重点内容而言

儒学的本义管理学建构中作为整个管理体系原点和基础的心本（质）管理或者正心管理、我本管理或者修身管理在当前基本处于空缺状态，或者说这两个原点和基础层级的管理体系，至少在目前的管理学体系之中并未获得应有的位置。

中华历史文化特别注重自我正心和修身，在自我正心管理、修身管理两个层级均积累了非常丰富的素材，可以为心本（质）管理、我本管理在整个管理学体系中的结构性新构提供足够支撑。所以，基于儒学的本义管理学转型建构中心本（质）管理、我本管理两个层级应是重点所在。

西方管理学体系中，没有家庭家族管理的内容，而中国数千年来一直实施的是家国同构的国家治理模式，特别注重家庭家族管理治理，积累了非常丰富的经验和实践素材，应该可以为家本管理在整个管理学体系中的结构性新构提供足够支撑。所以，基于儒学的本义管理学转型建构中家本管理应该是又一重点所在。

在国本治理和全球治理两个管理层级，西方管理学体系业已深度涉入，不过其有关这两个管理层级的建构均基于西方思维和文化体系，架构出的是一套形式民主和形式竞争下以所谓天赋人权和民主自由为标榜，以多党并立、政党竞争、轮流执政为特征的国本治理模式，以及以私我至上、争战结合、全球控制为特征的全球外交和全球治理模式。这种国本治理和全球治理模式已经暴露出太多问题。因而，基于儒学的本义管理学转型建构中国本治理和全球治理两个层级大有可为，也应该是重点所在。

相对而言，在业本管理或者立业管理的层级，中国本土情境涉及相对偏少，西方管理学业已深度涉入，总体已经比较成熟，但在部分领域仍然存在重大缺陷。所以，这个层级的本义管理学建构，可借助西方成熟体系，补充中国特色，重点应该是与时俱进性补充修正。

上述分析如图 7-1 所示。

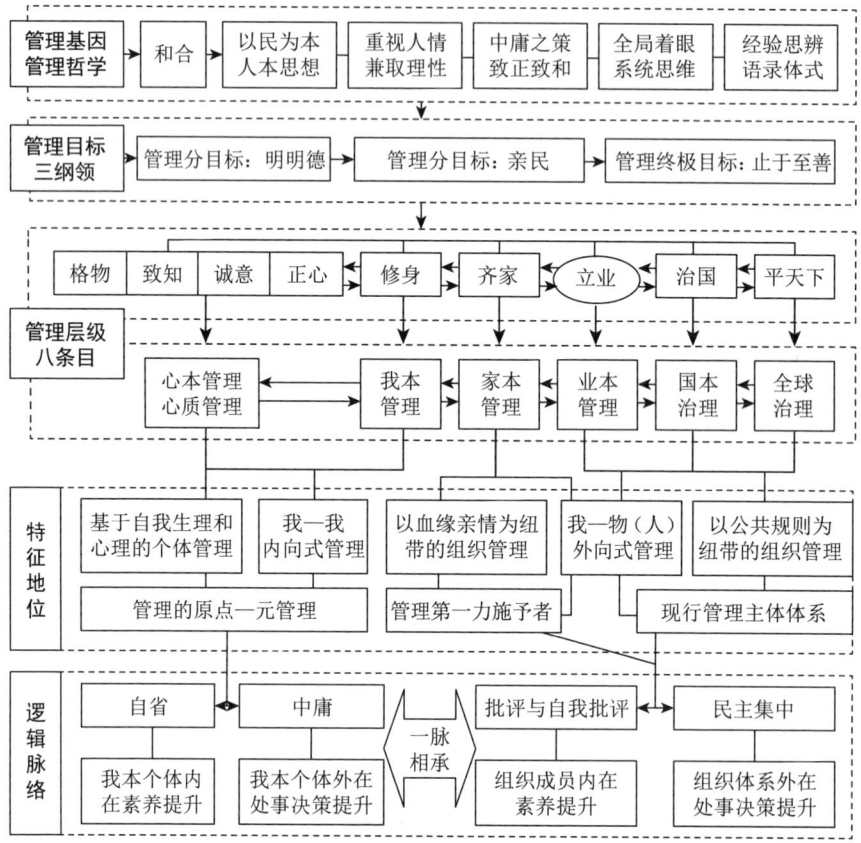

图 7-1 儒学的本义管理学转型建构之基本框架与逻辑脉络示意

二、儒学的本义管理学转型建构之逻辑脉络

整个儒学的本义管理学转型建构，包括心本（质）管理、我本管理、家本管理、业本管理、国本治理、全球治理六个层级，其中有一条逻辑脉络始终贯穿其中，使六个管理层级既自成体系，又相互紧密联系，浑然一体地构建了整个管理学体系的宏伟大厦。这条贯穿儒学转型建构的本义管理学体系六个管理层级的内在逻辑脉络就是由中华优秀传统文化、红色革命文化、改革开放文化共同铸就的从内向式心本（质）管理、我本管理之"自省—中庸"，到外向式家本管理、业本管理、国本治理、全球治理之"批评与自我批评—民主集中"的一脉相承。

（一）"自省—中庸"的逻辑脉络

"自省—中庸"的逻辑脉络源自中华优秀传统文化特别是其中的优秀儒家文化。

自省是进行内在自我德行修养的一种极其重要的方法。《论语·里仁》说："见贤思齐焉，见不贤而内自省也。"《论语·学而》说："吾日三省吾身，为人谋而不忠乎？与朋友交而不信乎？传不习乎？"自省思想后来被荀子和朱熹等人传承下来。《荀子·劝学》说："君子博学而日参省乎己，则知明而行无过矣。"朱熹《四书集注》说："日省其身，有则改之，无则加勉。"自省不仅是自我批判，也包括自我肯定。逆境时要自省，顺境时更要自省，在自省中端正思想、修正言行、总结过去、规划未来。可见，自省是一种基于我本个体的自我评价、自我反省、自我批评、自我调控、自我教育的内在修炼提升行为，不仅是一种优良品德，还是一种行之有效的自我道德修养的方法，更是一种通过自我意识持续省察和提升自己言行以最终实现知行统一的内在元能力。

中庸是自我外在言行处事的一种极其重要的准则。《中庸》一书在儒家经典中占有重要地位，位列"四书"。"中庸之道"的内在逻辑可以

概括为"尚中""中正""中和""中时"四个方面。"尚中"是中庸的基本态度,"道也者,不可须臾离也;可离,非道也",即应该将中庸作为日常行为的基本准则,时时刻刻应用于日常生活之中。"中正"是中庸的基本准则,即对中庸的正确把握不是机械地寻找物理中点,而应该坚持内在正确,找到"无过无不及"的点位,反对"过"与"不及"两种非中庸之态。"中和"是中庸的目标取向,"中也者,天下之大本也;和也者,天下之达道也""致中和,天地位焉,万物育焉",可见"中和"的内涵是达到天人和谐之美。"中时"是中庸的动态把握,即面对万事万物的发展变化,中庸并不是僵化的、机械的,应该根据事物的动态发展变化与时俱进,把握和贯彻"中"的原则。可见,中庸是一种基于我本个体的自我修养、自我监督、自我教育、自我完善的外在言行处事准则,是一种通过自我约束保持自己言行一致以最终实现我物统一的外在元能力。

(二)"批评与自我批评—民主集中"的逻辑脉络

"批评与自我批评—民主集中"的逻辑脉络就其本质而言可以认为是儒家式"自省—中庸"逻辑脉络外推于组织层面的一脉相承。

1945年,毛泽东在党的七大上做《论联合政府》的报告,将批评与自我批评作为中国共产党的三大优良作风之一。党的七大审议通过的《中国共产党章程》,提出中国共产党应该用批评与自我批评的方法,经常检讨自己工作中的错误与缺点,这是党第一次将批评和自我批评写入自己的章程。一直到今天,虽然具体内容有所变化,但批评和自我批评始终是党章的重要内容。2022年10月22日,中国共产党第二十次全国代表大会通过了《中国共产党章程(修正案)》,在总纲中提出"党在自己的政治生活中正确地开展批评和自我批评"。批评和自我批评是在系统总结中国共产党革命建设实践经验的基础上,形成和发展起来的一种具有鲜明中国共产党特色的优良传统和作风，已经成为中国共产党坚持真理、解决矛盾、修正错误的基本方法，成为保持党组织的肌体健康、巩固党组织的团结统一和使党组织充满生机活力的有力武器。批评和自我批评从本质上说是一种面向组织体系内各成员的内在素质提升，从而促进整个组织竞争力有效提升的机制模式。

1903年，列宁在俄国社会民主工党第二次代表大会上提出民主集中制。1906年，俄国社会民主工党第四次（统一）代表大会上提出"党的一切组织是按民主集中制原则建立起来的"。1927年，中国共产党五大对党章进行修改，把民主集中制写入党章。1928年，党的六大细化了民主集中制原则。民主集中制指民主基础上的集中和集中指导下的民主相结合的制度，是党的根本组织原则和领导制度，也是马克思主义认识论和群众路线在党的生活和组织建设中的运用。民主集中制从本质上说是一种面向组织整体的决策和运行效率提升从而促进整个组织竞争力有效提升的机制模式。

源于中华历史文化体系的"自省—中庸"与在中国革命实践中成熟完善的"批评与自我批评—民主集中"既有明显区别，又一脉相承。自省重在自我内省，旨在促进自我个体的内在修养提升；中庸重在自我外行，旨在做到正确处事，实现与周围和谐共处，两者同属于自我内向式管理范畴，但分属自我内省与外行之层次。批评与自我批评重在组织内部各成员的内省，旨在促进组织体系内各成员的内在素质提升；民主集中重在组织整体外现的行为决策，旨在促进整个组织体系的民主决策、科学决策和效率决策，两者同属"我—物"外向式管理范畴，但分属组织内省与外行之层次。自省和批评与自我批评，两者虽然分属自我和组织范畴，但都着眼个体成员修养和组织成员素质的提升。中庸和民主集中，两者虽然分属自我和组织范畴，但都着眼个体成员外向处事和组织体系外现决策的提升。这样，就实现了从我本个体到组织体系之成员个体的内在素质提升，从我本个体到组织体系之成员的外在处事决策能力提升，呈现一脉相承且体系完整的主线体系。相对于西方现行的管理学，这是一次具有鲜明中国本土特征特别是儒学特征的内在管理主线脉络挖掘，具有很好的创新性。

第三篇
儒学的本义管理学转型建构之西方体系批评

在西方管理学已经"矗立于前"且相当"成熟完善"和"深度嵌入"的情况下，无论是儒学的本义管理学转型建构，还是中国本土管理学的建构推进，必须首先回答一个前置性问题，就是如何对西方现行管理学的局限进行一次系统审视甚至批判。如果这个前置性问题不解决，如果西方现行管理学确实是"成熟完善"的，那么相关管理学建构研究就没有推进的必要了。

实际上，现行西方管理学体系的内容，有的已陈旧不堪，有的甚至根本错误。概要而言，当前西方管理学存在的重大局限，主要体现在整体结构性缺陷、关键内容性局限、量化方法性陷阱、实践应用性苍白等四个方面。本篇将对这四个方面的问题逐一分析。

西方经济/管理理论的关键内容性局限在多个理论领域和环节都存在，本篇重点聚焦微观层面的产能利用率测度指标、中观层面的市场结构和厂商均衡理论、宏观层面的供需侧经济调控理论，用三章的篇幅分别进行批判性剖析，并进行必要的修正。

就儒学的本义管理学转型建构而言，如果说本书前面两篇内容重在解决其"内生逻辑可行性"问题，则本篇内容重在从反向角度解决其"外生逻辑必要性"问题，逻辑层面的必要性与可行性相结合，儒学的本义管理学转型建构就初步实现了完整的逻辑闭环。

第八章

西方管理学整体结构性缺陷

西方管理学一个世纪的发展历程基本上是以实证主义为主线的，走出的是一条经验归纳性逻辑路径，缺乏对管理学本义框架的完整构建，呈现一种管理丛林现象，而其根本原因在于对管理本义的共识缺乏。

家庭和个人范畴的管理是整个管理理论体系的基础和原点，而当前西方管理学很少涉及这个范畴，可谓一个严重的结构性缺陷。当前西方管理学在管理逻辑上偏重"我—物（人）"式的外向管理模式，对更为核心和关键的"我—我"式内向管理模式忽视或放弃，可谓另一个严重的结构性缺陷。特别是，管理与经济作为两大并列的学科门类和理论体系，存在着过大的交叉重叠面，缺乏应有的学科质差。

―――

第一节 缺乏对管理学本义框架的完整构建

根据学术界的一般认识，以《科学管理原理》一书出版为标志，管理学正式成为一门现代科学，古典管理理论阶段正式开启。此后，经由以法约尔、韦伯等人为代表的行为管理理论阶段，以管理过程学派、管理决策学派等为代表的管理理论丛林阶段，发展到以波特战略管理、哈默企业再造、圣吉学习型组织管理、大内 Z 理论等为代表的当代管理理论阶段。该学科和理论体系的发展演进，走出的是一条经验归纳性逻辑路径。

具体说，作为现代管理学科体系正式成型的标志，《科学管理原理》并非形上地关注整个管理学科体系的大厦建构，而是形下指向泰勒所在钢铁厂因管理不足导致的工人生产效率低下的具体问题。《科学管理原理》通过搬运生铁块试验等方法寻找生产动作的"最佳方式"，大大提高了生产效率，并基于这个具体问题的解决，分析其中的规律，提炼理论，最后归纳总结出人岗匹配化、操作标准化、超额奖励化等科学管理原则，继而应用推广到全美、全世界。[1] 总体来看，《科学管理原理》基于对一个具体管理问题的聚焦解决，虽然最终推动了经验管理向科学管理的转型升级，但只是对某一方面管理经验的总结提炼，是典型的经验主义路径，并没有建构出一个本义管理学体系的完整大厦。

后续，梅奥通过霍桑试验对组织行为管理的推进，麦克纳马拉和桑顿基于福特汽车公司实践对量化管理的拓展，到第二次世界大战后的管理理论丛林，再到波特战略管理、圣吉学习型组织管理，等等，都是在前人已经解决问题的基础上，进一步发现新问题、解决新问题，并不断注入既有的管理学体系之中，推动其内涵逐步累积、边界不断扩张，是管理学不断与其他学科体系有机融入的过程。[2] 与经济学先建构一个统一的本义范式盒子然后逐一收纳加注后续的修补不同

---

[1] 斯蒂芬·罗宾斯，戴维.A·德森佐，玛丽·库尔特. 管理学：原理与实践[M]. 毛蕴诗，主译. 9版. 北京：机械工业出版社，2015.
[2] 周劲波，王重鸣. 论管理学在当代科学体系中的学科地位和意义[J]. 科学学研究，2004，（3）.

（如图 8-1 所示），这些不同时期出现的不同管理流派彼此是并列或交叉而不是相互包括的，表明并无统一的核心体系和本义范式。至于法约尔和韦伯等建构的包括十四条原则、五种管理职能在内的一般行政管理理论，看上去像是某种理性体系的普适性建构，但其"基本研究方法还是经验归纳和分析，仍然是典型的经验主义的管理学"[1]，最终也补充加注到了既有的管理理论体系之中。它们接触了管理学的本义面貌，但没有实现对管理学本义面貌的一般性勾勒描绘。

总之，现代西方管理学发展演进中虽然也有着布赖尔和摩根（Burrell & Morgan）所说的职能主义（即实证主义）和结构主义（即规范主义）等多种发展萌动，或者说存在演绎的理性主义对经验主义的突围企图，但管理学一个世纪的发展历程基本上是以实证主义为主线的[2]，走出的是一条先解决工厂经验管理向科学管理升级问题，然后通过对后续管理问题的逐步识别、解决和补充、加注，推动管理理论体系实现内涵不断积累、边界不断扩张的发展演进路径，是一条经验归纳性的逻辑路径。（如图 8-2 所示）

结果"管理学时至今日都给人们一种不清不楚'大杂烩'感觉"，自始至终"缺乏自身独立命题、公认原理性框架和研究范式"。[3]展望未来，"一个统一的具有内在一致性和密切相关性的'管理科学'的产生似乎仍然遥不可及"。[4]有评论指出，自波特 20 世纪 80 年代的战略

---

[1] 梅钢. 从理性主义和经验主义看管理学的发展路径 [J]. 华东经济管理，2011，（9）.

[2] 罗珉. 构建管理学学科体系的研究范式和经验法评析——兼与张远凤同志商榷 [J]. 经济管理，2003，（1）.

[3] 李宝元，董青，仇勇. 中国管理学研究：大历史跨越中的逻辑困局——相关文献的一个整合性评论 [J]. 管理世界，2017，（7）.

[4] 高良谋，高静美. 管理学的价值性困境：回顾、争鸣与评论 [J]. 管理世界，2011，（1）.

管理理论后,管理学界至今再没有出现需要个人洞见和理性建构的思想体系。

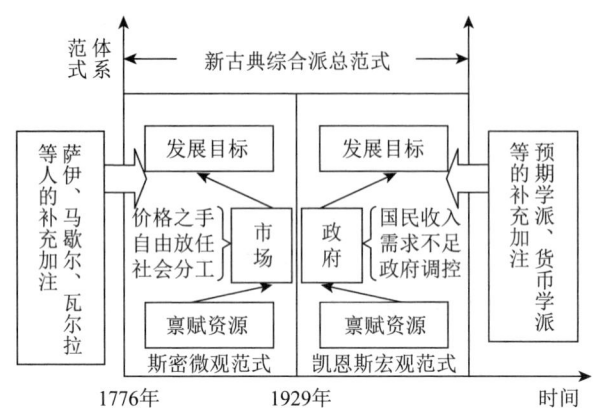

图 8-1 西方经济学边界已定、框架已构、体系既成的本义演绎范式示意

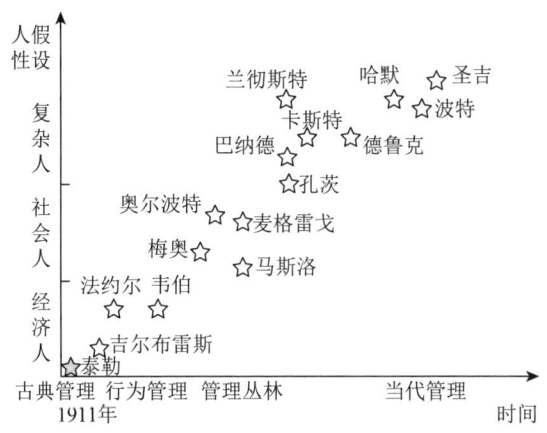

图 8-2 西方管理学内涵累积、边界扩张、体系未定的经验归纳范式发展示意

第二节　研究范畴和研究逻辑存在先天缺陷

时至今日，西方管理学仍然处于持续的内涵积累和边界扩张之中，仍然没有实现对管理学本义面貌的一般性刻画和本义框架的一般性建构。以美国为例，根据其 CIP 设置，到目前为止其管理学仍然只局限于工商管理和公共管理的框架体系之内[1]，其他管理并未得到应有的管理学视角的重视和纳括。然而，管理学就其本质而言是一种工具化定位，这种定位必然会使管理学跨到其他学科的讨论领域中。[2] 特别是，从管理本义角度理解，当前管理学的研究范畴可以分为微观、中观和宏观三个层级，微观领域的研究对象是企业和组织问题，中观领域的研究对象是地区、行业和部门问题，宏观领域的研究对象是国家和全球问题。事实上，一个完整的社会体系之中，真正的微观体系是家庭和个人，家庭和个人范畴的管理，是整个管理学体系的基础和原点，而当前西方主流管理学的研究范畴很少涉及家庭和个人范畴。对这个基础和原点范畴的忽略，可谓当前西方管理学一个严重的结构性缺陷。

进一步，正是由于管理学边界的扩张局限，当前西方管理学无论是微观领域、中观领域还是宏观领域，其基本的管理逻辑指向也就只能局限于管理者面向管理对象的"我—物（人）"式的外向管理模式，而不得不放弃管理者面向管理者本人的"我—我"式的内向管理模式。一个完整闭环的本义管理逻辑指向，必然是"我—物（人）"式的外向管理模式与"我—我"式的内向管理模式的有机组合，且后者是其中的核心和关键。一个连自己都管理不好的人，能成为优秀的领导、将军、企业

---

[1] 纪宝成. 中国大学学科专业设置研究 [M]. 北京：中国人民大学出版社，2006.
[2] 李培挺. 也论中国管理学的伦理向度：边界、根由与使命 [J]. 管理学报，2013，（9）.

家吗？能治理好家国天下吗？所以，管理的原点不是管理别人的"我—物（人）"式外向管理，而是管理自己的"我—我"式内向管理。当前主流管理学在管理逻辑上对"我—我"式内向管理模式这个内核的忽视或者说放弃，可谓当前西方管理学的另一严重结构性缺陷。（如图8-3所示）

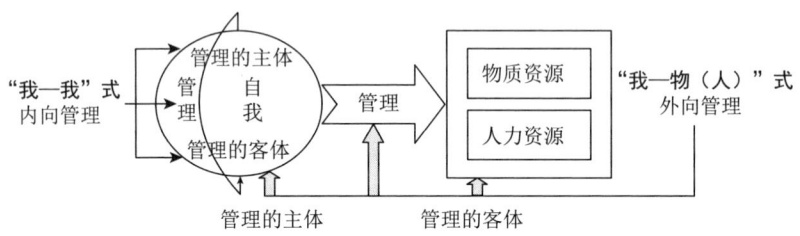

图 8-3 "内向 + 外向"的完整管理逻辑示意

孔茨（Koontz）[1]曾经不无担心地认为："与20年前相比，管理流派或观点的数量几乎增长了一倍……但至今我们还没有一个关于管理活动科学基础的清晰观念，也不能明确界定有胜任力的管理者到底意味着什么。"这种管理理论丛林现象的出现，一个重要原因是学术界对管理和管理学的定义及其所包括的范围没能取得一致的意见。实际上，放眼整个西方管理学一百多年的发展，其何尝不是一个扩大范围的丛林乱象？其原因何尝不是对管理本义的共识缺乏？

---

[1] Koontz H. The Management Theory Jungle Revisited [J]. The Academy of Management Review, 1980, 5, (2).

第三节 管理学与经济学两学科门类交叉重叠性过大

以 1776 年斯密《国民财富的性质和原因的研究》一书出版为标志，经济学正式成为一门科学。以此为起点，中间经过以马歇尔为代表的新古典经济学或微观经济学阶段，以马克思为代表的政治经济学阶段，以凯恩斯为代表的宏观经济学阶段等，目前发展到包括微观经济、宏观经济、国际经济、金融经济、公共经济等在内的当代经济学体系。以 1911 年泰勒《科学管理原理》一书出版为标志，管理学正式成为一门科学，目前发展到包括战略管理、企业再造管理、学习型组织管理等在内的当代管理理论阶段。

审视两学科各自的发展演变历程及当前基本结构组成可知，管理学和经济学两个彼此并列的理论体系实际上存在极大的交叉重叠性。中国学科划分的最高层级是学科门类，原本划设文学、史学、理学、工学、农学等十三个学科门类。2021 年，国务院学位委员会、教育部印发通知，决定设置"交叉学科"门类，这样目前我国共划设 14 个学科门类。学科门类作为学科划分的最高层级，任意两个不同的学科门类应该在研究对象、研究工具等方面有明显的质差。实际上，目前的这 14 个学科门类之中，除了特意指向交叉的"交叉学科"外，文学、史学、理学等其他 11 个学科门类之间确实在研究对象、研究工具等方面呈现明显的质差，甚至各自内部下设的一级学科之间在研究对象、研究工具等方面也呈现明显的质差。例如，理学学科门类下设数学、物理、化学、生物、地理等 11 个一级学科，其彼此之间显然具有研究对象、研究工具等方面的明显质差。

相比之下，管理学和经济学虽然划属两个不同的学科门类，但彼此之间在研究对象、研究工具等方面缺乏明显的质差。尽管它们各自的发展历程和基本定义有所区别，实际上就其本质而言，管理学和经济学都是研究一定的制度环境下稀缺资源的优化配置和充分利用的学科。相对而言，经济学更侧重经济具体领域的一般原理与方法、具体问题分析与解决研究，但对经济领域的具体问题进行分析，并提出解决对策，实际上也归属管理学的范畴。管理学涉及范畴更为广泛，除了经济领域的管理，还包括政治领域的管理、社会领域的管理、文化领域的管理、军事领域的管理等，每一个具体领域的管理，都涉及该领域的一般原理与方法、具体问题分析与解决两个层次。由此可知，管理学和经济学之间存在明显的交叉问题，甚至在一定程度上呈现一种包括和被包括的关系（如图8-4所示）。经济学被列为与管理学并列的学科门类，一个可能的原因就在于在全部的社会事物之中，经济处于基础和关键地位，我国在改革开放之初更是将经济建设放置于国家发展的中心战略地位。

国内高校经济和管理学院的设置也能说明问题。虽然有相当部分高校同时设置经济学院和管理学院（这可以认为是教育部划分经济学和管理学为两个大学科门类的导向结果），但还有一部分高校直接将经济学院和管理学院合并为商学院或经济管理学院。两大学科门类的学院合并设置，而理学、工学单设学院，甚至仅基于各自下设的某个一级学科就单设学院，这就进一步说明，经济学和管理学存在着明显的交叉重叠问题，缺乏应有的质差。[1]

---

[1]国家自然科学基金委下设管理学部，资助管理学领域的有价值的科研项目。实际上，管理学部每年资助的项目都涵盖了经济学和管理学两个学科，申请人既可能来自高校管理学院，也可能来自高校经济学院。2017年，国家自然科学基金委对管理学部的项目申报受理学科划设进行改革，将经济科学学科与管理科学与工程、工商管理等学科并列，正式纳入受理系统，更是佐证了两个学科之间质差的缺失。

国外亦不例外。以美国经济学会《经济文献杂志》(*Journal of Economic Literature*) 提出的对经济管理类文献主题分类的 JEL 系统为例。该分类系统被现代西方经济管理学界广泛采用，共划分 19 个大类，分别为总论教学、流派方法、数理数量、微观经济、宏观经济、国际经济、金融经济、公共经济、卫生经济、人口经济、法律经济、产业组织、企业管理、经济史、经济发展、经济体制、农业经济、城市经济、其他专题。可以看出，这个分类体系实际上同时包括经济学和管理学，反过来说就是经济学和管理学有着很大的交叉重叠面。

政治	一般原理与方法	具体问题分析与解决	
经济	一般原理与方法	具体问题分析与解决	⇐ 经济学
文教	一般原理与方法	具体问题分析与解决	
军事	一般原理与方法	具体问题分析与解决	
……	……	…… ⇑	
		管理学	

图 8-4　管理学和经济学基本结构关系示意

第九章

西方管理学关键内容性局限

本章锚定作为西方管理经济学理论体系之关键和核心组成的中观层次的市场结构与厂商均衡理论（以下简称"市场理论"），就其研究逻辑和研究结论中存在的局限进行剖析。

市场理论界定完全竞争厂商的市场需求曲线为一条由既定价格引发的水平线，然而根据"产业总体市场需求曲线等于所有单个厂商市场需求曲线水平加总"的基本规律，完全竞争厂商的市场需求曲线应该是一条逼近纵轴的陡峭下倾线。市场理论在基本的逻辑起点上就出现了方向性偏差，其得出的完全竞争最有效率的结论也就必然难以成立了。

市场理论是西方经济管理理论体系中的关键和核心，消费者和生产者等理论是主体自发调节的"知道即可"理论，市场理论的成立性问题，有可能导致西方经济管理理论体系失去对经济运行体系的抓手价值。特别是，西方包括微观经济学、管理经济学等在内的经济管理理论总体系，实际上是基于市场理论体系平台得以总体集成的。市场理论的集成平台如果不能成立，则进一步可能导致整个西方经济管理理论体系陷入危机。

本章最后基于修正的科学逻辑，构建了新垄断竞争市场理论，得出适度竞争最有效率、特殊情况下完全垄断最有效率、完全竞争一定不是最有效率的结论。

———

第一节　西方市场理论的重要性及其局限剖析

一、西方市场理论的重要性及其影响与争议

西方微观经济理论体系，主要由价格理论、消费理论、生产理论、市场理论、要素理论等组成，市场理论是核心部件之一，占有重要篇幅。以高鸿业先生主编的《西方经济学（微观经济学）》为例，不包括绪论，共有10章内容，其中两章内容直接讲述市场理论，"生产要素价格决定"和"市场失灵与微观经济政策"两章内容又以市场理论为基础，这样，与市场理论直接和间接相关的篇幅占了该书的五分之二。[1]特别是，就西方经济管理理论总体结构而言，是消费者行为理论与生产者行为理论基于市场理论平台的连接和综合以及该逻辑在生产要素领域的适用，才得以形成一个完整甚至完美的西方体系。可见，市场理论确实是西方经济管理理论的关键内容之一。

微观经济理论中的市场理论，具体说就是通常意义上的市场结构与厂商均衡理论，指行业中厂商在数量、份额和规模上的关系以及由此决定的厂商利润最大化对策理论，从根本上说，市场理论研究的是竞争与

---

[1]　高鸿业.西方经济学（微观经济学）[M].5版.北京：中国人民大学出版社，2011.

垄断的关系及其效率比较问题。

作为西方经济管理理论的重要组成部分，市场理论是在斯密自由竞争理论的基础上逐步发展形成的。新古典经济学时代，经瓦尔拉斯、帕累托、马歇尔、瓦依纳等人的努力，形成了一套关于完全竞争的系统的理论体系和分析方法，得出了完全竞争最有利于资源配置和社会福利的一般结论。

20世纪20年代后，经济学家开始关注不完全竞争问题。1933年，爱德华·张伯伦和琼·罗宾逊分别出版了《垄断竞争理论》和《不完全竞争经济学》，将不同行业的市场结构按垄断与竞争程度不同划分为完全竞争、垄断竞争、寡头垄断、完全垄断四种基本类型，研究了各种类型市场中的厂商均衡问题，形成了不完全竞争理论。不完全竞争理论坚持完全竞争理论的分析逻辑和方法，仍然把完全竞争当作最具效率的理想市场结构形式，把完全垄断当作最不具效率的市场结构形式，并认为不完全竞争本身具有向完全竞争方向发展演进的必然趋势。以张伯伦和罗宾逊的研究为主体，现代意义上的市场理论或者说市场结构与厂商均衡理论正式成型。

西方市场理论得出的完全竞争最有效率、完全垄断最不具效率的结论，或者说越垄断效率越差、越竞争效率越高的结论，在经济社会发展中产生了深远影响。世界银行和经济合作发展组织有关报告称："一百多年来，虽然竞争政策的有些具体目标发生了很大变化，但是几个主要的目标没有改变，竞争政策最一般性的目标是维持竞争过程或自由竞争。"[1] 经济合作与发展组织认为："多年以来，在欧洲经合组织中，竞

---

[1] World Bank-OECD. A Framework for the Design and Implementation of Competition Law and Policy [M]. Paris: OECD Publication, 1997.

争被认为是导向经济效率的基本环节。"[1]特别指出，为了防止垄断导致资源配置效率降低，许多国家制定并采取了一系列旨在促进竞争和反对垄断的产业政策。例如，美国于1890年、1914年、1968年先后颁布了《谢尔曼法》《克莱顿法》《兼并准则》等，并于1945年判决了"美国铝公司垄断案"。[2]可以说，到目前为止，各国反对垄断促进竞争的具体政策已经发生了很大变化，但促进竞争和反对垄断的根本目标没有改变。国内外许多经济管理相关教材介绍的市场结构和厂商均衡理论，也均是上述理论体系。[3]这表明，竞争富有效率、垄断缺乏效率的结论影响是何其根深蒂固！

然而，西方这套看似华美的市场理论，实际上在结论和逻辑上均存在明显问题。首先，其研究结论存在明显的问题。完全竞争最有效率是该理论的关键结论，这个结论如果成立，实际上意味着行业市场中厂商彼此同质且数量非常多的时候最有效率，对任何一个现实的行业而言，行业的市场空间必然是有限的，厂商彼此同质且数量非常多的时候最有效率就意味着厂商规模越小越有效率、厂商规模最小最有效率，显然这是不能成立的。其次，研究逻辑存在明显的问题。西方这套市场理论之所以得出如此偏离现实的结论，根源就在于该理论体系存在明显的逻辑问题。[4]

---

[1] OECD. Competition and Economic Development [M]. Paris: OECD Publication, 1991.

[2] 吴汉洪. 西方寡头市场理论与中国市场竞争立法 [M]. 北京：经济科学出版社，1998.

[3] 国外教材如保罗·萨缪尔森和威廉·诺德豪斯的《经济学（第16版）》（华夏出版社，1999年）；国内教材如高鸿业的《西方经济学（第3版）》（中国人民大学出版社，2004年）。

[4] 需要说明的是，完全竞争、垄断竞争、寡头垄断、完全垄断四种具体市场理论，各自均存在明显的逻辑问题，可以分别予以剖析，篇幅所限，此处从略。可参看作者已经发表的《西方垄断竞争厂商均衡理论的评析与修正》《西方完全竞争厂商均衡理论的评析与修正》等论文。

二、不同类型市场效率比较理论的回顾梳理与局限剖析

分析四种基本类型市场厂商均衡后，市场理论首先就完全竞争和完全垄断两种边界市场的效率进行了比较。图 9-1 中 LMC 和 LAC 为厂商的生产成本线，D_1、AR_1、MR_1 分别为完全垄断市场中单个厂商的市场需求曲线（同时是产业的市场需求曲线）、平均收益曲线和边际收益曲线，D_2、AR_2、MR_2 为完全竞争市场中单个厂商的市场需求曲线、平均收益曲线和边际收益曲线。可知，完全竞争厂商的均衡产量 Q_2、平均成本 C_2 均低于完全垄断厂商的均衡产量 Q_1、平均成本 C_1。从消费者角度看，完全竞争厂商的均衡价格 P_2 低于完全垄断厂商的均衡价格 P_1。这样，无论是从生产角度看还是从消费角度看，完全竞争总是优于完全垄断。

基于社会福利视角的研究表明，完全竞争市场中厂商均衡时达到 P=MC 的帕累托最优，能够保证实现社会福利最大。完全垄断市场中厂商均衡时的条件是 MR=MC，没有达到帕累托最优，社会福利没有实现最大，小于完全竞争。根据塔洛克的垄断寻租理论，完全垄断市场中厂商为了维持其垄断地位，往往还需要付出最大为厂商所得利润部分的寻租成本。所以，从社会福利角度看，完全竞争也优于完全垄断。从技术创新的角度看，由于完全竞争市场中厂商之间竞争最为激烈，完全垄断厂商则不存在竞争，所以完全竞争市场的技术创新程度也优于完全垄断。

市场理论进而将垄断竞争厂商的市场需求曲线界定于完全竞争厂商与完全垄断厂商之间，由此可得完整的比较结论：完全竞争最有效率、完全垄断最差效率、其他类型市场效率居中，或者说越竞争越有效率、越垄断效率越差，进而演化为竞争富有效率、垄断缺乏效率的根深蒂固的结论。

上述不同结构市场效率比较的理论，看上去俨然一个完美的体系，其得出的完全竞争最有效率、完全垄断最低效率的结论也得到了广泛认可，然而除已有的相关研究批判，该理论实际上还存在以下四个方面的体系逻辑问题，影响了其严谨性和可靠性。

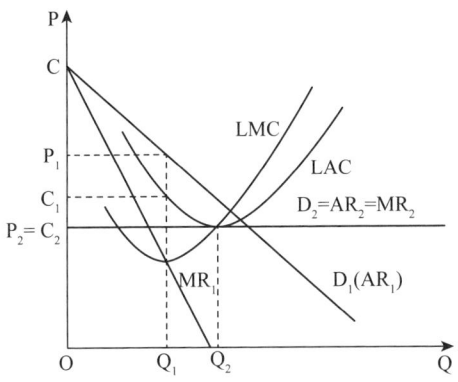

图 9-1　完全竞争与完全垄断效率比较

第一，完全竞争市场与完全垄断市场分析比较的逻辑思路不科学。上述理论中，有关完全垄断厂商均衡理论的分析，是在假设厂商的市场需求曲线与右下倾的产业市场需求曲线重合的前提下进行的，具有较好的现实性；有关完全竞争市场理论的分析，是在假设厂商的市场需求曲线是一条由既定价格引发的水平线的前提下进行的，现实性较差。最后将这两种完全不同前提假设下的理论同台比较，是违反基本比较逻辑的。

第二，垄断竞争（寡头垄断）市场分析比较的前提假设不成立。基于完全竞争厂商的市场需求曲线为一条由既定价格引发的水平线，完全垄断厂商的市场需求曲线为一条与产业市场需求曲线重合的右下倾线，西方学者在分析垄断竞争（寡头垄断）市场的效率时，顺其自然（亦是不得不）地将垄断竞争（寡头垄断）厂商的市场需求曲线界定于上述两者之间，进而得出其最终的研究结论。然而，这种界定与"产业市场需求曲线是全体单个厂商市场需求曲线的水平加总"基本规律相悖，因而是有局限性的。具体分析见下述对市场理论两个基础性局限的分析，此处从略。

第三，将产业市场需求空间与厂商生产规模割裂的分析思路不正确。对一个特定的产业而言，其市场需求空间与厂商生产规模是紧密联系、相互对应、不可割裂的。如果该特定产业是完全垄断的，则厂商生产规模就等于整个市场规模；如果该特定产业是完全竞争的，则厂商由于数量无穷多，生产规模就必然无穷小。该理论分析实际上割裂了产业市场需求空间与厂商生产规模。比如，在完全竞争市场理论中，一方面设定市场中厂商数量无穷多[1]，一方面却得出厂商均衡生产规模是平均成本最低点对应的特定规模的结论，与任何产业的市场需求空间都必然是有限的这一基本事实冲突。

第四，研究结论与现实明显冲突。上述理论认为，完全竞争最具效率，完全垄断最不具效率，不完全竞争本身具有向完全竞争发展的必然趋势，这显然与现实完全不符。完全竞争意味着行业中存在无数个厂商，任何一个现实的行业空间都是有限的，完全竞争从另一个层面讲就是行业中厂商规模无限小的状态，由此，完全竞争最具效率在本质上就是厂商规模最小最具效率，显然这是错误的。

特别指出，根据该理论，在完全竞争厂商均衡时经济利润确定为零的情况下，如果完全垄断厂商均衡时经济利润为正值，则从追求利润最

---

[1] 这里再次说明，根据完全竞争厂商彼此同质、每个厂商对市场的影响力无穷小的前提假设可以反向推断，该理论对厂商数量的假设必然是"无穷多个"。如果只是"非常多个"，则每个厂商对市场的影响力只能是很小，但一定不能是无穷小。

大化目标出发，厂商会最终走向完全垄断。如果完全垄断厂商均衡时经济利润为负值，则厂商会最终走向完全竞争。无论如何，最终形成的完美经济王国应该由若干完全竞争市场和若干完全垄断市场组成，绝不应该出现不完全竞争市场，这与不同类型市场并存的实际不符。

三、市场理论的两大基础性局限剖析

第一，上述市场理论实际上涉及产业集中、市场竞争与厂商规模三者有机结合、紧密联系的最优度问题，却是分别独立研究的，没有将三者有机结合起来进行系统研究。实际上，产业集中与市场竞争最优度关注的核心是厂商数量问题，厂商最优规模度关注的核心是厂商规模问题。对一个具体的产业市场而言，厂商规模大往往对应着厂商数量少，厂商数量多往往对应着厂商规模小，也就是说，产业集中和市场竞争的最优度与厂商最优规模度是同一个问题的两个彼此制约的侧面，应该基于系统的视角进行关联性分析。否则，没有产业市场的高度，就厂商而厂商研究得出的厂商最优规模度很难同时是产业市场全局角度的最优。没有厂商的基础，就产业市场而产业市场研究得出的产业集中与市场竞争最优度很难做到精确化。只有将厂商与产业市场结合起来，基于宏观产业市场框定微观厂商最优规模度，基于微观厂商量化宏观的产业集中最优度与市场竞争最优度，才能得到全局角度的厂商最优规模度和精确的产业集中与市场竞争最优度。

第二，上述市场理论在涉及产业总体市场需求曲线与单个厂商市场需求曲线的基本关系时，基于"市场只有一个厂商，厂商即全部市场"的理念，将完全垄断厂商的市场需求曲线等同于整个行业的市场需求曲线，基于"完全竞争市场中厂商同质且数量过多，单个厂商影响极小可以忽略不计"，界定完全竞争厂商的市场需求曲线是一条由既定价格引

发的水平线。然而，根据"产业总体市场需求曲线等于所有单个厂商市场需求曲线水平加总"的基本规律可知：对一个具体的产业市场而言，产业市场为完全垄断（市场中只有一个厂商）时，单个厂商的市场需求曲线等同于产业总体市场需求曲线；产业市场为完全竞争（基于市场中有很多厂商且彼此同质）时，单个厂商的市场需求曲线将是一条逼近纵轴的陡峭下倾线。显然，这个基于基本规律的逻辑推论，与西方市场理论产生重大冲突，却更有科学性和说服力。

不同类型市场中厂商市场需求曲线基本形态的界定，是西方整个市场理论的基本逻辑起点，西方市场理论从一开始就在这个基本逻辑起点上出现了方向性偏差，由此得出的结论也就存在明显的局限。

四、市场理论的局限对西方经济管理理论体系的重大制约

市场理论是西方经济管理理论体系的集成平台和关键抓手性理论，其由不同类型市场中单个厂商市场需求曲线基本形态界定之逻辑起点之偏导致西方市场理论的局限，进而对整个西方经济管理理论体系产生了重大制约。

第一，市场理论是西方经济管理理论体系的集成平台理论。

简单地说，西方现行主流的经济管理理论，认为完全竞争市场是最有效率和最为理想的市场类型，现实中其他类型的市场都会有一种向着"完美"的完全竞争市场自发演进的趋势。进而，西方经济管理理论基于"完美"的完全竞争市场理论平台，将消费者行为理论和生产者行为理论予以系统性集成（生产要素供给和需求理论同样适用），从而形成了西方市场的或微观的经济管理理论总体系。

下文借助图9-2就消费者行为理论和生产者行为理论的系统性集成予以简单说明。图中，基于基数效用论或序数效用论推导出的单个消费

者的市场需求曲线 d_i，彼此水平加总就形成了市场总体的需求曲线 D_T。另外一侧，市场总体的供给曲线 S_T 可以由完全竞争市场理论推导得出。推导方法有二：一是短期角度的基于各完全竞争厂商短期边际成本曲线 SMC 平移得出的厂商短期供给曲线 s_i，再彼此水平相加即形成总体的市场供给曲线 S_T；二是长期角度的基于普遍性的成本递增行业推导出的右上倾的市场总体供给曲线 S_T。

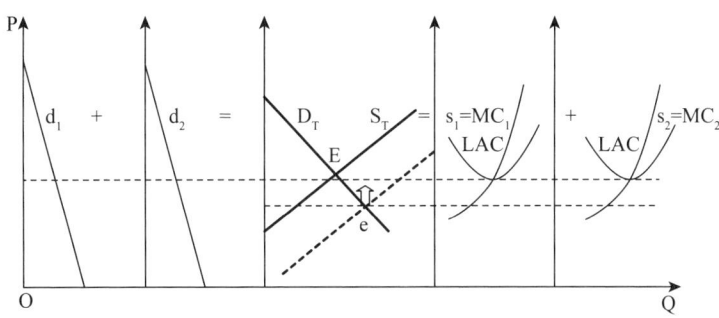

图 9-2　西方消费与生产理论基于完全竞争市场平台的无缝对接和系统集成示意

当行业总体的市场需求曲线和总体的供给曲线形成后，整个行业的均衡状态也就得到了实现，即由完全竞争厂商长期平均成本曲线 LAC 最低点决定的图中均衡的 E 点。这个长期均衡的 E 点具有长期稳定性。如果一开始没有达到该长期均衡 E 点，而是达到了短期均衡的 e 点，市场就会有一种自发的力量促使其自发调节，最终回归稳定于长期均衡的 E 点。由此，消费者行为理论与生产者行为理论，就基于完美的完全竞争市场平台，实现了完美的无缝对接和系统集成，西方整体的市场理论体系由此成型。

第二，市场理论是西方经济管理理论体系的关键抓手理论。

如图 9-3 所示，西方经济管理理论体系实际上是一个基本的供需分析框架，其基本原理同时适用于消费品和生产要素。以消费品为例，在整个西方体系的供需分析框架中，需求曲线背后的支撑是消费者行为理论，供给曲线背后的支撑是生产者行为理论。无论是消费者行为理论还是生产者行为理论，虽然两者在市场经济中都有一定的政府管理调控需求，但就其根本来说是一种自主调节系统，并不需要过多的外部力量干预。例如，对一般的非公共商品，一个消费者应该消费什么、应该消费多少、对每个商品应该出价多高，一个企业应该生产什么、应该生产多少、对每个产品应该定价多高，一般不需要外界力量干预，消费者和生产者各自自主决策即可。

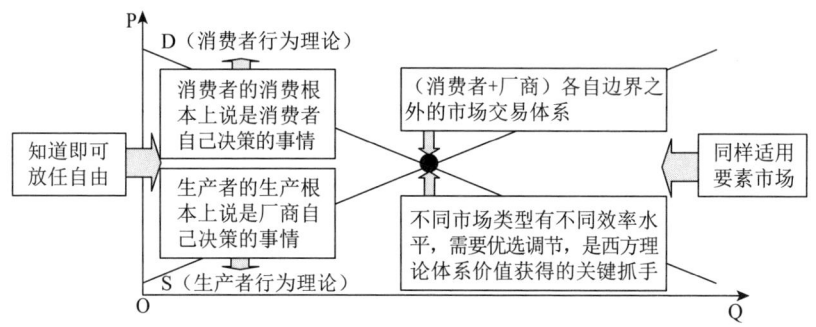

图 9-3　市场理论在西方经济管理理论体系中的关键抓手地位示意

消费者和生产者各自在自我体系之外的相互连接，形成了市场体系。这个市场体系之中，一方面，西方新古典理论提出，因价格可以自由升降调节而促成自由交易的高效完成，也不需要外在干预调节；另一方面，稍后出现并占据主流的张伯伦和罗宾逊等人的不完全竞争理论认为，现实中市场有完全竞争、完全垄断等不同类型，每种市场的效率赋予也各不相同，因此需要分析探索和比较优选最高效率的一种市场类型，而且因为市场的自发选择有可能不能达到理想的最高效率市场类型，就需要外在的必要干预以促成迈进高效率的理想市场状态。具体说就是，出现垄断会导致低效，就应该采取促进竞争的调节措施。

这就是说，在目前西方主流的经济管理理论体系之中，实际上消费者行为理论和生产者行为理论是一种"知道即可"的理论，行为方主体有自主调节能力，并不需要过多的外在干预。只有消费者理论和生产者理论中间的市场理论是一种需要认知学习且需要随时准备干预调控的理论。由此，市场理论实际上在西方整个经济管理理论体系中获得了面对经济运行体系的关键性抓手的地位。

第三，市场理论的局限对西方经济管理理论体系产生重大制约。

市场理论是西方经济管理理论体系的集成平台和关键抓手性理论，然而由于其不同类型市场中单个厂商市场需求曲线基本形态界定之逻辑起点存在偏差，存在明显局限。由此，整个西方经济管理理论体系（包括基于现行市场理论将消费者行为理论和生产者行为理论有机连接起来形成的整个西方消费品供需均衡理论体系，以及将生产要素的供给理论和需求理论有机连接起来形成的整个西方要素品供需均衡理论体系），实际上就会出现抓手抽缺和平台塌陷的问题。

抓手抽缺是说，西方经济管理理论之原本的消费者行为理论和生产者行为理论（以及生产要素供给理论和需求理论）是一种各自主体自发调节的"知道即可"理论，现在市场理论这个重点的可以作为抓手的理论如果出现问题，就失去了对经济体系的最重要的抓手价值。平台塌陷是说，西方经济管理理论如果由于市场理论这个平台出现成立性问题，原本的消费者行为理论和生产者行为理论（以及生产要素供给理论和需求理论）就难以基于原本的完美竞争市场平台予以无缝对接和系统集成，整个西方经济管理理论将面临能否成立的重大考验。

五、相关理论的进一步补充修正及芝加哥学派的困惑

20世纪30年代张伯伦和罗宾逊提出不完全竞争理论，第二次世界大战后以 Mason、Bain、Scherer 等人为代表的哈佛学派继承不完全竞争理论，从实证角度进行全新研究，提出 SCP 分析框架和"集中度—利润率"假说。这些学者从厂商间共谋、市场进入壁垒等角度着眼，认为市场中厂商数量越多（少），市场竞争（垄断）程度越高，资源配置效率也就越高（低），并提出对经济生活中的垄断和寡头厂商采取分割措施，对厂商之间的兼并采取规制措施，以维持最优的市场结构和保持最佳的市场效率。[1][2][3][4]

与此同时，许多学者开始关注垄断的正面效应。马歇尔在《经济学原理》中指出，垄断会造成降低竞争活力的后果，同时垄断厂商大规模使用生产技术又可降低成本进而增加消费者福利。哈维指出，"垄断者在恰当的市场产量上，有可能取得比在完全竞争条件下更低的生产成本"。

其后许多产业组织学派学者从不同的角度论述了产业集中和市场垄断程度提高的效率性。芝加哥学派是对垄断的正面效应论述较多的一个流派，该学派的 Stigler、Demsetz、Brozen 等人通过大量实证研究批驳哈佛学派 SCP 分析框架中的"集中度—利润率"假说，认为竞争是一个优胜劣汰的过程，竞争促使许多低效率的厂商破产，使市场逐步走向

---

[1] Mason E S. Price and Production Policies of Large-scale Enterprise [J]. American Economic Review, 1939, 29, (supp).

[2] Bain J S. Relation of Profit Rate to Industry Concentration: American Manufacturing 1936-1940 [J]. Quarterly Journal of Economics, 1951, 65, (3).

[3] Bain J S. Industrial Organization [M]. New York: Harward University Press, 1959.

[4] Scherer F M. Industrial Market Structure and Economic Performance [M]. Boston: Houghton Mifflin, 1970.

垄断，但垄断市场中的厂商都是在竞争中取得成功的高效率的厂商，其获得的超额利润是其高效率的结果；只要是通过自由竞争形成的市场结构，不论是竞争性的还是垄断性的，都是有效率的；反垄断政策没有存在的必要。[1][2][3]新制度学派的Coase、Williamson等人引入交易费用概念，认为现实中生产的不断集中和大企业的不断兴起，实质是厂商与市场两种手段基于节约交易费用原则不断相互替代的结果，厂商规模扩大、产业集中度上升和市场垄断因素增加往往是效率提升的标志。[4][5]

动态竞争理论学派是对垄断正面效应论述较多的又一个流派，该学派的Schumpeter、Nelson等重点关注竞争的过程和竞争过程中厂商的行为，在评价市场运行绩效时，并不特别重视配置效率、技术效率和公平等静态指标，而是更强调效率和公平的动态方面，如产品多样性、产品质量、技术进步；认为只要不是因为行政干预，垄断厂商实际上是经历了市场激烈竞争生存下来的最有效率的厂商，其在提供新产品、引入新技术等方面的贡献远大于其可能造成的社会福利损失；明确反对企业分割、禁止兼并等结构主义的产业政策。[6][7]

还有一些学派从另外的角度论述了不同产业集中度和市场竞争度

---

[1] Stigler G J. The Organization of Industry [M]. Homewood: Irwin, 1968.

[2] Demsetz H. Industry Structure, Market Rivalry and Public Policy [J]. Journal of Law and Economics, 1973, 16, (1).

[3] Brozen Y. The Antitrust Task Force Deconcentration Recommendation [J]. Journal of Law and Economics, 1971, 13, (October).

[4] Coase R H. The Nature of the Firm [J]. Economics, 1937, 4, (March).

[5] Williamson O E. Innovation and Markets Structure [J]. Journal of Political Economy, 1965, 73.

[6] Schumpeter J A. Capitalism, Socialism, and Democracy [M]. New York: Harper and Brothers Publishers, 1942.

[7] Nelson R R, Peck M J, Kalachek E D. Technology, Economic Growth and Public Policy [M]. Washington D C: Brookings Institution, 1967.

都是富有效率的。可竞争市场理论学派的 Baulmol、Willing 和 Panzar 等人，从市场自由进入及沉没成本等角度分析，认为只要保持市场进入的完全自由，且不存在特别的进出市场成本，潜在的竞争压力会迫使任何市场结构中的厂商采取高效率的竞争行为，包括自然垄断在内的高垄断集中度产业市场是可以与效率并存的。新奥地利学派从企业家创业精神入手，认为只要确保自由进入的机会，充满旺盛创业精神的市场就能形成充分的竞争压力，不同垄断集中度的产业市场都能获得资源配置的高效率。[1][2]

在以上有关垄断正面效应论述的几种理论中，动态竞争理论实际上是在总体认可张伯伦和罗宾逊关于不同类型市场结构效率优劣排序的前提下，从垄断可带来的产品多样性增加、产品质量提高、技术进步等方面论述了垄断的独特价值，论证了垄断存在的必要性和合理性，这实际上是基于现实情况对张伯伦和罗宾逊理论的一种有益补充。"市场进入完全自由"等分析前提的不现实性，影响了可竞争市场理论对现实经济问题的解释信度。可行性竞争理论主要采用一些判断性标准进行分析，理论上缺乏严谨性，可操作性也较差。比较之下，芝加哥学派对不同类型市场进行重新比较分析，认为只要是通过自由竞争形成的市场结构，无论是竞争性的还是垄断性的，都是有效率的。这种结论体现的是一种存在即合理的理念和应该对市场采取自由放任政策的思想。

---

[1] Baulmol W J, Willing R D. Fixed Cost, Sunk Cost, Entry Barriers and Sustainability of Monopoly [J]. Quarterly Journal of Economics, 1981, 96, (3).

[2] Baulmol W J, Panzar J C, Willing R D. Contestable Markets and the Theory of Industry Structure [M]. New York: Harcourt Brace Jovanovich, Inc, 1982.

张伯伦与罗宾逊的不完全竞争市场理论已经被学术界认为存在一系列问题，与客观现实差距甚远，以芝加哥学派为代表的其他学派不完全同意其理论观点，有的学派在一定程度上批判其理论体系的不足，并且这些学派提出的观点往往更加符合实际。遗憾的是，张伯伦和罗宾逊的市场结构和厂商均衡理论提出的竞争越充分市场运行效率越高、垄断越明显市场运行效率越低的结论，不但没有从根本上被终结，还仍然被奉为主流的市场理论。国内外微观经济学、管理经济学等经济管理相关教材介绍的市场结构和厂商均衡理论，仍是上述理论体系[1]，芝加哥等学派至今也没有占据主流地位，芝加哥学派之困惑也由此形成。

当然从另一个方面讲，其他学派关于最有效率市场结构的界定相比于张伯伦和罗宾逊以及此后的哈佛学派比较笼统和模糊，均缺乏一套清晰的可以作为平台集成的模型体系，从而限制了其在西方经济管理理论体系中平台集成作用的发挥。

第二节 西方市场理论的必要修正

一、研究的前提给出

根据以上分析，本部分基于厂商与产业市场双重效率目标诉求的系

---

[1] 国外如萨缪尔森版《经济学》，国内如高鸿业版《西方经济学》，均是如此。

统视角[1]，以及产业市场不同竞争集中度下平均型厂商市场需求曲线变化规律的科学界定，将产业最优集中度、市场最优竞争度与厂商最优规模度有机结合起来，示例性修正建构市场结构与厂商均衡理论体系和优化模型，实现对产业市场中厂商最优数量、厂商最优规模、产业最优产量等关键指标的精确测算，并明确相应的优化调控机理。

（一）就厂商与产业市场双重效率目标诉求进行分析

第一，厂商经营的基本效率目标诉求是利润最大，利润最大的基本条件是边际收益等于边际成本，即 MR=MC。其他衡量标准，例如市场份额最大、平均成本最低等从根本上说要服从于厂商利润最大基本标准。由此，以利润最大作为厂商经营的基本效率目标诉求。

第二，产业市场管理部门属于公共管理部门，其效率目标诉求是多元化的，其中社会福利最大、总体利润最大、平均成本最低、总体产量最大、产品价格最低五个常规目标诉求比较常见。社会福利最大往往被认为是产业市场资源配置效率最高的表现，是社会效率目标诉求的基本体现；总体利润最大常常被理解为对产业中的厂商发展最有利，是厂商效率目标诉求的宏观体现；平均成本最低常常被理解为生产效率最高和竞争力最强，是厂商效率目标诉求和社会效率目标诉求的综合体现；总体产量最大和产品价格最低常常被理解为对消费者最有利，是消费者效率目标诉求的主要体现。

---

[1] 之所以要基于厂商与产业市场双重效率目标诉求进行分析，是因为市场理论研究的根本目标是追求整体市场效率实现最优，这是一种全局性综合效率的追求，本身就需要包括微观厂商和整体市场在内的综合系统的分析视角。有学者会担心，加上对市场全局性的效率目标追求，可能意味着需要对市场运行予以管理调节，就不再是原本自由的市场本义了。其实，西方"张-罗"的市场理论也没有放弃对市场运行的管理调节，只不过其模型内生分析基于厂商自由调节模式，而之后基于完全竞争最有效率结论的政策调节，是需要后续诸多市场管理和企业拆解的管理手段维护的。本理论则把市场管理部门的追求因素前提性纳入分析框架之内。

这里重点选择平均成本最低、总体产量最大、产品价格最低三个目标诉求作为产业市场的代表性效率目标诉求进行示例性分析。这样，厂商和产业市场双重效率目标诉求的组合包括厂商角度的利润最大和产业市场角度的平均成本最低、总体产量最大、产品价格最低（如图9-4所示）。

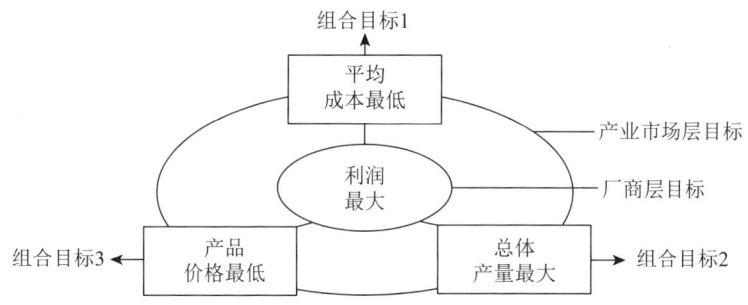

图 9-4　厂商和产业市场双重效率目标诉求组合示意

（二）就厂商技术成本情况与产业市场需求情况进行分析

为方便起见，这里借用西方现行市场理论体系之完全竞争理论的分析前提，用平均型厂商作为产业市场中单个厂商的代表进行分析。

第一，厂商平均成本曲线和边际成本曲线一般呈现先下降再上升的U形趋势，其中两线交点处一定是平均成本最低处。特殊情况下，厂商边际成本线和平均成本线也可能同时呈单调右下倾趋势。（如图9-5和图9-6所示）

第二，产业总体市场需求曲线是一条右下倾的线。根据"市场总体需求曲线等于所有单个厂商市场需求曲线水平加总"的基本规律，对一个具体的产业市场而言，完全垄断时单个厂商的市场需求曲线等同于产业总体市场需求曲线；完全竞争时产业市场中有无穷多个厂商，单个厂商所占产业市场份额极小,其市场需求曲线是一条逼近纵轴的垂直右下倾线;垄断竞争时厂商数量介于两者之间,单个厂商的市场需求曲线右下倾程度也介于两者之间,且产业市场垄断程度越高,厂商的市场需求曲线越平坦;产业市场竞争程度越高,厂商的市场需求曲线越陡峭。(如图 9-7 所示)

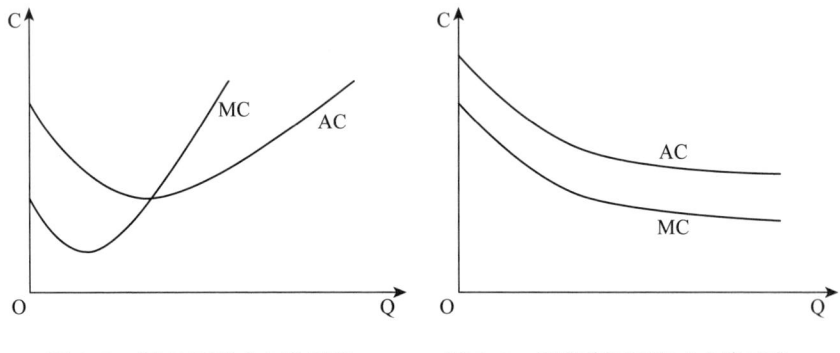

图 9-5　厂商 U 形成本线示意　　　图 9-6　厂商单调下降成本线示意

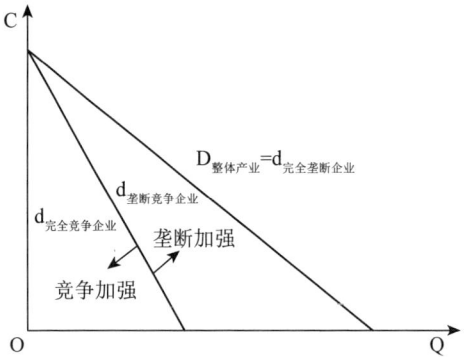

图 9-7　不同垄断集中度下单个厂商市场需求曲线示意

二、市场理论静态优化分析模型建构

从系统的眼光审视，将产业市场需求情况和产业内厂商技术成本情况结合起来，可区分为四种典型对应情况，下面分别进行模型建构和分析。

（一）第一种典型情况下的模型建构与分析

以下就厂商边际成本线和平均成本线相对于产业总体市场需求曲线呈一般 U 形的情况进行分析。如图 9-8 所示，横轴表示需求量 Q，纵轴表示价格 P 和成本 C；AC 和 MC 表示厂商的平均成本曲线和边际成本曲线；D_T 为产业总体市场需求曲线，也是完全垄断时单个厂商的市场需求曲线 $d_{完全垄断}$。当该产业处于完全竞争时，市场中存在无数个厂商，单个厂商的市场需求曲线 d_0、边际收益曲线 MR_0、平均收益曲线 AR_0 均相等且与纵轴重合。d_1 为该产业市场处于特定的垄断竞争结构之一时单个厂商的市场需求曲线，其对应的单个厂商边际收益曲线为 MR_1，MR_1 与 MC 相交的均衡点 E_1 正好是 AC 的最低点，显然这时整个产业市场由 Q_T/Q_1 个厂商组成。d_2 为该产业市场属于特定的垄断竞争结构之二时单个厂商的市场需求曲线，其对应的单个厂商边际收益曲线为 MR_2，其与 MC 相交的均衡点 E_2 正好是 MC 的最低点，显然这时整个产业市场由 Q_T/Q_2 个厂商组成。

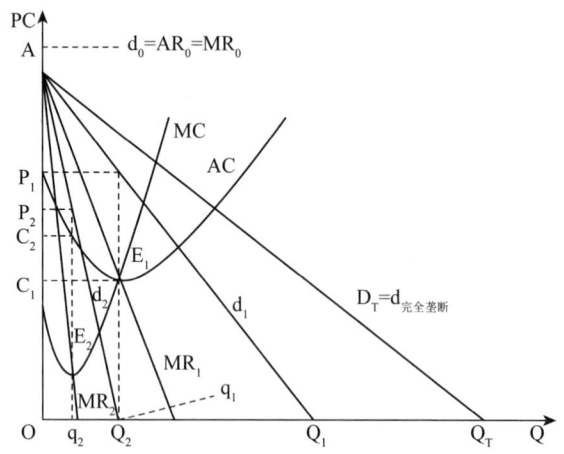

图 9-8　厂商技术成本曲线和产业市场需求曲线一般对应下的市场优化分析静态模型

首先,分析产业市场属于垄断竞争结构之一时的情况。该结构的产业市场中,单个厂商的市场需求曲线 d_1 决定的厂商边际收益曲线 MR_1 与 MC 相交的均衡点 E_1 正好是 AC 的最低点 C_1,说明这种情况下 E_1 点不但是满足利润最大目标诉求的厂商均衡生产点,也是满足平均成本最低目标诉求的产业市场均衡生产点。这时整个产业市场由 Q_T/Q_1 个厂商组成,说明就厂商利润最大与产业平均成本最低组合目标而言,该产业市场中保持有 Q_T/Q_1 个厂商时,其产业集中度和市场竞争度达到最优。这时单个厂商的最优生产规模为 q_1,所有厂商产量之和占整个产业市场最大需求量 Q_T 的比重为 AP_1/AO。[1] 其次,分析产业市场属于垄断竞争结构之二时的情况。该结构的产业市场中,单个厂商的市场需求曲线 d_2

---

[1] 均衡点 E_1 对应的单个厂商的均衡产量为 q_1,产业市场中共有 Q_T/Q_1 个厂商,所有厂商总产量为 q_1Q_T/Q_1,其占整个产业市场最大需求量 Q_T 的比重为 q_1/Q_1,相当于 AP_1/AO。

决定的厂商边际收益曲线 MR_2 与 MC 相交的均衡点 E_2 正好是 MC 的最低点。可以证明，E_2 点不但是这种情况下满足利润最大目标诉求的厂商均衡生产点，其对应的均衡价格 P_2 也是产品价格最低点[1]，均衡价格 P_2 下整个产业市场的产量也达到最高。[2] 这时整个产业市场由 Q_T/Q_2 个厂商组成，说明无论是从厂商利润最大与产业产品价格最低组合目标着眼，还是从厂商利润最大与产业总体产量最大组合目标着眼，该产业市场中保持有 Q_T/Q_2 个厂商时，其产业集中度和市场竞争度达到最优。这时单个厂商的最优生产规模为 q_2，所有厂商产量之和占整个产业市场最大需求量 Q_T 的比重为 AP_2/AO。这样，对该特定产业市场而言，基于厂商利润最大与产业平均成本最低、产品价格最低、总体产量最大各双重效率目标诉求组合的产业集中和市场竞争最优区间，就是产业市场中厂商数量保持在 Q_T/Q_2 至 Q_T/Q_1 的区间，对应的厂商最优规模区间则在 q_1 至 q_2 之间，所有厂商产量之和（实际上同时也是产业最优需求量，下同）占整个产业市场最大需求量 Q_T 的比重则在 AP_1/AO 至 AP_2/AO 之间。（如表 9-1 所示）

---

[1] 令厂商的市场需求曲线为 $P=A-BQ$，其边际收益曲线为 $MR=A-2BQ$。令厂商的边际成本曲线为 $MC=MC(Q)$。厂商生产决策的目标是利润最大化，即符合条件 $MR=MC$，则：$A-2BQ = MC(Q)$，得：$Q = [A-MC(Q)]/2B$，进一步得：$P = A-BQ = [A + MC(Q)]/2$。这表明，当 MC 达到最低点时，产品价格达到最低点。

[2] 均衡点 E_2 对应的单个厂商的均衡产量为 q_2，产业市场共有 Q_T/Q_2 个厂商，所有厂商总产量占整个产业市场最大需求量 Q_T 的比重为 AP_2/AO。产业市场需求曲线既定从而 AO 既定的情况下，P_2 是最低价格点，AP_2 最大，因而所有厂商总产量占产业市场最大需求量的比重 AP_2/AO 达到最大。

表9-1 基于图9-8的市场静态优化分析结果

目标诉求组合	最优厂商数量	最优厂商规模	最优产业产量（需求）
厂商利润最大+产业平均成本最低	Q_T/Q_1	Q_1	AP_1/AO
厂商利润最大+产业产品价格最低	Q_T/Q_2	Q_2	AP_2/AO
厂商利润最大+产业总体产量最大	Q_T/Q_2	Q_2	AP_2/AO
综合组合目标	介于两者之间	介于两者之间	介于两者之间

注：这里以产业市场中所有厂商总产量占整个产业市场最大需求量的比重来代表总产量，其实际上也是产业最优需求量，下各表同。

（二）第二种典型情况下的模型建构与分析

本部分就厂商边际成本线和平均成本线相对于产业总体市场需求曲线呈特殊U形态的情况进行分析。如图9-9所示，D_T为产业总体市场需求曲线，也是完全垄断时单个厂商的市场需求曲线 $d_{完全垄断}$，其对应的单个厂商边际收益曲线为 $MR_{垄断}$。$MR_{垄断}$ 与MC相交的均衡点 E_1 正好是AC的最低点。可知，这种情况下 E_1 点不但是满足利润最大目标诉求的厂商均衡生产点，也是满足平均成本最低目标诉求的产业市场均衡生产点。这时整个产业市场由一个（$Q_T/Q_{完全垄断}$）厂商组成，说明就厂商利润最大与产业平均成本最低组合目标而言，该产业市场为完全垄断时其产业集中度和市场竞争度达到最优。这时单个厂商的最优规模为 q_1，所有厂商产量之和占整个产业市场最大需求量 Q_T 的比重为 AP_1/AO。

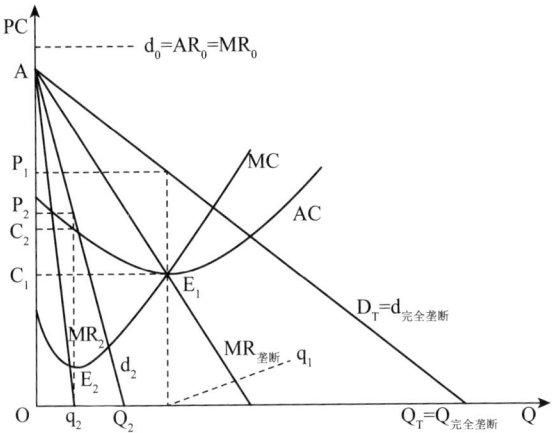

图 9-9　厂商技术成本曲线和产业市场需求曲线特殊对应
下的市场优化分析静态模型

d_2 为该产业市场处于特定的垄断竞争结构时单个厂商的市场需求曲线，其对应的单个厂商边际收益曲线为 MR_2，其与 MC 相交的均衡点 E_2 正好是 MC 的最低点，这时整个产业市场由 Q_T/Q_2 个厂商组成。由上面的证明可知，这种情况下 E_2 点不但是满足利润最大目标诉求的厂商均衡生产点，也是满足总体产量最大和产品价格最低目标诉求的产业市场均衡生产点。这时整个产业市场由 Q_T/Q_2 个厂商组成，说明无论是从厂商利润最大与产业产品价格最低组合目标着眼，还是从厂商利润最大与产业总体产量最大组合目标着眼，该产业市场中保持有 Q_T/Q_2 个厂商时，其产业集中度和市场竞争度达到最优。这时单个厂商的最优规模为 q_2，所有厂商产量之和占整个产业市场最大需求量 Q_T 的比重为 AP_2/AO。这样，对该特定产业市场而言，基于厂商利润最大与产业平均成本最低、产品价格最低、总体产量最大各双重效率目标诉求组合的产业集中和市场竞争最优区间，就是产业市场中厂商数量保持在 QT/Q2 至 1

的区间，对应的厂商最优规模区间则在 q1 至 q2 之间，所有厂商产量之和占整个产业市场最大需求量 QT 的比重则在 AP1/AO 至 AP2/AO 之间。（如表 9-2 所示）

表 9-2　基于图 9-9 的市场静态优化分析结果

目标诉求组合	最优厂商数量	最优厂商规模	最优产业产量（需求）
厂商利润最大 + 平均成本最低	1	q_1	AP_1/AO
厂商利润最大 + 产品价格最低	Q_T/Q_2	q_2	AP_2/AO
厂商利润最大 + 产业产量最大	Q_T/Q_2	q_2	AP_2/AO
综合组合目标	介于两者之间	介于两者之间	介于两者之间

（三）第三种典型情况下的模型建构与分析

本部分就厂商边际成本线和平均成本线相对于产业总体市场需求曲线呈另一种特殊 U 形态的情况进行分析。如图 9-10 所示，D_T 为产业总体市场需求曲线，也是完全垄断时单个厂商的市场需求曲线 $d_{完全垄断}$，其对应的单个厂商边际收益曲线为 $MR_{垄断}$。

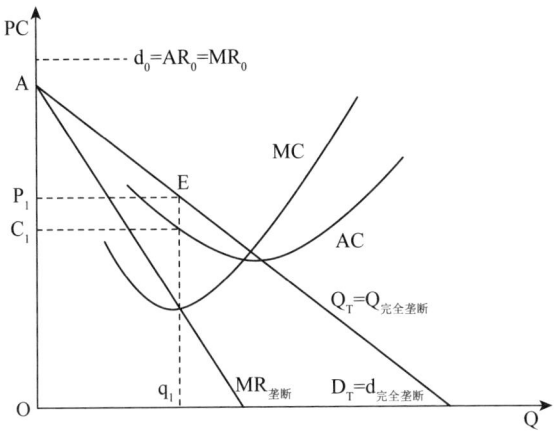

图 9-10　厂商技术成本曲线和产业市场需求曲线另一特殊对应下的市场优化分析静态模型

$MR_{垄断}$ 与 MC 相交的均衡点 E 正好是 MC 的最低点。根据上面证明可知，这种情况下 E 点是满足利润最大目标诉求的厂商均衡生产点，E 点对应的均衡价格 P_1 也是产品价格最低点，均衡价格 P_1 下所有厂商产量之和占整个产业市场最大需求量 Q_T 的比重 AP_1/AO 也达到最高。E 点对应的平均成本 C_1 还是本产业市场空间所允许达到的 AC 最低点。这时整个产业市场由一个（$Q_T/Q_{完全垄断}$）厂商组成，说明无论是从厂商利润最大与产业平均成本最低组合目标着眼，还是从厂商利润最大与产业产品价格最低组合目标着眼，或是从厂商利润最大与产业总体产量最大组合目标着眼，产业集中和市场竞争的最优度都是完全垄断。这时单个厂商的最优生产规模为 q_1，厂商产量之和占整个产业市场最大需求量 Q_T 的比重为 AP_1/AO。（如表 9-3 所示）

表 9-3 基于图 9-10 的市场静态优化分析结果

目标诉求组合	最优厂商数量	最优厂商规模	最优产业产量（需求）
厂商利润最大 + 平均成本最低	1	q_1	AP_1/AO
厂商利润最大 + 产品价格最低	1	q_1	AP_1/AO
厂商利润最大 + 产业产量最大	1	q_1	AP_1/AO
综合组合目标	1	q_1	AP_1/AO

（四）第四种典型情况下的模型建构与分析

本部分就厂商边际成本线和平均成本线相对于产业总体市场需求曲线呈单调右下降形态的情况进行分析。这种情况下厂商规模越大，平均成本和边际成本越低，如图 9-11 所示，D_T 为产业总体市场需求曲线，也是完全垄断时单个厂商的市场需求曲线 $d_{完全垄断}$，其对应的单个垄断厂商边际收益曲线为 $MR_{垄断}$。

$MR_{垄断}$ 与 MC 相交于 E，E 点即为均衡点，对应的平均成本和产品价格分别为 C_1、P_1。平均成本 C_1 是本产业市场空间所允许达到的 AC 最低点，对应的均衡价格 P_1 是本产业市场空间所允许达到的最低价格，均衡价格 P_1 下整个产业市场的产量达到本产业市场空间所允许的最高点。这时产业市场中只有一个（$Q_T/Q_{完全垄断}$）厂商，可知无论是从厂商利润最大与产业平均成本最低组合目标着眼，还是从厂商利润最大与产业产品价格最低组合目标着眼，或是从厂商利润最大与产业总体产量最大组合目标着眼，该产业市场保持完全垄断状态时，其产业集中度和市场竞争度达到最优。这时单个厂商的最优生产规模为 q_1，厂商产量之和占整个产业市场最大需求量 Q_T 的比重为 AP_1/AO。

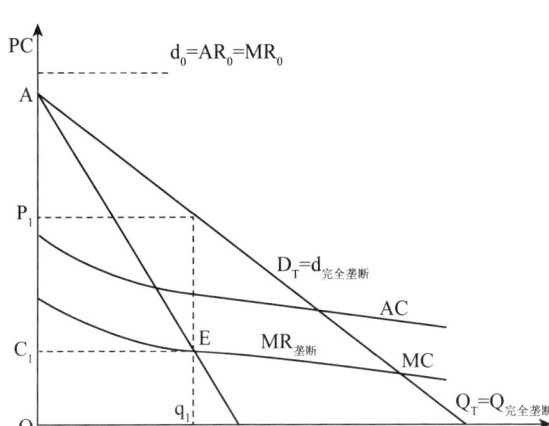

图 9-11　厂商技术成本曲线单调下降情境下的市场优化分析静态模型

（五）静态研究结论

综合以上四种情况，可得出以下一般结论。

第一，基于厂商利润最大和产业平均成本最低、总体产量最大、产品价格最低的双重效率目标诉求，着眼产业集中、市场竞争与厂商规模的市场优化分析是可以得到精确测量的。

第二，就产业集中和市场竞争而言，当厂商 AC 和 MC 相对于产业总体市场需求曲线呈现上述一般 U 形变化时，特定的垄断竞争是最优的；当厂商 AC 和 MC 相对于总体市场需求曲线呈现上述特殊 U 形变化时，从特定的垄断竞争到完全垄断是最优的；当厂商 AC 和 MC 相对于产业总体市场需求曲线呈现上述另一种特殊 U 形变化时，以及当厂商 AC 和 MC 单调右下倾时，完全垄断是唯一最优。可知就现实情况而言，最优的一定是特定的垄断竞争，特殊情况下其可以表现为完全垄断，完全竞争肯定不是最优的，这就从根本上推翻了完全竞争最优的传统结论。（如表9-4所示）

表9-4　四种典型对应情况下的市场静态优化分析结果比较

典型情况	产业集中与市场竞争的最优度
厂商 AC 和 MC 相对产业总体市场需求曲线呈一般 U 形	特定的垄断竞争
厂商 AC 和 MC 相对产业总体市场需求曲线呈特殊 U 形	从特定的垄断竞争度到完全垄断
厂商 AC 和 MC 相对产业总体市场需求曲线呈另一特殊 U 形	完全垄断
厂商 AC 和 MC 单调下倾	完全垄断

三、市场理论动态优化分析模型建构

从动态角度看，行业的市场需求空间是在变动的，厂商的技术成本条件也是在变动的，两者中任何一个发生变化，都会导致最适的市场结构发生变化。下面分别从厂商技术成本条件变化、市场需求条件变化、厂商技术成本和市场需求同时变化三个角度进行分析。

（一）厂商技术成本条件变化行业最有效率市场结构的动态演化规律

厂商技术成本条件变化往往意味着科技进步和生产效率提高，这会使厂商的长期平均成本线和长期边际成本线向右下方移动，表现在 LAC 线上，其最低点不断右下移，生产的适度规模不断扩大。在市场需求条

件不变时，厂商适度规模的不断扩大意味着市场中最适合的厂商数量不断下降，最适的市场结构将呈现向垄断不断演变的趋势。为分析方便起见，下面以成本效率为主要目标进行示例性比较分析。如图 9-12 所示，市场需求曲线为 $D_总$，厂商最初的平均成本线和边际成本线分别为 LAC_0 和 LMC_0。从成本效率目标出发，当市场中厂商数量为 $Q_总/Q_0$ 个时，单个厂商的市场需求曲线和边际收益曲线分别为 D_0 和 MR_0，MR_0 与 LMC_0 的相交点即厂商利润最大化的均衡点正好通过 LAC_0 的最低点，即厂商长期均衡时平均成本达到最低，生产效率达到最高。所以这种情况下最有效率的市场是厂商数量为 $Q_总/Q_0$ 个的市场。

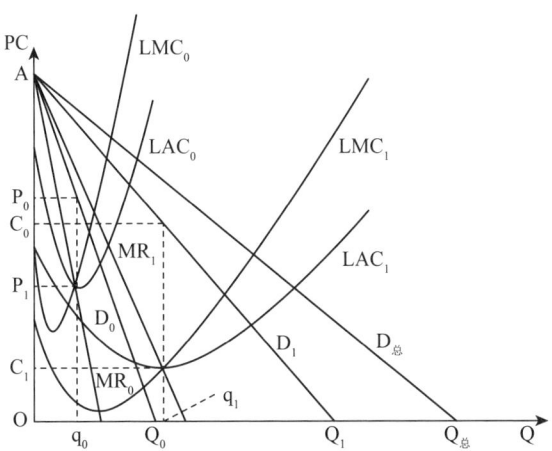

图 9-12 基于厂商技术成本变化的市场优化分析动态模型

随着科技的进步，厂商边际成本线和平均成本线分别向右下方移动为 LMC_1 和 LAC_1。从成本效率目标出发，这种情况下当市场中厂商数量为 $Q_总/Q_1$ 个时，单个厂商的市场需求曲线和边际收益曲线分别为 D_1 和 MR_1，MR_1 与 LMC_1 的相交点即厂商利润最大化的均衡点正好通过

LAC_1 的最低点,即厂商长期均衡时平均成本达到最低,生产效率达到最高。所以这种情况下最有效率的市场是厂商数量为 $Q_总/Q_1$ 个的市场。可见,随着科技的进步,为保持市场处于最有效率水平,最佳厂商数量需从 $Q_总/Q_0$ 下降为 $Q_总/Q_1$,即最有效率的市场结构呈现向垄断的不断演化趋势。

现实中行业可以分为资本密集和劳动密集两大类型,其各自的情况并不相同。对于资本密集型行业而言,随着科技的进步,厂商生产成本线呈现快速右下移趋势,适度规模迅速扩大。在市场需求不变的情况下,为保持市场的最高效率,行业中厂商的适合数量快速下降,最有效率的市场结构快速向垄断演进。对于劳动密集型行业而言,随着科技的进步,厂商生产成本线呈现缓慢右下移趋势,适度规模缓慢扩张。在市场需求不变的情况下,为保持市场的最高效率,行业中厂商的适合数量缓慢下降,最有效率的市场结构缓慢向垄断演进,最有效率的市场将长期保持竞争比较充分的态势。

(二)市场需求条件变化行业最有效率市场结构的动态演化规律

市场需求条件变化往往意味着市场需求曲线的扩张或收缩,在厂商技术成本条件不变的情况下,市场需求曲线扩张或收缩,为保持市场的最高效率,行业中最适厂商数量须增加或下降,即最有效率的市场结构将呈现向竞争或垄断的演进趋势。下面以成本效率为主要目标进行示例性比较分析。如图9-13所示,厂商的平均成本线和边际成本线分别为 LAC 和 LMC,最初市场总体需求曲线为 $D_{总0}$。从成本效率目标出发,当市场中厂商数量为 $Q_{总0}/Q_0$ 个时,单个厂商的市场需求曲线和边际收益曲线分别为 D_0 和 MR_0,MR_0 与 LMC 的相交点即厂商利润最大化的均衡点正好通过 LAC 的最低点,即厂商长期均衡时平均成本达到最低,生产效率达到最高。所以这种情况下最有效率的市场是厂

商数量为 $Q_{总0}/Q_0$ 个的市场。随着国民收入水平的提高,市场需求曲线外扩为 $D_{总1}$。从成本效率目标出发,当市场中厂商数量为 $Q_{总1}/Q_0$ 个时,单个厂商的市场需求曲线和边际收益曲线分别为 D_0 和 MR_0,MR_0 与 LMC 的相交点即厂商利润最大化的均衡点正好通过 LAC 的最低点,即厂商长期均衡时平均成本达到最低,生产效率达到最高。所以这种情况下最有效率的市场是厂商数量为 $Q_{总1}/Q_0$ 个的市场。可见随着市场需求的扩张,为保持市场处于最有效率水平,最佳厂商数量从 $Q_{总0}/Q_0$ 上升为 $Q_{总1}/Q_0$,即最有效率的市场结构呈现向竞争的不断演化趋势。

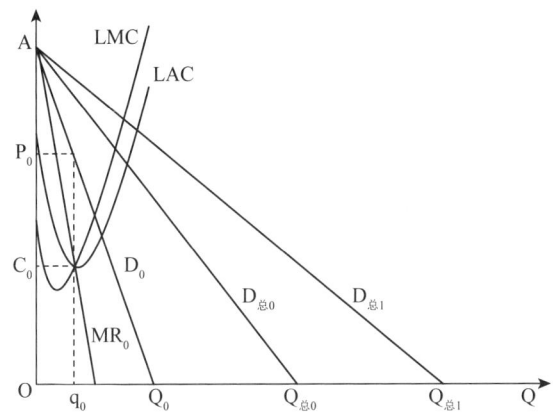

图 9-13 基于市场需求条件变化的市场优化分析动态模型

(三)厂商技术成本条件和市场需求条件同时变化行业最有效率市场结构的动态演化规律

厂商技术成本和市场需求同时变化,实际上是上述两种情况的综合。现实中,每个行业都要经历导入期、增长期、成熟期和衰落期的演变历程,这个演变历程实际上是市场需求和厂商技术成本条件同时变化的过程。行业处于导入期时,新产品刚刚发明和生产出来,市场规模扩张有限,技术进步迅速,常常会出现市场需求扩张与适度规模扩张相当的情况,结果市场中适合的厂商数量相对稳定,最有效率的市场结构呈现比较稳定的竞争态势。行业步入增长期时,市场规模迅速扩张,往往会超过技术进步影响下的适度规模扩张,结果市场中适合的厂商数量迅速增多,最有效率的市场结构呈现向竞争的演进态势。行业步入成熟期时,市场规模相对稳定,厂商技术进步继续加速,常常会出现市场扩张滞后于适度规模扩张,结果市场中适合的厂商数量逐步减少,最有效率的市场结构呈现向垄断的演进态势。行业步入衰退期时,市场规模开始收缩,厂商技术进步继续推进,常常会出现市场不断收缩与适度规模继续扩大的局面,结果市场中适合的厂商数量进一步下降,最有效率的市场结构呈现向垄断的演进态势。可知,任何行业为保持其市场的最高效率,其市场结构最初一般应呈现比较稳定的竞争态势,其后逐步向竞争方向演进,再其后逐步向垄断竞争方向演进,最后步入寡头垄断甚至完全垄断状态。

以上只是对行业最有效率市场结构演变规律的一般性分析。具体到现实中,行业可以区分为资本密集型和劳动密集型两类,其各自最有效率市场结构演变的历程并不相同。在市场需求变化相同的情况下,资本密集型行业的厂商随着技术进步,适度规模迅速扩大,其最适的市场结构会快速向寡头垄断甚至完全垄断演进;劳动密集型行业的厂商随着技术的进步,适度规模缓慢扩大,其最适的市场结构会缓慢向寡头垄断演进。

四、研究的总体结论及实证检验

第一,完全竞争一定不是最有效率的市场结构,适度竞争才是最有效率的市场结构。在大部分情况下,适度竞争表现为特定的垄断竞争市场结构区间。在某些特殊的情况下，适度竞争可以表现为完全垄断的市场结构。特别说明，由于成本效率目标和价格产量目标的不同选择，上述适度竞争是一个特定的市场结构选择区间，而不只是一种具体的市场结构。

第二，现实中存在各种各样的行业，每个行业的市场需求条件与厂商技术成本条件都不相同，因而现实中不同行业的最适市场结构就不应该是单一结构的，而必然是竞争比较充分、竞争与垄断有机结合、完全垄断等各种结构市场同时并存的。

第三，从行业发展动态角度看，资本密集型行业最有效率的市场结构呈现快速向垄断的演进趋势，劳动密集型行业最有效率的市场结构呈现缓慢向垄断的演进态势。

第四，从国民经济发展动态角度看，随着社会发展和科技进步，资本密集型行业和劳动密集型行业都呈现向垄断或快或慢的演进趋势，由此可知，国民经济整体也必将呈现向垄断的总体演进态势。

以上所得四点结论，第一点是总结论，后三点是第一点结论与现实结合形成的三点具体结论，这三点具体结论在现实中可得到很好的验证。特别说明，对行业的垄断程度进行判断时，一般可用行业生产集中度指标来简单判断行业垄断程度。贝恩和植草益等人就集中度与产业垄断程度的关系进行了研究，其中植草益根据行业中前八大企业的集中度将市场区分为极高寡占型等四种类型（如表9-5所示）。下面基于此标准进行实证检验。

表9-5 植草益根据集中度对市场结构的分类

市场结构		CR_8 值 / %
粗 分	细 分	
寡占型	极高寡占型	$70 < CR_8$
	高中寡占型	$40 < CR_8 < 70$
竞争型	低集中竞争型	$20 < CR_8 < 40$
	分散竞争型	$CR_8 < 20$

就第二点结论而言，现实中不同行业的市场结构确实不是单一的，而是多种结构并存的。以1993年我国相关产业情况为例进行说明，如表9-6所示，该年既有集中度超过70%的属于极高寡占型的石油天然气开采等行业，也有集中度介于40%与70%的属于高中寡占型的石油加工及炼焦等行业，还有集中度介于20%与40%的属于低集中竞争型的黑色金属采选等行业，更有集中度低于20%的属于分散竞争型的塑料制品等行业。要特别说明的是，完全竞争市场结构在现实中确实不存在。

就第三点结论而言，不同行业的最适市场结构确实呈现了不同的演进形态。这里以中国1993年到2000年的情况和美国1963年到1992年的情况为例进行说明。从1993年、1996年和2000年的数据看，中国各行业的市场条件和厂商条件都正快速变化着，其结果就是不同行业的市场结构呈现不同的演变态势。如表9-6所示，该时期烟草加工业的集中度从29.3%演变为36.5%，电气机械器材制造业的集中度从10.1%演变为13.5%，呈现向垄断演进的明显态势；交通运输设备制造业的集中度从36.9%演变为22.4%，电子通信设备制造业的集中度从17.7%演变为13.8%，呈现向竞争演进的明显态势；造纸及纸制品业的集中度从

8.2%演变为8.1%，化学原料及制品业的集中度从10.6%演变为10.7%，呈现稳定竞争的态势。美国是一个成熟的市场经济国家，其市场总体呈现向垄断演进的一致态势。如表9-7所示，从各主要行业1963年、1972年、1982年和1992年的数据看，不少行业呈现向高集中度和高垄断的演进趋势。还可以看出，美国1992年集中度超过70%的属于极高寡占型的行业有烟草和运输设备行业；集中度介于40%和70%的属于高中寡占型的行业有化学制品和电力电子设备行业等，为资本比较密集型行业；集中度介于20%和40%的属于低集中竞争型的行业有木材木料加工和橡胶塑料制品行业等，为劳动比较密集型行业。这就验证了资本密集型行业向垄断演进的速度较快，劳动密集型行业向垄断演进的速度较慢的观点。

就第四点结论而言，随着经济发展和科技进步，国民经济整体确实呈现从竞争向垄断的总体演进态势。以成熟的美国市场为例，如表9-8所示，1909年美国100家最大工业公司资产占工业总资产的份额为17.7%，1967年上升至31.6%；1925年美国100家最大制造业公司资产占全部制造业资产的份额为34.5%，1987年上升至50.5%。

表9-6 我国工业集中度（CR_8）变动情况[1]

单位：%

行业	1993年	1996年	2000年
煤炭采选业	19.8	20.1	21.3
黑色金属采选业	22.4	20.5	24.1
非金属矿采选业	9.5	5.5	10.0
食品加工业	3.0	5.2	6.5
饮料制造业	10.1	9.5	15.9
纺织业	2.7	2.8	4.1
毛革及制品业	8.1	4.0	6.6
家具制造业	5.7	4.3	6.6
印刷记录媒介复制业	8.8	5.6	8.2
石油加工及炼焦业	45.8	42.5	35.9
医药制造业	16.6	11.8	14.4
橡胶制造业	17.5	18.5	17.2
非金属矿物制品业	4.6	2.1	2.8
有色金属压延加工业	16.4	15.0	13.9
普通机械制造业	5.5	6.7	7.2
交通运输设备制造业	36.9	22.3	22.4
电子通信设备制造业	17.7	16.8	13.8

---

[1] 1993年的数据来自戚聿东《中国现代垄断经济研究》（经济科学出版社，1999）；1996年的数据来自国家统计局综合司《经济发展、体制转轨、对外开放与中国大型工业企业的成长》（《管理世界》，1999年第5期）；2000年的数据来自王庆功和杜传忠《垄断与竞争：中国市场结构模式研究》（经济科学出版社，2006年）。

续表

行业	1993年	1996年	2000年
电汽水热生产供应业	21.8	14.1	23.4
石油天然气开采业	82.8	76.6	71.8
有色金属采选业	35.2	11.8	13.7
木材及竹材采运业	14.1	13.9	19.9
食品制造业	4.9	10.9	9.4
烟草加工业	29.3	37.1	36.5
服装及其他制纤业	3.1	4.1	4.5
木材加工制造业	7.4	7.5	9.4
造纸及纸制品业	8.2	5.4	8.1
文体用品制造业	7.7	10.7	9.6
化学原料及制品业	10.6	10.0	10.7
化学纤维制造业	46.5	35.0	32.9
塑料制品业	3.5	3.7	5.1
黑色金属冶延加工业	28.7	29.7	27.9
金属制品业	4.0	3.7	4.3
专用设备制造业	11.6	6.7	8.0
电气机械器材制造业	10.1	10.0	13.5
仪器仪表办公用机械	17.4	7.3	18.1
煤气生产供应业	42.3	37.8	37.2

表9-7 美国制造业集中度（CR_8）变动情况[1]

单位：%

行业	1963年	1972年	1982年	1992年
食品类产品	46.7	48.8	53.0	60.7
纺织制造	44.9	45.5	49.9	51.8
木材木料加工	27.1	28.6	28.9	27.6
纸张制品	46.5	46.7	48.1	55.0
化学制品	58.7	55.2	52.9	52.1
橡胶塑料制品	43.5	39.3	27.3	22.5
石器玻璃陶器	51.4	51.2	51.1	49.8
加工金属制品	38.7	38.5	34.6	32.0
电力电子设备	63.4	63.4	54.8	55.9
仪器类产品	62.1	65.3	59.5	49.7
烟草	96.6	97.5	99.3	98.7
服装类制品	23.3	31.5	33.2	41.1
家具建筑附属品	26.5	28.7	32.2	39.7
印刷出版	31.2	33.9	34.8	39.7
石油煤炭制品	54.7	54.8	47.6	48.7
皮革制品	43.8	41.5	43.8	58.7
原金属工业	62.4	59.5	54.2	53.0
机器	47.6	48.2	43.6	41.7
运输设备	77.7	79.9	77.0	78.2
其他制造	42.7	38.6	41.2	39.7

---

[1] Pryor L. New Trends in U.S. Industrial Concentration [J]. Review of Industrial Organization, 2001, (18).

表9-8 美国工业和制造业的集中度变动情况[1]

单位：%

年份	100家最大工业公司资产占工业总资产份额	年份	100家最大制造业公司资产占全部制造业总资产份额
1909	17.7	1925	34.5
1929	25.5	1950	39.7
1948	26.7	1970	48.5
1967	31.6	1987	50.5

五、研究的理论创新意义和现实政策价值

（一）上述理论研究具有良好的理论创新价值

一是本书针对特定的某个行业，基于平均型厂商的基本前提，将完全垄断市场单个厂商的市场需求曲线等同于市场总体需求曲线，将完全竞争市场单个厂商的市场需求曲线等同于纵轴，将不完全竞争市场单个厂商的市场需求曲线置于纵轴和产业市场总体需求曲线之间，垄断程度越高厂商的市场需求曲线越逼近产业总体市场需求曲线，竞争程度越高厂商的市场需求曲线越逼近纵轴。这种对产业市场不同竞争度和集中度下单个厂商市场需求曲线变化规律的界定，符合"产业市场总体需求曲线等于所有单个厂商市场需求曲线水平加总"客观规律，具有很好的现实性和科学性，而且不同于现行市场结构与厂商均衡理论以及库诺模型等理论，具有很好的守正创新性。

二是本书将特定行业市场需求曲线与厂商技术成本曲线综合，基于成本效率最优目标和价格产量最优目标进行示例性分析，将特定行业可

---

[1] Duboff R B. Accumulation and Power: An Economic History of the United State [M]. New York, 1989.

选的市场结构划分为三个区间，其中第二个区间为效率可行区间，为选择最有效率市场结构提供了可操作性标准。

三是本书将静态分析与动态分析相结合，将宏观角度的产业市场与微观角度的厂商有机结合起来，基于厂商与产业市场双重效率目标诉求的系统视角，以及产业市场不同竞争度和集中度下单个厂商市场需求曲线变化规律的科学界定，系统地建构了市场优化分析静态模型，精确测算了产业市场中厂商最优数量、厂商最优规模、产业最优产量等关键指标。根据市场条件和厂商条件的不同变动，界定了不同行业最有效率市场结构的不同演变趋势，得出了精确程度的产业最优集中度、市场最优竞争度和全局角度的厂商最优规模度，克服了原先将产业市场与厂商孤立研究的不足，具有很好的科学性和创新性。研究认为，基于产业集中、市场竞争与厂商规模的市场优化是可以通过模型建构和数量分析得到精确测定的。由此，现实中采取措施调控优化产业集中度、市场竞争度和企业规模度，应首先精确测算其最优度目标值并以此为基本标准进行。这对各国反垄断法法规具有很好的政策修订价值。

四是本书通过对完全竞争、完全垄断、垄断竞争三类基本市场的全面比较表明，现实中最优的一定是以特定的垄断竞争为常态的适度竞争，特殊情况下可以表现为完全垄断，但完全竞争肯定不是最优的。这与张伯伦等人的结论完全不同，但更加符合现实情况。这对各国反垄断等政策法规也具有很好的现实政策价值。

（二）上述理论研究具有很好的产业政策价值

一是完全竞争一定不是最有效率的市场结构，适度竞争才是最有效率的市场结构，这意味着厂商规模过小是没有效率的，适度规模才是有效率的。因此，对于厂商数量太多、规模过小和竞争过于激烈的行业，政府应制定和采取相应的鼓励兼并、扩大规模的产业政策，使厂商数量逐步减少，厂商规模逐步扩大，市场逐步走向适度竞争结构。

二是资本密集和劳动密集型行业厂商具有不同的技术成本条件，呈现向垄断快慢不同的演进态势。因此对不同行业采取的促进兼并、做大做强的政策应该有所区别。对资本密集型行业应采取强有力的鼓励兼并、做大做强的产业政策；对劳动密集型行业，应采取适度的促进兼并、做大做强的产业政策。

三是对部分行业而言，最有效率的适度竞争市场表现为完全垄断，对这种行业，垄断市场结构本身就是最有效率的。因此，反垄断的着眼点必须是反垄断市场行为，而不是反垄断市场结构。强行分割企业以增加企业数量来促进竞争的反垄断行为，往往会导致低效率，应该予以反对。

四是对于现行的许多垄断或接近垄断的行业而言，其垄断地位不是通过市场自由竞争获取的，而是通过政府行政特权的方式获取的，因此其效率就一定不是最高的。对于这样的垄断行业，既要反对垄断行为，更要反对垄断的市场结构。

第十章

西方管理学量化方法性陷阱

统计验证型量化实证在经济管理研究[1]中成为主流甚至被泛滥应用，往往伴生八个方面的适用制约，导致四个方面的价值损害，这些问题往往几个甚至全部同时出现，产生叠加效应，使总体制约和价值损害呈几何级放大，走向相反于量化实证本意的逻辑扭曲和本质失真。由此不但缺失对经济管理实践本应的现实指导价值，呈现典型的形非下学特征，而且数据品质性和应用性制约共同导致的研究可靠性打折、数据碎片性和内耗性制约共同导致的知识转化性堵塞，进一步堵绝其向"经济管理之学"殿堂的形上迈进，出现形非上学的科学性迷失。

本章最后从科学性迷失的拯救角度，提出三点解决措施：重新审视和科学定位经济管理之"学性"；正确界定和合理选择经济管理之"问题"；统筹组合和科学使用经济管理之"方法"。由此可回归"哲学思辨和逻辑推理引领"与"量化实证加持助力"的方法组合体系。

———

经济管理研究方法有哲学思辨、逻辑推理、实证分析等多种层次和

---

[1] 本章有关量化方法性陷阱的分析主要指向西方管理学，不过管理学与经济学之间有着密切的关联，经济学同样存在此类问题。因此文中实际是将两个学科结合在一起论述的。

类型的划分，这些研究方法彼此曾经相辅相成、并行共用，共同推动了经济管理学科的快速发展。然而受实证主义泛滥的影响，西方在20世纪60年代到70年代，我国在21世纪初期，经济管理研究整体上迈入了以量化实证为主流的发展阶段。经济管理研究对量化实证尤其是以"回归拟合"和"假设检验"为代表的统计验证型量化实证特别倚重，甚至出现"不分情况、不分场合地使用数学方法和模型"的过度"数学化""模型化"不良倾向。[1]

实际上，这种量化实证方法的使用，是孔德、瓦尔拉斯等对牛顿物理学实验方法在经济管理研究领域的借鉴和移植[2]，有着让经济管理研究获得像物理学研究一样的客观精确性和科学可靠性的美好期待。然而，量化实证尤其是以"回归拟合"和"假设检验"为代表的统计验证型量化实证在经济管理研究中主流甚至泛滥的使用对这种美好期待形成了巨大阻碍。

第一节 研究基本动态分析

如上文所述，经济管理研究整体上已经迈入以量化实证为主流的发展阶段。一项统计表明，《美国经济评论》（AER）从2006年以来发表的研究论文，已经很难发现一篇没有公式和模型的论文，而且越来越多的论文开始使用政府和企业授权的非公开数据，其比例从2006年的不

---

[1] 李志军，尚增健. 亟须纠正学术研究和论文写作中的"数学化""模型化"等不良倾向[J]. 管理世界，2020，（4）.
[2] 马国旺. 批判实在论与经济实证研究深层化问题初探[J]. 现代财经（天津财经大学学报），2008，（4）.

足10%增长到2014年的接近50%。[1]李永刚等[2]的研究发现，1969年到2015年获得诺贝尔奖的76位经济学家中，3/4的获奖成果运用了数学方法，13位得主的成就和贡献是计量经济理论或模型的建构与应用。李爽等[3]和Groeneveld等[4]等人对国际顶尖的两份旅游管理研究期刊和四份公共管理研究期刊的分析验证了上述结论。

王庆芳和杜德瑞[5]选取四大国内经济管理权威期刊2012年到2014年的1126篇论文进行分析，发现数学方法的应用愈加普遍，甚至可以说经济管理"对量化研究的推崇到了无以复加的地步"[6]。余广源和范子英[7]对"海归"学者1984年到2015年发表的英文论文进行分析发现，2005年以后量化实证研究已经超过了理论研究，成为主流研究趋势。傅广宛等人[8]关于30种公共政策期刊的统计分析也支持上述结论。钱颖一[9]很早就指出，"现代经济（管理）学的一个明显特点

---

[1] Einav L, Levin J. Economics in the Age of Big Data [J]. Science, 2014, 346, (6210).

[2] 李永刚, 孙黎黎. 诺贝尔经济学奖得主学术背景统计及趋势研究 [J]. 中央财经大学学报, 2016, (4).

[3] 李爽, 黄福才, 饶勇, 等. 计量经济分析方法在国外旅游研究中的应用——基于ATR和TM所载文献的统计分析 [J]. 旅游科学, 2006, (5).

[4] Groeneveld S, Tummers L, Bronkhorst B, et al. Quantitative Methods in Public Administration: Their Use and Development Through Time [J]. International Public Management Journal, 2015, 18, (1).

[5] 王庆芳, 杜德瑞. 我国经济学研究的方法与取向——来自2012至2014年度1126篇论文的分析报告 [J]. 南开经济研究, 2015, (3).

[6] 马亮. 实证公共管理研究日趋量化：因应与调适 [J]. 学海, 2017, (5).

[7] 余广源, 范子英. "海归"教师与中国经济学科的"双一流"建设 [J]. 财经研究, 2017, (6).

[8] 傅广宛, 韦彩玲, 杨瑜, 等. 量化方法在我国公共政策分析中的应用进展研究——以最近六年来的进展为研究对象 [J]. 中国行政管理, 2009, (4).

[9] 钱颖一. 理解现代经济学 [J]. 经济社会体制比较, 2002, (2).

是越来越多地使用数学（包括统计学）""几乎每一个经济（管理）学领域都用到数学，绝大多数的经济（管理）学前沿论文都包括数学或计量模型"。

为什么量化实证在经济管理研究领域会如此迅速扩张，成为主流研究方法？学术界主要从两个角度进行了原因探源。

一是从经济管理研究获得像自然科学研究一样的客观精确性和科学可靠性的目标追求角度进行分析。20世纪50年代后期，受卡内基基金会和福特基金会猛烈抨击商学院研究缺乏现代科学素养的触动，经济管理研究从20世纪60年代、70年代开始大量借鉴引入自然科学严谨和规范的数理方法，以期提高自己的科学水平并获得更好的认可。王大用[1]的观点很有代表性，他认为数学方法在经济管理研究领域的应用，能够"保证学术研究的逻辑严谨，保证最大限度地降低研究中思维逻辑上发生错误的概率"。金碚[2]转述的，只有量化实证研究"才可以达到精致、严谨和没有概念歧义的高水平境界，而如果不用数学形式来表达，则几乎任何经济概念都被认为是不严谨的，即其内涵都是难以精确定义的"，则是对该目标追求的一个高度概括。

二是从经济管理研究对量化实证的内生需求角度进行分析。钱颖一指出，现代经济（管理）学由视角、参照系、分析工具三个主要部分组成，其中分析工具多是各种图像模型和数学模型，从而将数量工具定位为经济管理研究的内生性必备。钱颖一认为，运用数学和统计方法做实证研究，可以减少经验性分析中的表面化和偶然性，得出定量性结论并分别确定它在统计和经济意义上的显著程度。稍后的田

---

[1] 王大用. 我看数量经济学[J]. 数量经济技术经济研究，1999，(3).
[2] 金碚. 试论经济学的域观范式——兼议经济学中国学派研究[J]. 管理世界，2019，(2).

国强[1]强调经济管理研究中"引入数学分析工具是促进其科学化的一种手段",是现代经济学的基本分析框架与研究方法的必需。

与此同时,有学者就经济管理量化实证研究中存在的问题提出了批评。国外的学者从不可信识别条件使用导致得出的政策建议不可靠[2]、统计相关性分析滥用因果关系[3]、回归研究使用不合理假设[4]、不同量化方法会导致研究结论大相径庭[5]、回归分析中的 p 值应用并不可靠[6]等角度,国内的学者则从量化实证存在片面求深求精误区[7]、研究选题存在"实证价值取向"和实证程序方法过于僵硬简单[8]、因果关系揭示机制无力和有限样本推断结论不可靠[9]、可控实验缺乏引致内生性数据噪声和传统量化实证缺乏对异常点关注[10]等角度,对量化实证的问题和乱象进行了批评。

学者进而指出,量化实证中诸多问题和乱象的出现,极大地影响了经济管理研究对经济管理实践的现实指导价值。孔茨(Koontz)[11]批评

---

[1] 田国强. 现代经济学的基本分析框架与研究方法[J]. 经济研究,2005,(2).

[2] Sims C A. Macroeconomics and Reality [J]. Econometrica, 1980, 48, (1).

[3] Hendry D F. Econometrics: Alchemy or Science [J]. Economica, 1980, 47, (188).

[4] Leamer E E. Let's Take the Con out of Econometrics [J]. American Economic Review, 1983, 73, (1).

[5] LaLonde R J. Evaluating the Econometric Evaluations of Training Programs with Experimental Data [J]. American Economic Review, 1986, 76, (4).

[6] Nuzzo R. Scientific Method: Statistical Errors [J]. Nature, 2014, 506, (7487).

[7] 顾海兵. 经济研究中定量分析的两个误区[J]. 数量经济技术经济研究,1999,(3).

[8] 朱元午,朱明秀. 实证研究的先天不足与"后天"缺陷——兼论实地研究及其应用[J]. 财经理论与实践,2004,(4).

[9] 王俊杰. 实证经济学方法研究的进展与困境[J]. 统计与决策,2016,(9).

[10] 杨华磊. 计量经济学研究范式:批判与超越[J]. 社会科学战线,2015,(5).

[11] Koontz H. The Management Theory Jungle Revisited [J]. The Academy of Management Review, 1980, 5, (2).

指出,"数量或管理科学……似乎完全被那些在情境仿真和特定问题解决中所开发的优美数量模型所占据……它们很大程度上只是在运用精致的数量模型和符号而已。"陆蓉等人[1]从理论模型假设偏离现实、数学模型过度运用、实证研究与经济理论脱节、实证过程不规范等方面批评指出,"数学滥用"会扭曲学者思考问题的思维模式,使学者"失去对问题的创新性见解和敏锐的洞察力,研究越来越脱离实际"。马骏[2]和杨华磊[3]的批评更可谓一针见血,他们提出,太多的实证研究不能关注最重要的问题,不能回应理论关切,分析结果很多时候在实践中根本站不住脚。

至于如何解决量化实证研究中存在的问题,不同学者提出不同的解决方案,如增加敏感性分析和加强可控性实验提高研究的可靠性[4]、规范研究和实证研究协作应用[5]、扩充研究疆域实现对传统计量研究的范式超越[6]。全国哲学社会科学工作办公室就此牵头先后于2012年、2013年、2015年开展了三轮较为广泛的专题性讨论,并先后发表了思

---

[1] 陆蓉,邓鸣茂.经济学研究中"数学滥用"现象及反思[J].管理世界,2017,(11).
[2] 马骏.公共行政学的想象力[J].中国社会科学评价,2015,(1).
[3] 杨华磊.计量经济学研究范式:批判与超越[J].社会科学战线,2015,(5).
[4] Leamer E E. Let's Take the Con out of Econometrics[J]. American Economic Review, 1983, 73, (1).
[5] 朱元午,朱明秀.实证研究的先天不足与"后天"缺陷——兼论实地研究及其应用[J].财经理论与实践,2004,(4).
[6] 杨华磊.计量经济学研究范式:批判与超越[J].社会科学战线,2015,(5).

想性优先的代表性观点[1]或倡议[2][3],以期纠正"量化泛滥"的现状,然而效果并不理想。

实际上,量化实证一般可以分为描述性量化实证和推断性量化实证两大类。由于"描述性统计方法所涉及的数学知识相对较少",往往被认为"比之推断性统计方法低级"而受到轻视。[4]基于统计验证的以"相关回归拟合"和"假设给定—假设检验"等为特征的推断性量化实证模式,在经济管理研究领域十分流行。在其光芒之下,原来相辅相成、并行共用的哲学思辨、逻辑推理等研究方法则呈现被边缘化的颓势。所以准确地说,经济管理研究主流应用的量化实证,实际上是以"回归拟合"和"假设检验"为代表的统计验证型量化实证,其过度应用导致了让人担忧的问题。

综上可知,一方面,统计验证型量化实证成了经济管理研究的主流模式且其地位持续提升,"量化泛滥"已经出现甚至已经成为常态;另一方面,这种方法成为主流甚至泛滥应用导致了诸多问题及严重的价值损害。学术界对此已经予以重视和警惕,并从不同角度细化分析和开具药方。

不过仍然存在以下两个方面的问题值得特别关注。一是外在方面,研究呈现相对零散性、碎片性、随机性的特征,系统性、集成性分析不够,对于导致问题出现的内在根源和发生机制透析不足。二是内在方面,就问题出现对经济管理研究造成的价值损害分析,虽然已经触及形

---

[1] 李金华. 经济学论文:重思想还是重模型[N]. 光明日报,2012-10-28.

[2] 郑红亮,等. "经济新常态下发挥经济学期刊引领作用研讨会"专题报道[N]. 光明日报,2015-5-21.

[3] 坚持"思想性优先"的选稿原则——五家经济学期刊倡议书[J]. 经济理论与经济管理,2013,(10).

[4] 郝娟. 社会科学领域中定量分析方法的应用误区[J]. 统计与决策,2007,(8).

非下学的实践指导价值降低层面,但远未触及更为严重的形非上学的科学性迷失层面。由此,导致不能清晰地揭示这种经济管理研究方法追求科学性、可靠性的美好初衷与非科学、不可靠性的最终结果之间的逻辑对立根因,以及其滥用对经济管理研究有限资源造成的配置扭曲和方向误导,最终也就不能开出可以真正彻底解决问题的药方。

第二节　数据存在性和获得性制约及研究方向性歧途

数据存在性制约说的是,经济管理量化实证需要的大量数据是否存在和具备本身就是一个大问题。实际上,就整个主客观世界而言,其发展变化的所有方面均可以实现数据化存在和呈现,也就是说面向整个世界的发展变化,可以有一种全面对应映射的应然型数据。然而受收集技术及成本的制约,实际上只有极少部分应然型数据能够得到收集进而转化呈现为一种可资利用的实然型数据。相对而言,应然型数据是一种无穷规模和边界的数据,实然型数据是一种规模和边界极其有限的数据,实然型数据相对应然型数据而言比例微不足道。无穷的应然型数据与相对极其渺小的实然型数据的中间部分,是占比极大的空白的虚然型数据。如果量化实证需要的数据处于中间空白部分,是一种虚然型数据,根本就不存在不具备,则量化实证就不可能进行。

数据获得性制约说的是,经济管理量化实证需要的大量数据,即使已经存在和具备,呈现实然型数据,但各种原因使这些数据始终处于内部保管箱中,不能被有效公开,则量化实证仍然不可能进行。

按照正常逻辑分析,如果数据不存在或者存在但不能获得,可以暂时绕开转向其他数据相对充足的主题开展研究,对数据不太充足的主题也可以运用其他方法推进研究，不会产生太大影响。然而，在量化实证已经占据主流并且出现"量化泛滥"的态势下，经济管理研究获得了一种内生的向着量化实证推进的强大驱动力。一种思想或者理念似乎只有得到量化实证，才能获得必要的科学可靠性通行证，也才能进入主流的经济管理研究学术体系，不能量化实证的研究会逐步远离主流体系而被边缘化。[1]

这样，在整体应然型数据被区分为实然型数据和虚然型数据两种类型的情况下，经济管理研究就会因量化实证主流甚至泛滥应用的强力驱动，自然而然地呈现面向实然型数据的研究路径依赖。由此，经济管理研究虽然需要关注的问题很多，但在具体的研究选择上，如果一个问题研究具有充足的数据支撑，往往会成为重点的选择取向，即使这个问题本身在全部研究体系中的价值并不大，甚至是个伪问题。相反，如果一个有待研究的问题在整个研究体系之中非常重要，是个真正的价值型问题，但如果没有充足的数据支撑，往往就不会得到研究者的重视和选择。

进一步，由于可资利用的实然型数据只占应然型数据微不足道的小比例，可知实然型数据只能对应映射全部待研究问题的极小部分，由基本的概率分析可知，更多和更重要的问题往往只能对应映射于虚然型数据。由此，量化实证主流甚至泛滥应用态势下数据存在性和获得性制约导致的数据路径依赖之严重后果，就是极大地诱导研究偏离本应的问题导向，只要数据充足、要件具备即可，研究问题是否真正具有价值的重要性下降，致使经济管理研究从一开始就可能偏离经世致用的本

---

[1] 莫志宏. 经济学研究中"唯定量化"的误区：以交易成本为例[J]. 天津社会科学，2005，(3).

义和服务实践的初心而走上研究方向性歧途，极大地损害研究的价值。（如图 10-1 所示）

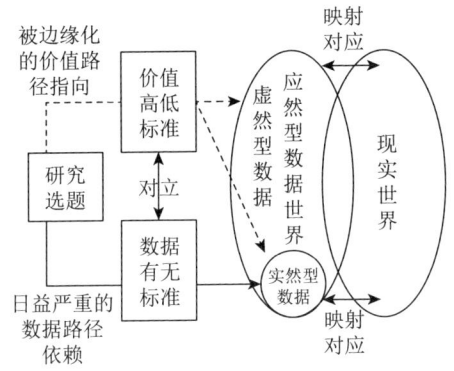

图 10-1　数据路径依赖下的研究方向性歧途

以下对《美国经济评论》刊发的 *Seasonal Liquidity, Rural Labor Markets, and Agricultural Production* 一文[1]进行分析。论文选择在饥饿季节向贫困农民提供补贴贷款的经济效应问题，面向赞比亚 53 个行政街区随机抽取了 175 个村庄的 3701 户作为样本进行量化实证，得出的主要结论有：第一，在饥饿季节向贫困农民提供补贴贷款，可以改善粮食安全性，提高农业产出；第二，在饥饿季节提供补贴贷款的福利改善效应，对贫困家庭更为明显；第三，补贴贷款会推高当地劳动力市场的工资；第四，流动性约束加剧了农村经济的不平等。

显然，这些研究结论的价值性颇为值得商榷。就第一条研究结论而言，在饥饿季节向贫困农民提供补贴贷款，其中一部分可以直接用来购

---

[1] Günther F, Kelsey J B, Masiye F. Seasonal Liquidity, Rural Labor Markets, and Agricultural Production [J]. American Economic Review, 2020, 110, (11).

买粮食和食物解决饥饿问题，当然可以促进粮食安全性改善，剩余贷款用于农业生产投入，当然可以促进农业产出增加。就第二条研究结论而言，贫困家庭是生活和生产资料禀赋相对薄弱的群体，其在饥饿季节面临的饥饿温饱和农业生产问题更为突出，那么在饥饿季节向这些贫困家庭提供补贴贷款，当然可以获得更为明显的福利改善效应。就第三条研究结论而言，普惠性补贴贷款是一种资金的规模性注入，在其他条件没有明显变动的情况下，其推高当地劳动力市场的工资水平应该是必然结果。可见，论文得出的几条主体结论中，至少前面三条都是显而易见的结论，实际上是一种"糖是甜的"不证自明式结论，缺少价值含量。

通过对《美国经济评论》和《管理科学》（MS）刊发论文的进一步分析发现，相关学者研究得出的规模最大1%的大公司比其他底层公司更具周期抗击性[1]，行为更健康、收入更高之目的地中移民的死亡率较低[2]，产品市场威胁更多的企业更容易出现股价崩盘[3]，都可以归置于此类"糖是甜的"证明结论。特别指出，上述提及的虽然并非各论文的全部研究结论，但都是主体性结论。

以上是随机抽取高水平国际经济管理研究期刊进行的解剖分析，其他层次学术期刊情况可由此略知。量化实证主流甚至泛滥下经济管理研究的数据路径依赖导致的对有数据支撑但低价值含量的"糖是甜的"式

---

[1] Crouzet N, Mehrotra N R. Small and Large Firms over the Business Cycle [J]. American Economic Review, 2020, 110, (11).

[2] Deryugina T, Molitor D. Does When You Die Depend on Where You Live? Evidence from Hurricane Katrina [J]. American Economic Review, 2020, 110, (11).

[3] Li S, Zhan X. Product Market Threats and Stock Crash Risk [J]. Management Science, 2019, 65, (9).

问题的如此青睐，对缺少数据支撑的真正问题和重要价值的极大偏离和损害，可谓触目惊心。

第三节 数据品质性和应用性制约及研究可靠性打折

根据有关学者[1]的定义，数据的品质即数据的质量，可以从用户、生产者和被调查者三个角度进行审视，包括有适用性、准确性、及时性、有效性等 11 个维度，其中绝大部分以真实准确性为核心维度。从数据的真实准确性核心维度进行审视，数据的品质性制约说的是，经济管理量化实证需要的大量数据，即使是存在且可得的实然型数据，这些统计和收集而来的数据是不是真实准确从而可靠本身也是个问题。

数据真实性问题反过来说就是数据造假问题，数据的准确性问题则更为普遍。实际上，数据的真实准确性除了受到包括统计制度、指标设计、统计主体博弈、官员业绩博弈在内的外在人为因素影响外[2][3]，还会受到一种基于学科性质的内生因素影响。相对于物理等学科基于可控实验得出的纯朴型数据，经济管理作为主要面向社会科学的学科，其数据的获得过程往往渗透着不可剥离的人的主观能动性和其他多种社会因素的影响，从而其数据天然地内生一种噪声干扰性质，是一种噪声性数据。

---

[1] Wang R Y, Strong D M. Beyond Accuracy: What Data Quality Means to Data Consumers [J]. Journal of Management Information Systems, 1996, 12, (4).

[2] 赵学刚，王学斌，刘康兵. 中国政府统计数据质量研究——一个文献综述 [J]. 经济评论，2011，(1).

[3] 张维群，耿宏强. 区域宏观经济统计数据质量定量诊断方法及应用研究 [J]. 统计与信息论坛，2010，(9).

如果基础性数据是不真实或不准确的，量化实证实际上一起步就陷入了"量化滥用"的窘境，后续的分析计量再科学精致，得出的结论又有多大可靠性？朱元午等[1]曾经置疑，以值得怀疑的信息运用科学的方法进行认真的实证，其意义和结果到底在哪里。更遑论现实中，大量经济管理量化实证往往面对"宝贵而难得"的数据拿来即用而不问是否真实准确，甚至为了得到自己理想的研究结果对数据进行主观的"修改"或"调整"。

数据的应用一般应服从于科学研究的"目标提出—概念明晰—指标建构—数据配套"基本逻辑程序。为了一个科学研究目标的实现，首先需要对关键概念予以清晰准确的抽象表达，然后建构准确对应清晰准确概念的分析框架和指标体系，进而精准选择能够配套支撑分析框架和指标体系的批量数据，这样进行的量化实证才是科学合理又精确可靠的。然而事实上，经济管理量化实证往往很难严格遵循上述基本逻辑，从而导致数据的应用性制约。数据的应用性制约，具体说就是在量化实证主流甚至泛滥的态势下，经济管理量化实证首先对建构的分析框架和指标体系往往找不到直接对应和精准匹配的理想数据，只能以存在一定程度甚至严重程度偏差的现实数据替代，导致第一层级的数据应用出现制约；进而又会由于建构的分析框架和指标体系往往不能与抽象出的关键概念实现准确对应，以及抽象出的关键概念往往不能与研究目标实现准确对接，导致第一层级出现的数据应用制约，接续出现第二层级和第三层级的扭曲强化。这样，科学研究从目标提出到概念明晰再到指标建构再到数据配套的逻辑环节，每一个环节的对接实现都可能出现理想与现

---

[1] 朱元午，朱明秀. 实证研究的先天不足与"后天"缺陷——兼论实地研究及其应用[J]. 财经理论与实践，2004，（4）.

实之间不同程度甚至严重程度的偏差，接连的环节偏差的叠加又会导致偏差出现倍扩效应。（如图 10-2 所示）

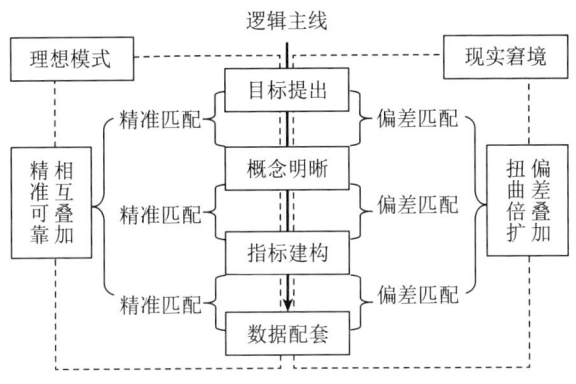

图 10-2　量化实证逻辑的理想模式和现实窘境

正如有学者[1]所言，量化实证"对概念化过程的忽视"，结果是虽然花费了很大精力收集数据，但所建指标往往很难体现相应概念的准确含义，得出的分析结论不能令人信服。罗默（Romer）[2]直接批评，正是这种"在文字和数学符号之间、理论表述和实证内容之间故意留有一些可操纵的空间"，导致了"数学滥用"的后果。

在量化实证主流甚至泛滥态势下，数据品质性制约与应用性制约往往同时出现和彼此叠加，会导致"精确可靠"的原本期待与"不精确不可靠"的最终结果之间的常态性巨大鸿沟和严重对立，从而使得本来因数据存在性和获得性制约导致在选题环节就出现的偏离经世致用本义和

---

[1] 郝娟. 社会科学领域中定量分析方法的应用误区[J]. 统计与决策，2007，（8）.
[2] Romer, P M. Mathiness in the Theory of Economic Growth[J]. American Economic Review, 2015, 105, (5).

服务实践初心的方向性歧途，进一步因数据品质性和应用性制约导致研究出现可靠性打折，再度损害研究的价值。

第四节　数据碎片性和内耗性制约及知识转化性堵塞

数据的碎片性制约说的是，在存在数据路径依赖的情况下，即使经济管理量化实证没有偏离本应的问题导向，选择进行研究的是真正高价值的问题，但如果将其放置于整个学科研究体系的逻辑大厦中审视，会发现这种主要根据数据是否充足进行的研究问题选择，往往是随机的和缺乏必要规划的，不同问题的研究至少在初期彼此之间往往难以形成一个具有内在逻辑关联的有机整体，致使研究呈现严重的碎片化态势。显然，数据的碎片性制约是量化实证主流甚至泛滥应用导致的数据路径依赖引发的一个延伸性制约。

数据的内耗性制约实际上是经济管理量化实证数据的证我性缺陷引致的必然结果。经济管理量化实证即使获得了一批真实可靠的数据，但数据本身内附一种非纯朴性噪声干扰，研究往往基于有限样本数据进行，可用的具体方法多种多样但各有侧重，以此为基础进行量化实证得出的结论，从本质上讲仅是对这一批数据自我内在某项关系和规律的历史回溯性证明，也即仅是证我而已。这批数据自我证明的结论，严格意义上讲不一定适用这批数据之外的其他数据，即存在逻辑上的非证他性。正如孔茨（Koontz）[1]所言，经验或案例的观点……很可能是一种

---

[1] Koontz H. The Management Theory Jungle Revisited [J]. The Academy of Management Review, 1980, 5, (2).

可疑的甚至危险的观点，因为过去发生或没有发生的事情，并不必然有助于解决大多数情况下肯定不同的未来问题。由此，数据的内耗性制约说的是，在经济管理总体上属于社会科学和其数据的量化实证具有证我性缺陷的情况下，即使多个学者基于数据路径依赖选择同一个碎片化问题进行量化实证，甚至基于同一批数据对同一个碎片化问题进行量化实证，各自得出的研究结论往往也并不一致，轻则仁者见仁、智者见智，重则截然相反[1][2]，只能呈现为各自不同的研究观点，而难以形成学界共识和转化为科学知识，致使不同学者的量化实证天然地呈现相互的抵消性、彼此的内耗性、最终的低效性。

黄有光[3]认为，经济管理研究"观点不同未必一方有错误""6个经济学家，7个不同答案"也可以是常态。其实对一个经济管理问题而言，在特定目标诉求下，真理或者最优往往只有一个，唯一性的最优应该就是追求的目标和解决的方案，其可以因现实条件不支持被替代以多个次优目标，但唯一性的最优目标应该是基本的参照标杆。反过来说，面对同一个问题，如果听凭见仁见智甚至激烈对立并存，而不能通过融汇走向共识，从观点转化为知识，其实就是一种对科学背离的内耗。正如罗默（Romer）所述："科学是人们对事物形成一致性认识的过程，当理论模型或实证能够准确地解释研究对象时，就形成了一致性结论。"

特别是，不同研究结论往往各有道理而难以明辨真伪，会进一步导致后续研究者在同一问题上的继续跟进、加量投入。受经济管理研究的社会科学性质和证我性缺陷影响，后续研究的加入和相应结论的得出，

---

[1] 冯蕾，周晶.政府统计数据准确性评估方法述评[J].统计研究，2013，（6）.
[2] 郝娟.社会科学领域中定量分析方法的应用误区[J].统计与决策，2007，（8）.
[3] 黄有光.经济学何去何从？——兼与金碚商榷[J].管理世界，2019，（4）.

往往不但不能促进形成学界共识和转化为科学知识，反而可能进一步加剧对同一问题研究的内部纷争，进而进一步降低研究的效率。

相反，包括理学和工学在内的自然科学具有明确的客观性，其面向某一问题进行的量化分析一旦成立，规律一旦得到揭示，往往就获得了可重复检验性而形成学界共识和转化为科学知识，无须后来者继续在该问题上投入过多的无效研究。这样，即使其受数据路径依赖的影响，在初期的研究问题选择上出现与经济管理研究同样的随机化、碎片化情况，但每一个碎片化问题的量化研究一旦成立，就天然地可以以共识和知识的形式叠加累积，有效汇入整个自然科学知识大厦的逻辑体系，并推动其实现不断的扩充延展。

以政府研发补贴是否促进了企业创新问题的量化实证为例进行内耗性制约说明。就这个问题，陈玲等[1]、邵慰等[2]、夏清华等[3]的结论是"对企业自主研发支出产生显著的激励作用"，属于显著正向促进的研究结论；任跃文[4]、周应恒等[5]的结论是"对企业创新效率存在显著抑制作用"，属于显著负向抑制的研究结论；范寒冰等[6]、杨晓妹

---

[1] 陈玲,杨文辉.政府研发补贴会促进企业创新吗？——来自中国上市公司的实证研究[J].科学学研究,2016,(3).

[2] 邵慰,孙阳阳,刘敏.研发补贴促进新能源汽车产业创新了吗？[J].财经论丛,2018,(10).

[3] 夏清华,何丹.政府研发补贴促进企业创新了吗？——信号理论视角的解释[J].科技进步与对策,2020,(1).

[4] 任跃文.政府补贴有利于企业创新效率提升吗——基于门槛模型的实证检验[J].科技进步与对策,2019,(24).

[5] 周应恒,张蓬,严斌剑.农机购置补贴政策促进了农机行业的技术创新吗？[J].农林经济管理学报,2016,(5).

[6] 范寒冰,徐承宇.我国政府补贴促进了企业实质性创新吗？——基于中国企业—劳动力匹配调查的实证分析[J].暨南学报(哲学社会科学版),2018,(7).

等[1]、王彦超等[2]的结论是"总体上对企业创新存在一定程度的激励作用",属于不显著正向促进的研究结论。再以产品感知易用性和感知有用性之间的关系问题为例,先期学者[3]的研究表明,感知易用性通过感知有用性可以间接影响人们的行为意图;后续学者[4][5]的研究进一步证明易用性和感知有用性之间的显著关系;然而也有学者[6][7]研究发现,易用性和感知有用性之间不存在显著关系。不同学者就同一个问题研究得出的结论如此大相径庭,其内耗特征清晰可见。

现实中更为普遍的是在指标体系定量测评方法的应用中,即使面对同一问题,不同学者甚至同一学者在不同时期往往在指标选择、权重赋予、等级映射等方面不同,必然导致更为严重的见仁见智、难成共识的内耗。[8]

---

[1] 杨晓妹,刘文龙. 财政R&D补贴、税收优惠激励制造业企业实质性创新了吗?——基于倾向得分匹配及样本分位数回归的研究[J]. 产经评论,2019,(3).

[2] 王彦超,李玲,王彪华. 税收优惠与财政补贴能有效促进企业创新吗?——基于所有制与行业特征差异的实证研究[J]. 税务研究,2019,(6).

[3] Davis F D. Perceived Usefulness, Perceived Ease of Use, and Acceptance of Information Technology[J]. MIS Quarterly, 1989, 13, (3).

[4] Venkatesh V, Davis F D. A Theoretical Extension of the Technology Acceptance Model: Four Longitudinal Field Studies[J]. Management Science, 2000, 46, (2).

[5] Venkatesh V, Bala H. Technology Acceptance Model 3 and a Research Agenda on Interventions[J]. Decision Sciences, 2008, 39, (2).

[6] Adams D A, Nelson R R, Todd P A. Perceived Usefulness, Ease of Use, and Usage of Information Technology: A replication[J]. MIS Quarterly, 1992, 16, (2).

[7] Hu P J, Chau P Y, Sheng O R L, et al. Examining the Technology Acceptance Model Using Physician Acceptance of Telemedicine Technology[J]. Journal of Management Information Systems, 1999,16, (2).

[8] 马文军. 产业安全水平测评方法研究——系统性评述与规范性重构[J]. 产业经济评论,2015,(4).

从根本上说，数据的证我性缺陷及其引致的数据内耗性制约，是数据噪声、有限样本、方法多样三种因素共同影响的必然结果。数据噪声、有限样本、方法多样三种因素的影响是彼此叠加的，其中决定性影响因素是数据噪声，另两者是基于数据噪声而发挥功效倍扩效应的。

在量化实证居主流地位甚至泛滥的态势下，数据碎片化制约与数据证我性和内耗性制约同时出现和彼此叠加，会导致经济管理量化实证的数据结构混乱。如果说数据路径依赖制约导致研究方向性歧途、数据应用品质制约导致研究可靠性打折，则数据碎片化和内耗性的结构性制约会导致经济管理的量化实证止步于在一个个零碎的研究观点上无效或低效空转，而不能转化进入知识的体系大厦之中，难以实现对社会实践的高效指导，从而可能沦为一种自娱自乐的游戏而再度损害研究的价值。这种现象也可以称为经济管理"量化泛滥"的知识转化性堵塞。

第五节 方法适用性和解决艰巨性制约及外援救助性失效

随着时代进步，许多更为精确可靠的量化研究方法不断涌现，有力地支持了现代经济管理量化实证研究的纵深迈进。然而，经济管理领域的量化研究方法本身存在的一些内生的不可消除性制约影响了其科学价值的有效发挥，从而形成了量化实证的方法适用性制约。主要表现在两个方面。一是相对于物理等自然科学可以通过可控实验获得纯朴型数据进行科学性、可靠性的研究而言，经济管理体系中的数据大多与人文社会有着密切关系，是一种多因素共同影响且难以有效分割控制的噪声型数据。无论方法如何进步，只要经济管理数据的这种人文社会来源路径不变，其缺乏可控实验导致的内生性数据噪声特征就不会消失，而会始终极大地影响方法的功效发挥。二是传统量化实证方法自身仍然存在一些不可克服的固有软肋，如统计拟合存在陷阱、缺乏对异常点的警觉、忽视对内在机制的寻找和动力分析、滥用统计检验等。

以缺乏对异常点的关注为例说明。现实中，微观层面上的不同个体往往存在一定的差异性，这种个体间的差异往往导致"宏观经济及微观单元的经济性状都会不同程度地呈现不规则的跳跃或间歇"[1]，这往往正是宏观体系的魅力突变所在，也往往蕴含着未来的发展趋势。正如哈耶克[2]所言："经济（管理）学打算加以解释的活动，涉及的不是自然现象，而是人……人类的独特成就。"然而当前的经济管理量化实证，采取代表性主体的研究方法，假设全部个体具有相同的目标、偏好和规则策略，基于数学的统计和平均方法进行量化分析，以获得总体性的审视结果。这样往往会把数据组中可能最为宝贵的异常点当作特殊点剔除或者平均化处理，导致整体的研究对象成为一种同质化的平均体，内部的结构、层次、个性、特征等被抹平，失去原有的差异化和个性化魅力。

再以滥用统计检验为例说明。量化实证中的统计检验，是一种基本的数学程序，目的是保证分析结果的严谨性。如果检验通过，就认为命题在统计上是成立的。也就是说，经济管理的量化实证不可能基于社会情境或可控实验进行真实性检验，结果中间逻辑层次的统计检验就成了判断理论猜想能否成立的最终裁判官。然而通过统计检验就一定能

---

[1] 杨华磊. 计量经济学研究范式：批判与超越 [J]. 社会科学战线, 2015, (5).
[2] 冯·哈耶克. 致命的自负 [M]. 冯克利, 胡晋华, 等译. 北京：中国社会科学出版社, 2000.

够通过终极逻辑层次的真实性检验却不是必然的事实。一份基于近两万个样本数据的研究显示,通过网恋结合的夫妻的幸福指数显著高于非网恋夫妻,p值高达0.001,结论似乎相当可靠。实际样本显示,网恋和非网恋夫妻的平均幸福感指数分别为5.64和5.48,两者差异微乎其微。[1]

解决艰巨性制约说的是,数量方法的应用受经济管理的社会科学学科属性制约,本身具有内生性的适用性制约。这些内生性的适用性制约虽然可以通过后续的方法性进步得到不断克服,但不能从根本上得到解决,具有内生性的解决艰巨性。显然,解决艰巨性制约是方法适用性制约的进一步延伸。

对经济管理量化实证中存在的方法适用性制约问题,学术界有观点认为,可应用大数据、计算机仿真和可控实验等方法解决。问题能否解决,关键是看能否克服传统量化实证存在的前述几个适用制约,如果能够克服则可以,如果不能够克服就不可以。实际上,研究方法的进步不能从根本上克服这几个适用制约。

第一,大数据的应用虽然可以使研究的数据样本得到极大的扩展,但相对于应然型数据的无限性,大数据属于已然型数据,仍然是有限的。有限对无限,总是微不足道的,大数据方法只能在极有限的可以大数据化的领域得到适用,在更多的不可以大数据化的领域则不能得到适用。这样,前面论及的数据存在性与获得性制约及其导致的研究问题选择的低价值性制约仍然不能克服。另外,大数据从本质上说仍然是一种历史型数据的样本,一方面样本数量大大扩增,但往往并不能穷尽,另一方面历史型数据的分析往往只能说明过去,不能完全解释未来。由于

---

[1] 王俊杰.实证经济学方法研究的进展与困境[J].统计与决策,2016,(9).

面向的经济管理研究学科没有改变,大数据在对数据品质性、应用性、碎片性、内耗性等制约的克服方面,显然也并不能获得质的突破。更重要的是,大数据仅是一种数量统计型的方法,往往缺乏内在机理的推演,不一定能揭示经济变量之间的因果关系。

第二,计算机仿真和可控实验方法的共同的理念是基于科技的发展和支撑,把经济管理研究逼近自然科学研究情境,甚至实现其与自然科学在研究逻辑、研究过程、研究结果和研究的科学性、可靠性上的完全重合。就像有学者[1]曾经信心满满期待的那样,把行为主体放在一个事前设定好的规则系统内,并把有关规则告诉各主体,各主体就都应该按照规则行事,如此就可以预测这个规则系统中主体的行为。然而经济管理毕竟是与自然科学具有本质性不同的社会科学,人不可能全部成为按规则行事的机器人,量化实证的数据噪声永远不可能消失甚至不能减弱,经济管理因此永远不可能获得纯朴型数据。由此,计算机仿真也好,可控实验也好,都不可能在数据的品质性、应用性、碎片性、内耗性等制约方面实现根本性突破。特别是,相对于应然型数据的无限性,受成本制约,计算机仿真和可控实验可得的已然型数据仍然是有限的,仍然不能克服存在性和获得性制约导致的数据路径依赖下的研究选题低价值化。

国外有学者[2]采用多种方法对发表在25家主要经济学期刊上的逾2.1万个假设进行检验发现,虽然经济学中的可信度革命通过随机控制试验(RCT)、双重差分(DID)、工具变量(IV)和回归不连续设计(RDD)促进了因果识别进展,但"p-hacking"和"发表偏倚"的程度

---

[1] 杨华磊. 计量经济学研究范式:批判与超越[J]. 社会科学战线, 2015, (5).

[2] Brodeur A, Cook N, Heyes A. Methods Matter: p-Hacking and Publication Bias in Causal Analysis in Economics [J]. American Economic Review, 2020, 110, (11).

因方法不同而有很大差异，其中 IV 问题尤其严重。而且没有证据表明在前 5 名期刊发表的论文与其他期刊不同、期刊"修改和重新提交"过程减轻了问题严重性。特别是，也没有证据表明随着时间的推移情况会得到改善。

这样，方法适用性制约与解决艰巨性制约一起导致的工具支持无力下的外援救助性失效，可能使经济管理研究因"量化泛滥"导致的诸适用制约和价值损害出现固化，成为压垮骆驼的最后一根稻草。

第六节　制约叠加、损害倍扩下的科学性迷失与拯救

以上从四个层面逐一就经济管理研究量化实证主流甚至泛滥应用的八大适用制约和四大价值损害进行了分析。具体为，数据存在性和获得性制约共同导致的数据路径依赖下的研究方向性歧途，数据品质性和应用性制约共同导致的数据品质降低下的科学可靠性打折，数据碎片性和内耗性制约共同导致的数据结构混乱下的知识转化性堵塞，方法适用性和解决艰巨性制约共同导致的工具支持无力下的外援救助性失效。"量化泛滥"态势下这些分布于数据收集、挖掘、应用等各环节的适用制约和价值损害，往往会若干个甚至全部同时出现，从而相互影响并产生叠加效应，使量化实证的总体制约和价值损害呈现几何级放大，最终可能使本应科学可靠的量化实证，绑架了思想、阉割了创新，走向相反于本义的逻辑扭曲和本质失真的窘境。（如图 10-3 所示）

就整个经济管理研究进行审视，可以有形而下学和形而上学两种视角。形而下学就是经济管理之行，包括生产、流通、交易和命令、控

制、协调等在内的各种经济管理实践，以及为保障这些经济管理实践顺利进行制定的各种制度、规则、规划等。形而上学就是经济管理之学，是形下式经济管理之行的形上迈进和超越升华，呈现为一般意义上的经济管理理论。就形上的经济管理之学而言，其当是一种相对成熟稳定的知识理论体系呈现，内中的各组成点位虽然可以有不同的结构定位和不同的学理价值，但均应是具备可靠性和共识性的知识性存在。或者说，进入经济管理之学体系的定理、公式、理论都应已经得到学理学术的可靠性验证，获得学术共同体的共识性接受，并最终转化为知识的形态。

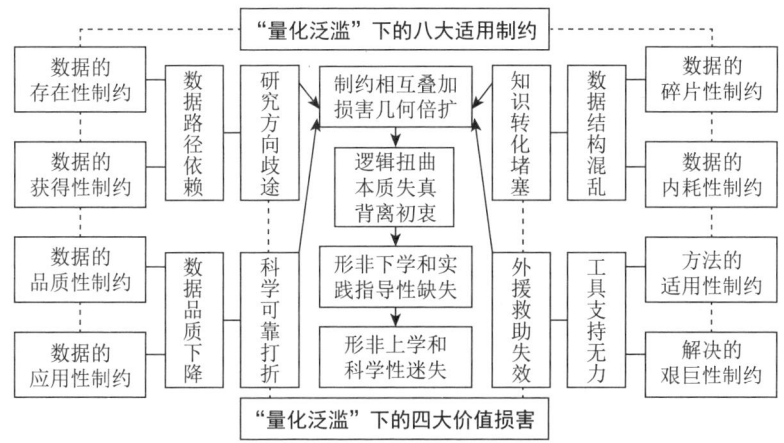

图 10-3 经济管理研究"量化泛滥"下的制约叠加、损害倍扩及科学性迷失

如前所论，以"回归拟合"和"假设检验"为代表的统计验证型量化实证在经济管理研究中的引进使用，固然可以在表面上提升研究的"科学性"，却恰恰会因为自我标榜"高深量化"的玄妙莫测和泛滥使用导致的诸多适用性制约走向相反于本义的逻辑扭曲和本质失真。本应致力于经世致用的经济管理研究，可能就此堵绝了连向人间烟火的通道小

口，无法解释纷繁复杂和变幻莫测的现实世界[1]，失缺对经济管理实践本应的现实指导价值，呈现典型的形非下学特征。

这种基于实际问题的"量化实证"研究，会因"问题研究"吓人名头和"高深量化"唬人工具的加持助力，天然地超越形而下学的经济管理之行，升级进入形而上学的经济管理之学圣殿，并获得"经济管理之学"的升级标签。然而根据以上分析，"量化泛滥"之下的经济管理研究，数据品质性和应用性制约共同导致的研究可靠性打折，数据碎片性和内耗性制约共同导致的知识转化性堵塞，两者共同作用导致研究背离可靠性和共识性的基本特征，最终也就不能转化为知识的形态实现向"经济管理之学"殿堂的形上迈进，导致经济管理研究出现"量化泛滥"下的形非上学和科学性迷失。正如马骏[2]的批评："在实证主义运动的推动下，实证研究越来越流行……实质上没有推动知识的增长。"

形非下学之后，又形非上学，失却了对经济管理实践本应的现实指导价值，难以进入"经济管理之学"的神圣殿堂，"量化泛滥"下的经济管理研究由此就处于不上不下和非实非学的尴尬境地。这种尴尬处境之下的"量化实证"研究，其真实价值甚至不如政府或企业的实践性调研报告。后者清晰地锚定于形下的实践问题解决，没有"高深量化"的唬人工具引入，也没有迈入"经济管理之学"殿堂的形上冲动，反而收获了实效。

问题出现的根因并非量化实证本身，而在于缺乏研究思想和内

---

[1] Raadschelders J C N. The Future of the Study of Public Administration: Embedding Research Object and Methodology in Epistemology and Ontology [J]. Public Administration Review, 2011, 71, (6).

[2] 马骏. 公共行政学的想象力 [J]. 中国社会科学评价, 2015, (1).

在逻辑配套护航的统计验证型量化实证的"泛滥"应用。正如罗默（Romer）[1]的批判："经济学研究中的'数学滥用'，忽视了紧密的逻辑演绎，往往导致逻辑滑坡。如果这种不严谨甚至是学术不端持续下去，数学模型就会丧失解释力和说服力。"量化实证最终导致只能解决表面的"是什么"的问题，对深层次的"为什么"机制却揭示无力。

由此，鉴于经济管理量化研究根本上是一种形上式的科学创新活动，下面重点从其形非上学之科学性迷失的拯救角度（这个问题解决了，形非下学的实践指导性不足问题也能够相应得到解决）提出三点解决措施。

第一，重新审视和科学定位经济管理之"学性"。对经济管理研究学者而言，其致力研究的"经济管理之学"究竟是一种什么样的存在？这是一个根本性问题。目前的学术界特别强调经济管理之学的实践性，认为实践性是经济管理之学的根本特征。其实不然，从形上和形下角度审视，经济管理之学虽然来源于形下的经济管理实践，但本质上是一种形上式的"学"，这种"学"具有指导形下之经济管理实践的鲜明特征，但本身并不是形下的经济管理实践，而是高于形下的经济管理实践。将经济管理之学的根本特征锚定于其实践性（而不是实践指导性），实际上是把形上的经济管理之学等价于形下的经济管理之行，是一种根本性的认识借位。

第二，正确界定和合理选择经济管理之"问题"。明确了作为研究范畴统属的经济管理之"学性"的科学内涵之后，进一步的工作是，立足经济管理实践，面向经济管理之学，正确界定和合理选择真正价值型的经济管理"学性"问题进行研究。当前以西方为主的经济管理学体

---

[1] Romer P M. Mathiness in the Theory of Economic Growth [J]. American Economic Review, 2015, 105, (5).

系，虽然已经相对成熟，但诸多基础性理论问题仍然存在"学理"性缺陷，需要研究修正。时代的不断发展和人工智能技术的不断突破，又对整个西方经济管理的"学理"体系提出了与时俱进的重大挑战。由此，应该切实扭转现实中研究问题选择对数据路径的过度依赖，切实扭转对有数据支撑但低价值含量的"糖是甜的"式问题的过度青睐，切实扭转对缺少数据支撑的真正价值型问题的忽视倾向，确保经济管理研究始终行走在崇尚价值的光明大道上。

第三，统筹组合和科学使用经济管理之"方法"。其基本要求是，充分正视和尊重经济管理学本质性不同于自然科学的社会科学复杂性，坚持经济管理学的范式承诺，改变单一主打和过于推崇量化实证的研究现状，重拾哲学思辨和逻辑推理的研究方法，回归"哲学思辨＋逻辑推理"引领下"量化实证"加持助力的经济管理研究方法组合体系。哲学思辨方法是一种感念顿悟性的研究方法，学界往往诟病其主观性和随意性过强。其实恰恰相反，这种研究方法往往是科学研究的灵感甚至灵魂所在，是最为宝贵的思想火花诞生之处。量化实证之所以出现诸多制约和价值降低问题，正是因为对量化工具的过度依赖把宝贵的思想性阉割了，导致高深的量化与思想的贫乏成为一种常态性的孪生对立。逻辑推理方法不同于量化实证，但并不排斥以量化推理的形式展现。不管有无量化分析，逻辑推理都是一种极其严谨的科学研究方法。如果一个问题能够通过逻辑推理得到验证，研究结果就天然地具有普适性和可重复检验性，就能有效克服量化实证的上述八大适用制约和四大价值损害问题，实现从观点到知识的转化。量化实证仍大有用武之地，但为维护量化实证的科学性和严谨性，应用时须坚持基本的逻辑范式保障，具体说就是外在要坚持"研究问题提出（前提假设和约束条件确立）、逻辑机制建构或者数理模型推演、量化实证与检验"的一般性逻辑流程，内在要严格服从于"目标提出—概念明晰—指标建构—数据配套"的内核性逻辑程序，确保基于科学研究目标的每个具体逻辑环节的不缺省和各环节之间的精准对接。

上述三大解决措施相结合的一个重要抓手，就是要将从大处着眼、从价值着眼的中国文化思维方式，与西方经济管理研究盛行的从小处入手的研究取向，实现内在的互补耦合。具体到当下，就是要"坚持四个面向"，以建设中国特色经济管理学科的需求为基本依据，从大处着眼选择高价值的"经济管理之学"的研究主题，进而坚持"从小处入手"推进具体的研究进程，确保研究基本逻辑范式的完整严谨。从这个角度讲，东西方两种研究逻辑范式有机融合，有可能在大处着眼和小处入手的结合中实现研究的价值性与科学性的有效统一，成为有效克服上述问题的关键突破手段。

可以展望，通过经济管理之"学性"的重新审视和科学定位，经济管理之"问题"的正确界定和合理选择，经济管理之"方法"的统筹组合和科学使用，而不是亦步亦趋醉心于西方范式内的"扫尾工作"和在"西方笼子里跳舞"[1]，经济管理研究"量化泛滥"下的诸适用制约和价值损害才能得到良好消除，研究结果也才能获得关键的可靠性和共识性从而形成内在的知识性，畅通无阻地进入经济管理之学的圣殿并进而高效指导实践，铺就一条"思想火花—理论建构—知识形成—实践应用"的科学进阶和价值发现之路，真正推动经济管理研究实现形上式科学性和形下式应用性的双重荣归，真正推动中国特色经济管理学建设不断取得新突破。

---

[1] 托马斯·库恩. 科学革命的结构 [M]. 金吾伦, 胡新和, 译. 北京: 北京大学出版社, 2012.

第十一章

西方管理学实践应用性苍白

在管理学沿着实践化的道路发展前进到20世纪80年代之后,西方管理学发展出现了理论研究与管理实践严重脱节的问题,这一问题也扩展到了我国管理学界。

这个问题的出现,与管理理论研究中的量化方法使用日益泛滥有直接的因果关系,正是对有数据支撑但低价值含量的"糖是甜的"式问题的高度青睐,对缺少数据支撑的真正问题和重要价值的极大偏离,导致理论研究与实践应用之间不可避免地出现了巨大的且仍在日益扩大的鸿沟。

一

管理学是一门实践性很强的学科,实践性是管理学的本质特征之一。作为西方管理学的起源所在,泰勒的科学管理一开始就是以面向实践和解决问题的形象出现于世人面前的。科学管理原理解决了劳动效率问题和实现了劳动效率最大化之后,韦伯和法约尔的行政组织理论随之出现,研究和解决了组织效率提升的问题。之后,人的问题变得日益重要,人力资源管理理论也就应时出现了。再之后,基于如何实现更高效率提升和竞争力更好营造的问题，战略理论、企业文化理论、管理信息系统理论、流程再造理论、学习型组织理论等先后出现。[1]

在管理学沿着实践化的道路发展到20世纪80年代之后，管理学界发现管理理论研究出现了一个严重的问题，即管理理论与管理实践之间从原来的紧密联系，日益呈现分道扬镳的趋势[2]，管理理论研究对管理实践的影响和贡献日益趋微[3]。这种理论研究与实践脱节的问题，不但没有随着时间的推移得到消化解决，反而呈现日益严重的态势。美国管理学顶级期刊 America Management Journal（《管理学会杂志》）和 Administrative Science Quarterly（《管理科学季刊》）曾经于2001年、2002年和2007年专门对管理的理论研究与实践应用之间的脱节问题进行深入讨论，大多数学者的观点是，管理学研究过分追求方法的严密性，忽视了管理学研究的实用性，管理的理论研究与实践应用之间确实出现了严重脱节。[4] 还有学者[5]研究指出，美国商学院学生学习的分析技能与面临的复杂管理任务之间严重脱节，商学院难以传授有用的技能，难以为企业培养合格人才。而且，即使是商学院倾力与实践结合的

---

[1] 陈春花，吕力. 管理学研究与实践的脱节及其弥合：对陈春花的访谈[J]. 外国经济与管理，2017，（6）.

[2] Beyer J M, Trice H M. The Utilization Process: A Conceptual Framework and Synthesis of Empirical Findings [J]. Administrative Science Quarterly, 1982, 27, (6).

[3] Pfeffer J, Fong C T. The Business School Business: Lessons from the US Experience [J]. Journal of Management Studies, 2004, 41, (8).

[4] 彭贺. 严密性和实用性：管理学研究双重目标的争论与统一[J]. 外国经济与管理，2009，（1）.

[5] Bennis W G, Toole J. How Business Schools Lost Their Way [J]. Harvard Business Review, 2005, 83, (5).

MBA教育，也存在与实践脱节问题。[1]

随着西方管理理论被大量引进中国，西方管理研究的理论与实践脱节问题也扩展到国内的管理学界。国内管理学领域主流研究的一般范式，大致可以概括为"西方逻辑+中国实证"模式。具体就是，运用西方成熟的管理学思想和研究工具方法，将研究的瞄准点由西方转向东方，由美欧转向中国，由A组数据换成B组数据，努力实证研究，以期得出一个个貌似中国化实际上却是西方基因的研究结论。[2]似乎只有如此，才能和西方接轨，才能实现所谓的国际化。然而，由于缺失最为核心的本土基因，这类研究不但不能实现国际化和获得国际话语权，反而导致了理论研究与管理实践之间的严重脱节。

刘源张[3]提出，中国管理学的成果，没有走上实践检验的道路，而是走上了"论文主义"。郭重庆[4]指出，中国管理学界对管理实践插不上嘴，陷入了"自娱自乐的尴尬处境"。李京文等[5]批评了"照搬西方"和"自说自话"两种不同的脱节倾向，"中国管理学研究中存在一种极不正常的现象：但凡开始实证性研究就全然不顾社会制度、价值体系和意识形态的差异，照搬西方的管理学体系和方法；而一旦开始理论研究，又摒弃西方管理学的成熟范式，重起炉灶，自说自话"。中国本土管理理论研究多而实践价值少的问题，依然相当严重。[6]

---

[1] Ghoshal S. Bad Management Theories Are Destroying Good Management Practices [J]. Academy of Management Learning and Education, 2005, 4, (1).

[2] 马文军. 新垄断竞争理论 [M]. 北京：经济科学出版社，2010.

[3] 刘源张. 中国管理学的道路——从与经济学的比较说起 [J]. 管理评论，2006，（12）.

[4] 郭重庆. 中国管理学界的社会责任与历史使命 [J]. 管理学报，2008，（3）.

[5] 李京文，关峻. 中国管理科学发展方向之管窥 [J]. 南开管理评论，2009，（1）.

[6] 李兴旺，张敬伟，李志刚，等. 行动研究：我国管理学理论研究面向实践转型的可选路径 [J]. 南开管理评论，2021，（1）.

20世纪80年代到90年代的中国经济管理学界,涌现了一大批为中国改革开放做出贡献的学者。认真审视会发现,他们的主体研究范式,并不是简单拿来西方的思维、西方的逻辑、西方的方法,他们往往是基于东方的思维、本土的逻辑来观察研究中国的问题,其产生的影响更为深远,做出的贡献更为杰出。

那么,为什么管理的理论研究与实践应用之间会出现严重的背离和脱节呢?有学者[1]认为是管理学术期刊模糊的定位及其评审和排名导致的管理知识内部循环之结果,有学者[2]认为是管理实践层面存在水平差异的结果,也有学者从"管理学应用链偏长""管理学研究者客户迷失"方面[3],管理学研究的"求真"与"致用"矛盾方面[4]或者脱节的不同类型、区分方面[5]寻找原因。

实际上,管理理论研究与管理实践脱节问题的出现并且日益严重,与管理理论研究中的量化方法使用日益泛滥有着直接的因果关系。如前文所述,统计验证型量化实证方法的主流性应用,虽然从表象上看具有客观精确的独特优势,然而在本质上却天然地伴生八个方面的适用性制约,会极大地损害研究的价值。

总之,本原的西方管理学自身存在整体结构、关键内容、量化方法、实践应用等四个方面的严重局限,中国本土管理研究将中国丰富多

---

[1] 夏福斌.管理学术期刊的职责和使命——基于管理研究与实践脱节的分析[J].管理学报,2014,(9).

[2] 张玉利.管理学术界与企业界脱节的问题分析[J].管理学报,2008,(3).

[3] 孙继伟.管理理论与实践脱节的界定依据、深层原因及解决思路[J].管理学报,2009,(9).

[4] 吕力.管理科学理论为什么与实践脱节——论管理学研究中"求真"与"致用"的矛盾[J].暨南学报(哲学社会科学版),2011,(3).

[5] 彭贺.管理研究与实践脱节的原因以及应对策略[J].管理评论,2011,(2).

彩的实证内容安置于西方陈旧逻辑体系的破车上努力前行，不但不能实现国际化和获得话语权，甚至会陷入泥潭而不能自拔。因此，回归中国本土情境，挖掘管理理论中的中国基因，加快建构中国本土的管理学，加快推进儒学的本义管理学转型建构，就具有了坚实的必要性。

第四篇
儒学的本义管理学转型建构之比较镜鉴分析

在儒学的本义管理学转型建构过程中，或者说在中国本土管理学建构过程中，实际上同时推进的还有中国本土经济学建构工作。管理学与经济学具有天然的内在密切关系，同时推进两大学科的本土化建构，是必须面对的时代课题。本篇基于西方镜鉴和学科比较的视角，同时着眼管理学与经济学两大学科各自本土化建设的逻辑分殊和重点取向分析，厘清这两大学科各自本土化建构的基本脉络与行动指向。

从儒学的本义管理学转型建构研究整体结构看，前面三篇内容重在解决"内生逻辑可行性"和"外生逻辑必要性"问题，本篇内容重在解决经济学与管理学两大紧密关联学科本土化建设的"并行逻辑镜鉴性"问题，有助于更加精准定位和高效推进本书研究论述的开展。

特别指出，"内生逻辑可行性""外生逻辑必要性""并行逻辑镜鉴性"三大问题得到解决，儒学的本义管理学转型建构研究就彻底实现了完整性逻辑闭环。

第十二章
本土经济学与管理学建设之逻辑分殊与重点取向

我们要加快构建中国特色哲学社会科学，中国本土经济学与管理学建设是重要组成部分，但目前仍处于较低发展阶段，原创性理论建设与中国发展成就并不匹配。镜鉴西方经济学与管理学发展演进的逻辑分殊与内在根因，中国本土经济学建设有在西方既有范式内尖极化攀登和革新范式下蓝海开拓两种选择。就当下而言，重点寻找不同于西方的关键差异性变量，重点关注中国本土优秀文化的关键因应，中国本土管理学可以跳出西方经验归纳型框架制约，回归建构一个本义演绎的管理学新范式体系，儒学则实际上提供了一个本义演绎型管理学基本架构。

2016年，习近平先后两次发表重要讲话，提出要结合中国特色社会主义伟大实践，"加快构建中国特色哲学社会科学"和"推进充分体现中国特色、中国风格、中国气派的经济学科建设"。中国特色哲学社会科学建设已行在路上，在不同学科领域均取得了各有侧重的进展。然而就经济学与管理学两大学科而言，其中国特色建设推进的一些关键性问题尚没有得到清晰回答，总体进展也尚不特别令人满意。本章基于对西方经济学与管理学两大学科发展演进的逻辑脉络梳理及其彼此关系比较，就中国特色经济学与管理学（根据学术界习惯用语，以下简称本土经济学与管理学）两大学科建设的逻辑分殊与重点取向进行研究。

——

第一节 经济学与管理学两大学科本土化建设进展述评

一、本土经济学科建设进展

中华人民共和国成立以来，中国经济学科建设的主体是对国外经济学理论体系（先以苏联计划经济理论体系为主，后以美国市场经济理论体系为主）的引进和推广。不过，一些学界前辈很早就意识到了经济学本土化建设的重要性。例如，20世纪40年代初期，王亚南立足开创中国经济学原创理论的高度，提出建立"中国经济学"的想法，希望"逐渐努力创建一种专为中国人攻读的政治经济学"。[1] 改革开放以来，中国经济学科在市场经济转型的道路上飞速前行，西方市场经济理论开始大规模涌入中国。同时，经济学本土化建设也得到了众多学者的关注。林毅夫[2]在20世纪90年代中期就明确提出，中国经济学科研究和建设要坚持"本土化、规范化、国际化"的方向，"要使下个世纪成为中国经济学家的世纪""研究对象的本土化"是一条主要渠道。林毅夫稍

---

[1] 厉以宁，等.中国经济学70年：回顾与展望——庆祝中华人民共和国成立70周年笔谈（下）[A].洪永淼.如何将中国特色社会主义伟大实践提炼为原创性经济理论[C].经济研究，2019，(10).

[2] 林毅夫.本土化、规范化、国际化——庆祝《经济研究》创刊40周年[J].经济研究，1995，(10).

后提出的只有"研究本土问题的现象,我们所提出的逻辑体系,我们所提出的理论才是一个创新的理论",[1]以及"要推进中华民族伟大复兴,非常需要我们作为中国的经济学家深入研究中国的本土问题……在理论上进行创新",[2]影响颇大。此外,张曙光、汪丁丁、何炼成、刘国光、蔡昉等同期在该领域的研究深耕也建树颇丰。[3][4][5][6][7]

特别是,林毅夫基于上述理念推进了"新结构经济学"建设。金碚[8]从托马恩·库恩的范式理论着眼,指出我们重视应用的"主流经济学范式"从根本上说是"美国经济强大"的"美国环境的产物"。然而"现实世界中一些重要的特色现象事实上已经成为常态,但在经济学主流范式中却不予正视",甚至总是"欲除之而后快"。金碚由此从域观的新学术范式着眼,提出建构"微观经济学、宏观经济学、域观经济学三大体系构架",认为其中域观层次的"中国学派"应得到特别重视。如果说前述学者的论述重点指向经济学研究对象本土化,林毅夫和金碚的研究显然更进一步,直接指向了经济学本土范式的全新架构。

需要指出,政治经济学始终是中国经济学建设的一个不可或缺的重要部分,建设具有中国特色的政治经济学始终是中国学者一直努力的重

---

[1] 林毅夫. 立足本土,遵循逻辑,培养出大师级的经济学家 [J]. 经济科学, 2000, (3).
[2] 林毅夫. 中国的经济学家应深入研究中国的本土问题 [J]. 经济与管理, 2015, (5).
[3] 张曙光. 立足本土走向世界——1998年中国经济学述评 [J]. 经济研究, 1999, (8).
[4] 汪丁丁, 罗卫东, 叶航. 本土问题意识上的中国自主性经济学——汪丁丁、罗卫东、叶航三人对谈录 [J]. 浙江社会科学, 2003, (1).
[5] 何炼成, 李忠民, 何林. 简论中国特色社会主义经济学 [J]. 陕西师范大学学报(哲学社会科学版). 2008, (5).
[6] 刘国光. 论中国特色社会主义经济学三则 [J]. 毛泽东邓小平理论研究. 2009, (3).
[7] 蔡昉. 新古典经济学思维与中国现实的差距——兼论中国特色经济学的创建 [J]. 经济学动态, 2010, (2).
[8] 金碚. 试论经济学的域观范式——兼议经济学中国学派研究 [J]. 管理世界, 2019, (2).

点。[1][2][3][4] 逢锦聚、刘伟、方福前和洪银兴等学者极大地推进了相关研究进展。[5][6][7][8]

二、本土管理学科建设进展

中国本土管理的研究萌芽已久，已经取得了诸多进展，形成了包括东方管理理论、和谐管理理论、道本管理理论、和合管理理论，以及C理论、中国式管理理论等在内的十多个流派。

三、两大学科本土化建设进展述评

得益于上述研究深耕，两大学科本土化建设已经行在路上，同时相关争议一直也没有停止。洪永淼[9]比较中肯地指出，中国经济学建设还处于较低的发展阶段，原创性理论与中国取得的经济成就不匹配，国

---

[1] 吴树青. 对马克思主义坚持和发展的统一——漫谈改革开放以来社会主义政治经济学的发展[J]. 经济研究, 2001, (7).

[2] 赵峰. 定量分析方法与政治经济学创新研究[J]. 管理世界, 2006, (9).

[3] 刘树成. 中国特色政治经济学的基础建设——《马克思主义政治经济学概论》编写原则和特点[J]. 经济研究, 2012, (10).

[4] 刘伟. 在总结探讨中国改革实践中推动政治经济学建设[J]. 经济研究, 2015, (12).

[5] 逢锦聚. 构建和发展中国特色社会主义政治经济学的三个重大问题[J]. 经济研究, 2018, (11).

[6] 刘伟, 王文. 新时代中国特色社会主义政治经济学视阈下的"人类命运共同体"[J]. 管理世界, 2019, (3).

[7] 方福前. 论建设中国特色社会主义政治经济学为何和如何借用西方经济学[J]. 经济研究, 2019, (5).

[8] 洪银兴. 进入新时代的中国特色社会主义政治经济学[J]. 管理世界, 2020, (9).

[9] 厉以宁, 等. 中国经济学70年：回顾与展望——庆祝中华人民共和国成立70周年笔谈（下）[A]. 洪永淼. 如何将中国特色社会主义伟大实践提炼为原创性经济理论[C]. 经济研究, 2019, (10).

际学术影响力与话语权较弱,服务国家经济发展的能力也明显不够。韩巍[1]稍早就中国管理学建设指出,诸多"中国特色管理学"流派的建构,"缺乏组织经验的支持,缺乏对科学理论一般约定的遵循,更像是一种意识形态的说辞"。韩巍和曾宪聚[2]指出,诸多本土管理理论研究,"更像是未加慎思的一厢情愿,直白地说很可能是自欺欺人"。

张佳良和刘军[3]基于《管理学报》"管理学在中国"栏目10年来的论文分析认为,本土研究批判指责居多,切实行动偏少;理论创新多偏向哲学思想,缺乏操作指导;研究彼此间缺乏实质性交流,难达共识。教育部2020年9月对全国政协委员《关于编写中国经济学教科书的提案》的回复[4],提及开展的具体工作包括成立研究基地、制定工作方案、研制编写规划等,但没有提及已经取得了哪些实体性成果,侧面印证了"切实行动偏少"的现状。[5]

综上所述,目前本土经济学与管理学的建设研究,多着眼于本土文化和实践的学科哲学层面的提炼和分析,多为本土文化和实践情境的学科架构的外庭踱步,且在诸多原则问题方面难成共识。真正挖掘本土文化基因和提炼本土实践精华进行的经济学与管理学实质架构

---

[1] 韩巍.从批判性和建设性的视角看"管理学在中国"[J].管理学报,2008,(2).

[2] 韩巍,曾宪聚.本土管理的理论贡献:基于中文研究成果的诠释[J].管理学报,2019,(5).

[3] 张佳良,刘军.本土管理理论探索10年征程评述——来自《管理学报》2008—2018年438篇论文的文本分析[J].管理学报,2018,(12).

[4] 关于政协十三届全国委员会第三次会议第1221号(教育类103号)提案答复的函[EB/OL].http://www.moe.gov.cn/jyb_xxgk/xxgk_jyta/jyta_jiaocaiju/202010/t20201013_494251.html.

[5] 需要说明的是,2021年11月,首批九部"中国经济学"教材编写名单公布,建设工作向前推进了一大步,不过其"中国"+"微观经济学、宏观经济学、发展经济学"等的结构安排表明其并没有跳出西方经济学既有逻辑范式。

性研究，真正具有本土文化基因和完备学科逻辑要件的框架建构，并不理想。

第二节　本土经济学与管理学学科建设之逻辑分殊镜鉴

本土经济学与管理学建设总体态势之所以并不能令人满意，一个重要的原因可能就在于对本土经济学与管理学建设的基本逻辑缺乏必要的梳理和清晰的比对。现代经济学和管理学是从西方发端和发展起来的，在西方经济与管理各自学科体系已经"正立于前"且"相当成熟完善"的背景下，梳理审视中国本土经济学与管理学各自的建设逻辑，其关键实际上就在于对西方经济学与管理学的发展建设逻辑进行一次全面清晰的梳理和洞察。唯有如此，才能反过来清晰地镜鉴中国本土经济学与管理学建设的正确逻辑取向。正如金碚[1]所言，"勾勒演化至今的主流经济学体系结构特征"，才能"在此基础上讨论中国特色社会主义经济学范式承诺的基本性质和底层逻辑"。进一步分析，管理学与经济学毕竟分属两个不同的学科门类，它们有本质的、明显的差异，也只有对西方经济学与管理学各自的发展建设逻辑有一个清晰比对，才能更加精准地厘清两个学科各自的本土建设逻辑，分头推进两个学科各自本土建设的高效发展。

---

[1] 金碚.论中国特色社会主义经济学的范式承诺[J].管理世界.2020，(9).

一、西方经济学发展演进之逻辑梳理

分析前要特别说明的是，以《资本论》出版为标志的马克思政治经济学是西方经济科学发展的一个重要里程碑，在"社会人"假设、"辩证法"思维、"逻辑—历史"方法等方面开创了一种全新的研究范式[1]，也在中国取得了诸多创新进展[2][3]。遗憾的是，经济学科在西方的后续发展主流转为英美主导的市场经济学科，在中国被称为"西方经济学"。为行文方便起见，下面重点针对该西方经济学进行其发展演进的逻辑梳理。

学术界一般认为，现行的西方经济学以《国富论》一书出版为起点，经过以马歇尔为代表的新古典经济学阶段、以凯恩斯为代表的宏观经济学阶段等，发展为包括微观经济学、宏观经济学、国际经济学等在内的当代完整的经济学科体系。该学科体系的发展演进，走出的是一条本义演绎性逻辑路径。

具体说，《国富论》一开始并不是形下地面向某一个具体现实问题进行聚焦式针对解决，而是形上地围绕整个国家经济发展，瞄准一国国民财富究竟是什么、源泉究竟在哪里、如何才能把财富蛋糕做得更大等关键和核心问题，研究架构了一个体系完整、逻辑严密的以价格调节和自由放任为中心的现代经济学体系，从一开始就圈定出现代经济学的基本领域边界，建构了本义的"微观—市场"型架构体系，从而起到

---

[1] 马涛, 邵骏. 《资本论》对西方经济学研究范式的超越[J]. 财经问题研究, 2017, (8).

[2] 周绍东. 中国特色社会主义政治经济学研究的进展、争鸣与共识[J]. 江西社会科学, 2020, (6).

[3] 孟捷. 中国特色社会主义政治经济学的国家理论：源流、对象和体系[J]. 清华大学学报(哲学社会科学版), 2020, (3).

了"范式的作用",确定了"公认的学科框架"。[1] 后续经济学家的研究,实际上是对这个边界已定、框架已构、体系既成的本义经济学范式大厦,从具体研究方法和具体研究内容等方面,如萨伊的萨伊定理、马歇尔的边际革命及客观价值论和主观效用论综合、瓦尔拉的一般均衡理论、张伯伦和罗宾逊的不完全竞争理论等,[2] 予以常规科学的不断补充完善,并没有改变该本义体系价格调节和自由放任的核心要义,没有超越其"微观—市场"的领域边界。

1929年的资本主义经济大萧条冲破了斯密建构的以自由放任为中心的本义经济学范式,凯恩斯的《通论》适时地将目光转向原来定位于"守夜人"角色的政府,建构了以有效需求不足、政府有效调节和国民收入决定为中心的宏观经济学。尽管在理性经济人假设的硬核上始终没有变化[3],但无论是核心的思想理念,还是基本的框架结构,都显然不同于斯密建构的本义范式,是一个全新的"宏观—政府"型本义范式。新旧两个范式初始彼此对立、相互排斥,而后相互补充、融合为一,在第二次世界大战后形成了宏微观经济学有机结合的以新古典综合派为呈现的"微观—宏观"和"市场—政府"的当前西方经济学本义总范式,并成为"现代经济学学科体系大厦的学术范式和逻辑构架的主心骨",也为中国经济学体系大体接受。[4] 20世纪60年代以来的西方经济学发展,包括理性预期学派、货币主义学派、新制度学派、信息经济学派等,实际上都是在这个本义范式框架内的修修补补,而没有对这个

---

[1] 谢林平.库恩"范式"理论与西方经济学方法论[J].现代哲学,2001,(2).

[2] 马涛.西方经济学的范式结构及其演变[J].中国社会科学,2014,(10).

[3] 曹均伟.西方经济学范式的转换和发展——从经济学方法论的视角分析[J].上海财经大学学报,2014,(2).

[4] 金碚.论中国特色社会主义经济学的范式承诺[J].管理世界,2020,(9).

本义体系革命新构，既没有改变该体系的核心要义，也没有超越其既成的领域边界。

然而，从另外一个角度审视，西方经济学这种已经建构成型且貌似"成熟完善"的范式体系，实际上已经呈现明显的固化封闭性。托马斯·库恩[1]从一般学科发展的角度批评指出，当某一学科确立了一定的科学范式为"常规科学"后，"大多数科学家倾其全部科学生涯所从事的正是这些扫尾工作……这种活动似乎是强把自然界塞进一个由范式提供的已经制成且相当坚实的盒子里"。特别是，"那些没有被装进盒子内的现象，常常是完全视而不见的……而且往往也难以容忍别人发明新理论"。

西方经济学的固化封闭性还表现在对自我体系中的一些关键理论，即使发现存在明显的问题也不愿予以正视和改正，这可以从其市场理论体系的局限性得到印证。

综上所述，现代西方经济学走出的是一条先建构整体的本义框架体系，然后逐步修补完善不能满足的需求，后再建构新框架体系然后再逐步修补完善的发展演进路径，是一种本义演绎性的逻辑发展路径。西方经济学建构成型了以"微观—宏观"和"市场—政府"为主体框架的范式体系，但已呈现明显的固化封闭性。

二、西方管理学发展演进之逻辑梳理

如前文所述，西方管理学一个世纪的发展历程基本上是以实证主义为主线的，走出的是一条先解决工厂经验管理向科学管理升级问题，然

---

[1] 托马斯·库恩. 科学革命的结构[M]. 金吾伦, 胡新知, 译. 北京：北京大学出版社, 2012.

后通过对后续新管理问题的逐步识别、解决和补充、加注，推动管理理论体系实现内涵不断积累、边界不断扩张的发展演进路径，是一条经验归纳性的逻辑发展路径。

时至今日，西方管理学仍然处于持续的内涵积累和边界扩张之中，仍然没有实现对管理学本义面貌的一般性刻画和本义框架的一般性建构。以美国为例，到目前为止，其学科专业分类（Classification of Instruction Programs，CIP）设置，其管理学仍然局限于工商管理和公共管理的框架体系之内，[1]其他管理没有得到应有的管理学视角的重视和纳括。管理学具有工具化定位本质，这种定位必然会使管理学边界跨到其他学科的讨论领域中。[2]从管理本义角度理解，家庭和个人范畴的管理，是整个管理学体系的基础和原点，当前西方管理学对此几乎没有涉及，可谓当前西方管理学体系一个明显的结构性缺陷。正是由于管理学边界的扩张局限，当前西方管理学的管理逻辑指向也就只能局限于管理者面向管理对象的"我—物（人）"式的外向管理模式，不得不放弃管理者面向管理者本人的"我—我"式的内向管理模式。一个完整闭环的本义管理逻辑指向，必然是"我—物（人）"式的外向管理模式与"我—我"式的内向管理模式的有机组合，且后者是其中的核心和关键。在基本逻辑上对"我—我"式内向管理模式这个内核的放弃，可谓当前西方管理学体系另一个明显的结构性缺陷。

孔茨[3]认为，第二次世界大战后出现的管理理论丛林现象，一个重要原因就是学术界对管理与管理学的定义及其所包括的范围没能取得

---

[1] 纪宝成. 中国大学学科专业设置研究[M]. 北京：中国人民大学出版社，2006.

[2] 李培挺. 也论中国管理学的伦理向度：边界、根由与使命[J]. 管理学报，2013，(9).

[3] Koontz H. The Management Theory Jungle Revisited[J]. The Academy of Management Review, 1980, 5, (2).

一致的意见。实际上,放眼管理学一百多年的发展,其何尝不是一个扩大范围的丛林?其原因何尝不是对管理本义的共识缺乏?

三、本土经济学与管理学建设之逻辑分殊镜鉴

根据以上分析,现代西方经济学走出的是一条先建构整体的本义范式体系然后逐步修补完善的形上式演绎性逻辑发展之路,目前其本义的以"微观—宏观"和"市场—政府"为主体框架的体系已形成且相当成熟完善,但也已呈现明显的固化封闭性。现代西方管理学走出的是一条通过对一个个具体管理问题的识别、解决进而补充、加注的形下式经验归纳性逻辑发展之路,到目前为止仍然陷在管理理论的丛林泥潭而没能建构一个统一的本义应然型框架体系。

参照系的建立对任何学科的建立和发展都极为重要[1],基于西方体系的参照和镜鉴,中国本土经济学的建设逻辑就存在两种选择,即基于对中国独特经验和特色的挖掘,或者在西方已经建构成型但固化封闭的本义体系中修修补补,实现西方范式内的"尖极化"攀登,或者超越西方现行的范式体系,革新开拓一个可以并列于西方的本土新范式体系,实现革新范式下的蓝海开拓[2]。中国本土管理学的建设逻辑,完全可以面向西方已经建构成型的经验归纳体系,挖掘中国独特的经验和特色,补充重构一个西方现行空缺的本义管理学新范式体系。

---

[1] 钱颖一.理解现代经济学[J].经济社会体制比较,2002,(2).
[2] 金碚.论中国特色社会主义经济学的范式承诺[J].管理世界,2020,(9).

第三节 经济学与管理学建设逻辑分殊之根因剖析

经济学与管理学关联紧密，其在西方的发展演进为什么会呈现如此巨大的逻辑分殊呢？根据拉卡托斯[1]的"科学研究纲领"，一个学科的建构成型，是由"硬核（hardcore）"和"保护带（protective）"等几部分组成的。其中硬核是范式中比较稳定的部分，是一个学科之所以成为一个学科或者一个学科和另一个学科之所以不同的根本性决定因素；"保护带"是辅助性假设，可弹性调整。经济与管理两个学科出现如此巨大的逻辑分殊的根本原因在于两者对各自的硬核设定存在重大差异。

就西方主流经济学的发展演进而言，其始终把硬核锚定于主体的"人"，而且对这个主体的"人"有着"理性经济人"的统一设定。正是因为有清晰的学科硬核锚定和统设，西方经济学一开始就可以基于此建构一个体系相对完整、逻辑相对严密的以价格调节和自由放任为中心的"微观—市场"型本义范式体系。1929年资本主义经济大萧条之后，凯恩斯建构的以政府调节和国民收入为中心的"宏观—政府"型本义范式体系，实际上是市场调节严重失灵后的一次宏观视角范式重置而已，其对作为经济学硬核的"人"的元点锚定与"理性经济人"的统一设定并没有变化。也正是由于在西方主流经济学的古典、新古典以及凯恩斯经济学派等不同发展阶段，"理性经济人"一直是共同的硬核锚定[2]，新旧范式最后得以相互补充、融合为一，形成了以新古典综合派为呈现的和以"微观—宏观"和"市场—政府"为主体框架的当前西方主流经济

---

[1] 伊姆雷·拉卡托斯. 科学研究纲领方法论[M]. 兰征, 译. 上海：上海译文出版社, 1986.

[2] 马涛. 西方经济学的范式结构及其演变[J]. 中国社会科学, 2014, (10).

学本义总范式体系。

西方管理学则不同，其发展演进的硬核锚定一开始就存在"人"和"组织"的游移分离。泰勒《科学管理原理》的出版在标志着现代意义上的管理学正式成型的同时，也开启了西方管理学"通往现代大工业体系和大型企业组织的大门"，从而将现代意义上管理学的硬核，锚定于企业（工厂）管理这个层位。泰勒的科学管理关注的实质是企业组织之内的管理，其与稍后法约尔《工业管理与一般管理》关注的组织内部一般管理和韦伯《经济与社会》关注的组织内部行政管理一起，使更具普遍意义的组织管理逐步登堂入室，成了当代西方管理学的硬核所在。在中国的研究界亦然，"组织"是管理学研究的现实背景和基本单元，"组织行为"成了管理理论融合发展、管理实践向外拓展的基本支撑点。[1]然而，"组织"是人与人的群体集合，受不同地域和文化背景影响，其本身是多种多样的，即使同一个组织，从不同角度审视也会有"横看成岭侧成峰"的不同观感，缺乏一个统一的设定，结果很难建构一个统一范式体系的管理学大厦。第二次世界大战后出现的"管理理论丛林"现象，用孔茨的话说是一种寓言中的盲人摸象，诸流派从本质上说只是各不相同或各有侧重的甚至是陈词滥调、了无新意的观点而已，彼此之间各不相属、各不相融，很难获得共识，很难成长进入统一范式的管理知识体系大厦，实现彼此的有机融汇。孔茨一针见血地指出，管理学陷入丛林的主要根源，在于像"组织"这样的词被赋予了完全不同的意义，不能实现统一的设定。

不过，孔茨从"组织"层面的硬核锚定不能获得统设的现状中也看

---

[1] 李宝元，董青，仇勇. 中国管理学研究：大历史跨越中的逻辑困局——相关文献的一个整合性评论[J]. 管理世界，2017，（7）.

到了希望。他认为，组织理论是一种太宽泛的观点……关于组织理论的这种认识，预示着一种澄清理论丛林底层灌木的希望。这似乎预示着，将管理学的硬核锚定从组织层面向底层下探至作为"组织"源点的"人"，就有可能取得更好的共识和形成一致的范式，实现一个统一而规范的管理学科范式的建构。

将管理学的硬核下探锚定于"人"这个主体，共识可有所增加，分歧可有所减少，然而管理学仍然不能获得学科硬核的统设。在管理学家眼中，"人"最初被看作与经济学家认定一样的"经济人"，后来管理学家日渐感受到"人"的复杂多样性，不同区域、不同文化、不同成长阶段的人各有不同，甚至千差万别，于是后续发展出"社会人""复杂人"等多种设定。在中国学界，对"人"更有善恶人、责任人、道德人诸多不同设定。这样，由于对"人"这个管理学硬核的设定不同，管理学又陷入了"经济人""社会人""复杂人"甚至"理性人""善恶人""道德人"的诸多流派范式争议，相应地形成了古典管理学派、行为管理学派、现代管理学派等流派，由此仍然不能获得期待已久的统一范式架构，本质实际上形成另外一种"管理理论丛林"陷阱。

孔茨还亲自进行了建构管理学统一范式的努力。其在评价管理理论流派大规模增加使得"丛林可能变得更加茂密和深不可测"后，认为"在未来有可能导致各类观点的联合，形成一个更具统一性的同时又富有实践意义的管理理论"。基于此美好设想，孔茨曾经试图将"计划、组织、人事、领导、控制"等管理职能从管理理论丛林中抽象出来，并分别赋予一些基本问题追问，以作为一条理论主线串出整个管理理论的一般脉络框架，建立一个对管理学知识进行分类的逻辑框架。孔茨还提出，"要想在对某种知识的概括和分类中取得有价值的进步，必须对这种知识设置某些边界""发展并确认一个科学理论领域，以便将其有效运用于管理实践活动"。可见,其对明确划定管理学的边界和领域也提出了积极观点。然而其后的管理学历史发展表明,管理理论丛林现象并没有消失,甚至没有趋缓,管理学的边界和领域至今仍然处于模糊状况,孔茨的努力并不成功,期待并未实现。

好在,西方管理学缺乏统一范式和本义体系的原因已经找到了,即其将硬核锚定在"人"和"组织"之间的游移分离及每一种锚定都没有实现统设。由此,管理学要想实现像经济学一样的范式统构,其根本的努力指向可能是在"组织—人"的逻辑路径上进一步下探,直到找到一个原子般的不可再分的真正硬核并实现锚定和统设。

在"组织—人"的逻辑路径上进一步下探,就涉及了"心智—心质—心志"层面。三个层面的概念中,心智是"深植我们心中关于自己、他人、组织及周围世界每个层面的假设、形象和故事,并深受习惯思维、定式思维、已有知识的局限"。[1]可见,心智是一个复杂的概念,包括天生的智商、后天的情商、知识的学习、成长的锻炼、智慧的养成等,而且受文化、区域、历史影响很大。在某种程度上说,心智本质上是一个完整的现实人的精神体现,与现实人之间存在"肉体—精神"和"生理—心理"的相互映射。以之作为管理学的硬核锚定,与把"人"作为管理学的硬核锚定一样,很难获得统一的设定,将会继续导致管理理论丛林现象出现。相反,心志概念仅涉及心之志向的维度,虽然关键却过于简化单纯,不能形成一个完整的内核,不足以承受管理学硬核锚定的挺举。

把心质作为管理学的元点锚定,有可能获得真正统一的设定。心质指心之基本品质,是介于心智和心志之间的一个概念,由心质正负品

---

[1]席酉民.未来教育的核心:心智营造[J].高等教育研究,2020,(4).

质、心质高度品质（即心志品质）、心质久度品质（即毅力品质）等基本维度组成，包括心志，又是心智之元点，也可谓一切管理之元点。由此，以西方管理学的学科硬核锚定为镜鉴，中国本土管理学的建设尝试将管理学的元点下探至心质层面，或许能触及真正的管理内核，并克服文化、区域、历史之别导致的纷繁复杂，真正走向共识和规范，推动管理学实现基于共同学科硬核锚定并获得统设的本义体系建构，使管理学获得历史性的大一统建构。

西方管理学百余年来对"理性经济人"之硬核锚定发起了多个轮次的挑战冲击，也对西方经济学产生了巨大的反向冲击。即对西方经济学而言，旧的"理性经济人"之硬核已破，但是新的硬核未能找到，呈现一种"破"而未"立"的迷乱和窘况。结果时至今日，西方模式下的经济学研究与管理学研究一样，日益陷入"量化泛滥"的模式依赖，失缺了对经济管理实践本应的现实指导价值，呈现典型的形非下学特征，数据品质性和应用性制约共同导致的研究可靠性打折、数据碎片性和内耗性制约共同导致的知识转化性堵塞，又进一步堵绝其向"经济管理之学"殿堂的形上迈进，出现形非上学的科学性迷失。

由此，基于西方经济学科硬核锚定及其后管理学科并不成功挑战的镜鉴，中国本土经济学建设面临的两种取向选择可以进一步具体化为，或者继承西方"理性经济人"的学科硬核锚定，满足于在西方已经建构成型但固化封闭的范式体系中修修补补，或者基于对中国独特经验和特色的挖掘，探索锚定一个不同于西方的新型学科硬核，进而推动实现中国本土经济学科新范式体系的革新超越。

第四节 本土经济学建设之创新定位与重点任务

一、本土经济学建设的创新定位

如上所述,在西方本义应然的经济学体系已经建设成型的前提下,中国本土经济学建设就存在着一个西方范式内的"尖极攀登"和革新范式下的"蓝海开拓"的基本建设定位抉择问题。

历史发展到现在,"主流经济学范式承诺框架已经无力于框定和解释现实……经济学已经走到了范式变革的临界关头"。[1] 由此,挖掘提炼中国独特的经验和特色,超越西方经济学科既有框架范式,革新开拓一个全新范式的经济学科体系,既现实又迫切,当是中国本土经济学建设的基本定位。

二、本土经济学建设的基本路径

创新建构"蓝海开拓"式的中国本土经济学,简单说就是基于与西方的比较,"了解中国作为一个发展中转型中国家跟发达国家的结构差异性是什么因素造成的"[2],寻找中国经济成功发展的差异性变量进行重点提炼分析。一个国家的经济发展,可以简单地看作一个"资源禀赋—配置利用—发展目标"的逻辑体系。一个国家经济发展成功,外在表现为资源禀赋面向现代化发展目标的高效配置利用,内在根因和关键则是保证禀赋资源与现代化发展目标之间实现高效衔接与配置利用的战

---

[1] 金碚.试论经济学的域观范式——兼议经济学中国学派研究[J].管理世界,2019,(2).
[2] 谢伏瞻,等.中国经济学70年:回顾与展望——庆祝中华人民共和国成立70周年笔谈(上)[A].林毅夫.中华人民共和国70年和新结构经济学理论创新[C].经济研究,2019,(9).

略抉择[1],经济发展战略抉择实际上是相应经济体制机制采用的相应结果[2]。可以说,中国经济体制机制改革成功背后蕴藏着巨大的经济学资源,对"经济学创新具有突出的世界性意义"[3]。由此,中国本土经济学建设的基本路径,就是寻找中国经济体制机制与西方的差异,以及实现现代化发展目标的正确选择和稳定坚持,实现禀赋资源与正确而稳定的现代化发展目标之间的高效衔接与配置利用,保证这个基本逻辑模式获得稳定的发展环境支持而不受其他因素冲击而中断,等等。(如图12-1所示)

三、本土经济学建设的范式开拓

创新建构"蓝海开拓"式的中国本土经济学,重点是进行中西经济体制机制差异分析。从基本结构看,当代中国和西方经济体制机制均主要由市场和政府两个变量构成和决定,都是政府宏观调控与市场自由机制的彼此加持。其中市场变量强调的是看不见的价格之手对禀赋资源的自发配置调节,中西并无本质区别,是"普适的……大致相同的"。[4]由此,中国经济得以成功发展的关键差异性变量就是中国政府在经济发

---

[1] 林毅夫,李周. 战略抉择是经济发展的关键——二战以后资本主义国家经济发展成败的透视[J]. 经济社会体制比较,1992,(1).

[2] 经济学的产业组织理论中有一个著名的SCP范式。其基本含义是,有什么样的市场组织就会导致什么样的市场行为,而有什么样的市场行为又会导致什么样的市场绩效。由此,要追求高效率的市场绩效,根本抓手就是安排良好的市场组织。该基本逻辑也可以推广适用于经济领域,即有什么样的经济体制机制就会导致什么样的经济发展战略抉择,进而又会导致什么样的经济发展绩效。要追求良好的经济发展绩效,就应该安排良好的经济体制机制。

[3] 乔榛. 经济体制改革:中国经济学发展的本土资源[J]. 求是学刊,2008,(3).

[4] 谢伏瞻,等. 中国经济学70年:回顾与展望——庆祝中华人民共和国成立70周年笔谈(上)[A]. 田国强. 70年发展看中国改革开放[C]. 经济研究,2019,(9).

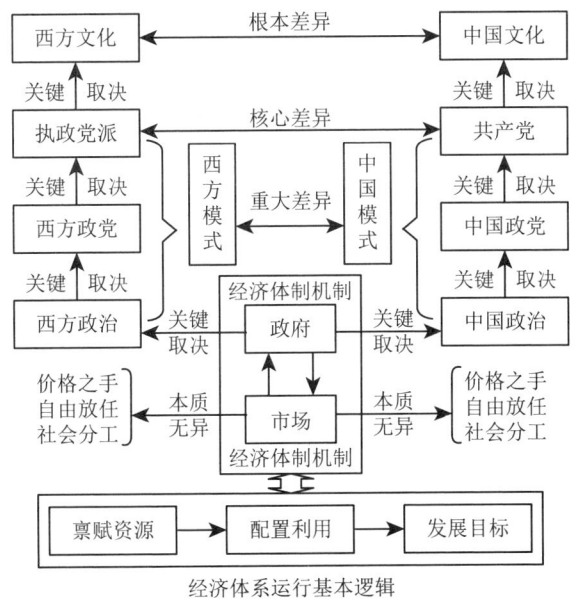

图 12-1 中国和西方资源配置的经济体制机制关键差异比对示意

展中不同于西方政府的角色定位和功效发挥。发展实践证明中国"政府在市场化发展进程中发挥有效的作用",对于解决一系列"发展难题",确实是一个"重要的制度保障"。[1]可以说,是市场机制的自发力量保证了中国禀赋资源的基本性高效配置和力量迸发,政府的宏观调控保证了中国社会经济发展总体目标的正确坚持、禀赋资源的有效调配和发展环境的稳定提供。由此,着眼"政府—市场"这一经济学最基本的关系,充分利用中国这个"全世界最丰富的政策数据库",提炼"政府

---

[1] 厉以宁,等.中国经济学70年:回顾与展望——庆祝中华人民共和国成立70周年笔谈(下)[A].樊纲.中国70年的发展实践与发展经济学理论的发展[C].经济研究,2019,(10).

与市场关系变迁的典型化事实",将可能揭示"中国经济发展的内在逻辑",为构建和完善中国本土经济学做出范式开拓式贡献。[1]

四、本土经济学建设的学科硬核锚定

进一步,为什么中国政府能够发挥如此不同于西方国家政府的功效？中国政府有什么样的特质禀赋？政府是一种国家发展的治理调控机构,由于"在一个国家的各种制度中,政治制度处于关键环节"[2],而"现代政治是政党政治……政党制度是一国政治制度的集中体现"[3],所以一个国家选择什么特质的政府,取决于其背后的政治制度和政党制度。基于范式革新超越定位的中国本土经济学建设,其学科硬核锚定当是中国共产党及其领导下的协商型政党制度。[4]

中国共产党在国家经济发展中发挥了关键变量作用。金碚[5]指出,"将党的角色和作用纳入经济学思维的逻辑框架,可以对中国经济

---

[1] 谢伏瞻,等.中国经济学70年：回顾与展望——庆祝中华人民共和国成立70周年笔谈（上）[A].谢伏瞻.中国经济学的理论创新：政府与市场关系的视角[C].经济研究,2019,（9）.

[2] 中共中央文献研究室.习近平关于社会主义政治建设论述摘编[M].北京：中央文献出版社,2017.

[3] 董亚炜."大众民主"与社会整合：中国政党制度构建的理论依据[J].中共中央党校学报,2017,（6）.

[4] 这就使前述管理学科对西方经济学科硬核锚定之"理性经济人"向着"人"之集合体"组织"的探索挑战完成了最后一跃。这是因为,"人"是复杂多样的,"人"之集合"组织"也是复杂多样的,管理学科指向的"组织"实际上包括经济组织、社会组织、军事组织、政治组织等,难以获得统一设定。由于政治治理在全社会发展治理中的关键地位,以及政党制度在政治治理中的核心作用,把管理学科粗线条笼统性探索的"人"之集合体"组织"进一步收缩聚焦于政治组织和政党组织,实际上就找到了根本,得以触及硬核。

[5] 金碚.论中国特色社会主义经济学的范式承诺[J].管理世界,2020,（9）.

有更深刻的理论认识和学术刻画",这是"中国特色社会主义经济学范式承诺的一个根本性域观特征"。金碚还从有无社会总体利益决策主体的角度进行分析,指出西方的"微观—宏观"范式构架中,理论上政府是决策主体,社会福利最大化是决策目标,但实际上政府只是一个程序性的"在不同利益集团之间妥协"的"公共选择"机制,并不是决策主体,"未必等于社会福利最大化"。中国经济发展恰好存在一个"代表集体(社会)利益的感知主体和决策主体",即中国共产党。

中国共产党及其领导的协商型政党制度,是马克思主义与中国文化土壤有机耦合和彼此融汇产生的一个杰作,是"马克思主义政党理论同中国实际相结合的产物",是"从中国土壤中生长出来"的新型政党制度。[1]因此,中国本土经济学建设的学科硬核锚定,应适度下探至中华文化尤其是中华儒学层面。

第五节 本土管理学建设之创新定位与重点任务

一、本土管理学建设的创新定位

如上所述,西方管理学走出的是一条基于具体问题的边界不断扩张和内涵不断积累的经验归纳型逻辑发展之路,是一种实然型而不是应然型体系建构,到目前为止仍然缺位本义应然型的框架体系建构。西方管理学对学科硬核的锚定始终游移于"组织"和"人"之间,也没能实现统一设定。

---

[1] 坚持多党合作 发展社会主义民主政治 为决胜全面建成小康社会而团结奋斗[N].人民日报,2018-3-5.

镜鉴西方，中国本土管理学的建设推进，完全可以尝试超越西方管理学既有的框架范式，通过挖掘提炼中国独特的历史文化基因，革新开拓一个基于学科硬核科学锚定的演绎逻辑路径和本义面貌架构的全新管理学体系。反过来说，西方管理学本义体系的缺失，为中国本土管理学基于本土因素建构本义型管理学体系，提供了一个弯道超车的绝好机会。

二、本土管理学建设的基本路径

鉴于西方管理学是一种经验归纳型体系，中国本土管理学应该是一种本义应然型体系，其建设的基本路径就是基于中国本土因素，勾勒本义管理学的边界范围，提炼本义管理学的关键构件，挖掘本义管理学的内在逻辑，使其得以完善成型，而不再零星破碎、丛林乱生。

显然，这与中国本土经济学建设的重在寻找中国经济成功的特殊的差异性变量的逻辑取向具有重大不同。半个世纪前西方已经就"管理学是什么？为什么以及研究什么？怎么研究？"等基本问题进行了讨论，却没有得出共识性的结论，目前西方管理学"研究对象范围、研究工具手段乃至研究范式规则纷乱"仍然常态性存在。[1]这样，在中国本土管理学建设过程中，不可以把本土已经演绎成型的本义管理学体系，削足适履地塞入西方经验归纳的管理学范式中进行比对，然后得出一个不符合西方之履的自我否定的结论。正如韩巍和曾宪聚[2]之警告，"不要再一股脑地忙于国际接轨，不要再执着于西方管理学界的认同、接纳……它们也早已坠入了自娱自乐的名利场。"

---

[1] 李宝元，董青，仇勇. 中国管理学研究：大历史跨越中的逻辑困局——相关文献的一个整合性评论[J]. 管理世界，2017，（7）.

[2] 韩巍，曾宪聚. 本土管理的理论贡献：基于中文研究成果的诠释[J]. 管理学报，2019，（5）.

三、本土管理学建设的范式开拓

在这方面，中华数千年历史孕育的灿烂的优秀传统文化、革命和建设改革中创造的革命文化和社会主义先进文化，可提供丰富的灵感来源、框架支持和素材支撑。特别是作为中华优秀传统文化主流并已经融入中华民族血液的儒学文化积极因子，在某种程度上已经提供了一种演绎逻辑路径和本应面貌架构的本义管理学新范式体系。具体说，儒学关注的重点是人与人之间的关系，而人与人之间基本关系的内在稳定性，就使儒学建构的包括仁爱道义、君子人格、内省自讼、知行合一、使命担当、"修齐治平"、善政仁政在内的基本体系，不但充溢着丰富的本义管理学说思想光芒，而且天然地获得了内在的科学真理性、历史穿越性和价值普适性。[1]可以说，儒学在两千多年的历史发展进程中，得益于《大学》等在内的系列原典元典的支撑，先后演进获得了本义管理学的思想性、实践性、系统性、科学性、开放性等五个成立性标准，[2]在某种程度上已经具备了本义管理学的几乎全部典型特征，其本质就是中国本土发展演变出的本义管理学体系。正如有学者所言，"几乎现代管理的全部精髓，都可以从儒家思想的基本观念中开发出来。"[3]

基于中华优秀传统文化，尤其是优秀儒学文化挖掘提炼的本土本义管理学新范式体系开拓，重点应包括以下几个方面。

其一，本义管理学基本框架建构。即回归管理学的本义内涵，超越

---

[1] 李宪堂. 也论儒学的现代价值[J]. 天府新论，2017，（1）.

[2] 儒学本身充溢着丰富的本义管理学思想光芒，汉武帝的"独尊儒术"使其获得了基于国家治理体系的管理实践机会，《大学》的基本架构勾勒以及和其他儒学经典的有机融结实现了本义管理学的系统性建构。儒学重点关注人本的立场天然地使其获得了科学性进而获得了历史穿越性和普世适用性，儒学非神性的开放性特征又使其获得了与时俱进的现代性。

[3] 王博识. 《大学》管理思想的理论价值及其现代化功用[J]. 社会科学家，2008，（1）.

西方工商管理的框架局限，架构一个完整的本义管理体系。正如有学者所说，管理学"吸取其他学科领域有关管理的知识，因此在一定程度上它是一种兼收并蓄的科学理论"。[1] 在这方面，儒学经典《大学》实际上已经提供了一个基于"格物、致知、诚意、正心、修身、齐家、治国、平天下"之八条目的"修齐治平"式基本框架，也可以表达为我本管理、家本管理、国本治理、全球治理的框架体系。这个框架从管理自身开始，向管理家庭家族进而管理国家、管理世界层层展开，形成了一个层层递进、逐步深入、逻辑严格的本义管理框架体系。当然，用现代眼光审视，这个体系可以修正补充一个缺失的公共管理空间。[2]

其二，本义管理学目标取向升华。在这方面，基于《大学》之"明明德，亲民，止于至善"和《中庸》之"致中和，天地位焉，万物育焉"的启发提炼，本义管理的终极目标包括两个层面，个人层面可以归结为"明德—至善"，组织层面可以归结为"亲民—中和"。这个管理目标体系，包括物质但又升华至精神层面，从而超越了西方体系"效率—利润"的单纯物质追求目标的局限。

其三，本义管理学经典元典支持。要基于本土文化建构本义的管理学体系，必须有基本的管理学元典支持。在这方面，儒学之《大学》《论语》《孟子》《中庸》《传习录》等都可谓本土和本义管理学的重要典籍，均从不同方面提供了宝贵的本义管理思想支持。比如，《大学》对本义管理学"修齐治平"的体系框架建构、"正心修身"的源点元点聚焦、"至善—中和"的管理目标升华等，奠定了其本义管理的元典地位。又如《传习录》对心本（质）管理的强化和知行合一的强调，使得基于

---

[1] 尹毅夫.中国管理学理论构架刍议[J].管理世界，1989，（2）.
[2] 余秋雨.中国文化课[M].北京：中国青年出版社，2019.

儒学的本义管理学体系获得了强大的生命力和执行力。

其四，本义管理学建设重点锚定。鉴于西方管理学体系已经在工商管理和公共管理等领域取得了重大进展，中国本土管理学体系建设重点就应该有所侧重。西方长期忽视的心本（质）管理、我本管理和家本管理，应该成为本土管理学的建设重点。对于西方理论相对成熟的治国管理，也可以结合中国特色和成就予以有力补充。即使在公共管理和工商管理领域，本土体系建设也可以给予中外情境差异下的补充和丰富。（如图12-2所示）

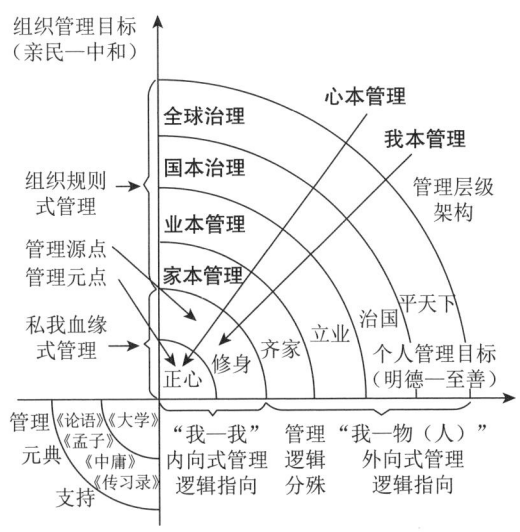

图12-2　基于儒学的本义管理学范式体系挖掘建构示意

四、本土管理学建设的学科硬核锚定

西方管理学对学科硬核的锚定始终游移于"组织"和"人"之间，难以实现统一设定。在此基础上进一步下探，在"心智—心质—心志"

层面特别是"心质"层面，挖掘管理学的学科硬核并实现锚定和统设，应该是努力的方向所在。在这个方面，儒家《大学》有着极好的理念启发。其有关"自天子以至于庶人，壹是皆以修身为本"的论述，将修身的自我管理放置于全部管理的源点位置。之后又进一步提出"欲修其身者，先正其心"，从而把正心的心本管理放置于全部管理的元点之上，与前述"将管理学的学科硬核下探至心质层面……使管理学获得历史性的大一统呈现"的分析，形成了前后呼应和逻辑闭环。这不但明显不同于西方管理学关于"组织"的源点锚定和关于"个体人"的元点锚定，实际上也为中国特色的本义管理学建设提供了一个良好统设的学科硬核。

基于儒学经典启发的本义管理学基本框架建构和源点元点聚焦，本义管理学就既包括"我—物（人）"式的向外的管理逻辑指向，如管理家庭、管理国家，也包括"我—我"式的向内的管理逻辑指向，如心本（质）管理、我本管理，从而实现了管理基本逻辑"内向—外向"的闭合，超越了西方体系仅包括向外指向的管理逻辑局限。

同理，在西方管理学已相当成熟的情况下，从基本内容、研究方法、体系架构、中国化应用等层级对现行西方管理学体系存在的问题和缺陷进行挖掘、识别、批判，应该是本土管理学建设必需的也是可行的前置性任务，此不赘述。

愿景与展望

中华民族数千年的悠久历史创造了极其丰富灿烂的文化，而"当代中国正经历着我国历史上最为广泛而深刻的社会变革，也正在进行着人类历史上最为宏大而独特的实践创新。这种前无古人的伟大实践，必将给理论创造、学术繁荣提供强大动力和广阔空间"[1]。对中国的管理学者而言，基于本土历史文化和时代创造情境，"总结和提炼我国改革开放和社会主义现代化建设的伟大实践经验"，同时借鉴西方管理学的有益成分，推进充分体现"中国特色、中国风格、中国气派"的管理学科建设，可谓正当其时、大有可为！

在我国社会主要矛盾已经转化为人民日益增长的美好生活需要和不平衡不充分的发展之间的矛盾之际，在 AI 正以摧枯拉朽之势把各类管理事务收入囊中的大潮面前，是时候把管理学从西方谋生谋职之小学，回归本义管理范畴，向着包括心本（质）管理、我本管理、家本管理、国本治理的，指向幸福的管理之大学，勇敢而坚定地转向了！

中华民族伟大复兴，要在中华优秀传统文化的创造性转化和创新性发展，根在中国特色哲学社会科学的建构成功。在中国特色哲学社会科学建构过程中，相对于本源性中国特色的文学、史学等学科，实践应用性的中国特色管理学科建构尤为关键。从某种程度上说，中华优秀传统文化的现代性传承与转化发展，只有超越对章句训诂、传媒译讲等传统

---

[1] 结合中国特色社会主义伟大实践 加快构建中国特色哲学社会科学[N].人民日报 2016-5-18.

路径的依赖，只有上升为重点指向管理的学科转化，实现从软性说教的伦理学向着实践应用的管理学转型，才能真正实现创造性转化和创新性发展。

试看未来之管理，必是本土之天下！

本土之管理，必是本义之儒学！

主要参考资料

[1] 爱德华·张伯伦. 垄断竞争理论 [M]. 周文, 译. 北京: 华夏出版社, 2017.

[2] 保罗·萨缪尔森, 威廉·诺德豪斯. 经济学 [M]. 19版. 萧琛, 主译. 北京: 人民邮电出版社, 2008.

[3] 彼得·德鲁克. 21世纪的管理挑战 [M]. 朱雁斌, 译. 北京: 机械工业出版社, 2022.

[4] 彼得·圣吉. 第五项修炼: 学习型组织的艺术与实务 [M]. 郭进隆, 译. 上海: 上海三联书店, 2002.

[5] 曹祖毅, 谭力文, 贾慧英, 等. 中国管理研究道路选择: 康庄大道, 羊肠小道, 还是求真之道?——基于2009—2014年中文管理学期刊的实证研究与反思 [J]. 管理世界, 2017, (3).

[6] 曾仕强. 中国式管理 [M]. 北京: 中国社会科学出版社, 2003.

[7] 陈春花, 马胜辉. 中国本土管理研究路径探索——基于实践理论的视角 [J]. 管理世界, 2017, (11).

[8] 成中英. C理论: 中国管理哲学 [M]. 北京: 东方出版社, 2011.

[9] 稻盛和夫. 心: 稻盛和夫的一生嘱托 [M]. 曹寓刚, 曹岫云, 译. 北京: 人民邮电出版社, 2020.

[10] 弗雷德里克·泰勒. 科学管理原理 [M]. 马风才, 译. 北京: 机械工业出版社, 2022.

[11] 弗里德里希·奥格斯特·冯·哈耶克. 致命的自负 [M]. 冯克利, 胡晋华, 等译. 北京: 中国社会科学出版社, 2000.

[12] 干春松. 儒学概论 [M]. 北京: 中国人民大学出版社, 2009.

[13] 冈田武彦. 王阳明大传: 知行合一的心学智慧 [M]. 杨田, 冯莹莹, 袁斌, 译. 重庆: 重庆出版社, 2015.

[14] 高鸿业. 西方经济学(微观经济学) [M]. 5版. 北京: 中国人民大学出版社, 2011.

[15] 高良谋，高静美. 管理学的价值性困境：回顾、争鸣与评论 [J]. 管理世界，2011，（1）.

[16] 郭重庆. 中国管理学界的社会责任与历史使命 [J]. 管理学报，2008，（3）.

[17] 韩国高，高铁梅，王立国，等. 中国制造业产能过剩的测度、波动及成因研究 [J]. 经济研究，2011，（12）.

[18] 韩巍，曾宪聚. 本土管理的理论贡献：基于中文研究成果的诠释 [J]. 管理学报，2019，（5）.

[19] 韩巍. 从批判性和建设性的视角看"管理学在中国"[J]. 管理学报，2008，（2）.

[20] 何静. 论致良知说在阳明心学中的作用和地位 [J]. 哲学研究，2009，（3）.

[21] 黄如金. 和合管理 [M]. 北京：经济管理出版社，2006.

[22] 黄有光. 经济学何去何从？——兼与金碚商榷 [J]. 管理世界，2019，（4）.

[23] 纪宝成. 中国大学学科专业设置研究 [M]. 北京：中国人民大学出版社，2006.

[24] 贾良定，尤树洋，刘德鹏，等. 构建中国管理学理论自信之路——从个体、团队到学术社区的跨层次对话过程理论 [J]. 管理世界，2015，（1）.

[25] 金碚. 经济学：睁开眼睛，把脉现实！——敬答黄有光教授 [J]. 管理世界，2019，（5）.

[26] 金碚. 试论经济学的域观范式——兼议经济学中国学派研究 [J]. 管理世界，2019，（2）.

[27] 黎红雷. "中庸"本义及其管理哲学价值 [J]. 孔子研究，2013，（2）.

[28] 李宝元，董青，仇勇. 中国管理学研究：大历史跨越中的逻辑困局——相关文献的一个整合性评论 [J]. 管理世界，2017，（7）.

[29] 李非，杨春生，苏涛，等. 阳明心学的管理价值及践履路径 [J]. 管理学报，2017，（5）.

[30] 李光耀. 李光耀40年政论选 [M]. 北京：现代出版社，1994.

[31] 李怀祖. 管理研究方法论 [M]. 西安：西安交通大学出版社，2004.

[32] 李约瑟. 中国科学技术史（第二卷）：科学思想史 [M]. 何兆武，李天生，胡国强，等译. 科学出版社，上海古籍出版社，2018.

[33] 李志军，尚增健. 亟须纠正学术研究和论文写作中的"数学化""模型化"等不良倾向 [J]. 管理世界，2020，（4）.

［34］厉以宁，等. 中国经济学70年：回顾与展望——庆祝中华人民共和国成立70周年笔谈（下）［J］. 经济研究，2019，（10）.

［35］林毅夫. 本土化，规范化，国际化——庆祝《经济研究》创刊40周年［J］. 经济研究，1995，（10）.

［36］蔺亚琼. 管理学门类的诞生：知识划界与学科体系［J］. 北京大学教育评论，2011，（2）.

［37］陆蓉，邓鸣茂. 经济学研究中"数学滥用"现象及反思［J］. 管理世界，2017，（11）.

［38］罗珉. 管理学范式理论研究［M］. 成都：四川人民出版社，2003.

［39］吕政. 竞争总是有效率的吗？——兼论过度竞争的理论基础［J］. 中国社会科学，2000，（6）.

［40］马克斯·韦伯. 新教伦理与资本主义精神［J］. 马奇炎，陈婧，译. 北京：北京大学出版社，2012.

［41］齐善鸿. 道本管理：精神管理学说与操作模式［M］. 北京：中国经济出版社，2007.

［42］钱穆. 从中国历史来看中国国民性及中国文化［M］. 香港：香港中文大学出版社，1982.

［43］钱穆. 中国文化史导论［M］. 上海：上海三联书店，1988.

［44］钱颖一. 理解现代经济学［J］. 经济社会体制比较，2002，（2）.

［45］琼·罗宾逊. 不完全竞争经济学［M］. 晏智杰，王翼龙，译. 北京：华夏出版社，2012.

［46］涩泽荣一. 论语讲义［M］. 讲谈社学术文库，1977.

［47］邵显侠. 王阳明的"心学"新论［J］. 哲学研究，2012，（12）.

［48］斯蒂芬.P·罗宾斯，蒂莫斯.A·贾奇. 组织行为学［M］. 孙健敏，朱曦济，李原，译. 18版. 北京：中国人民大学出版社，2021.

［49］斯蒂芬.P·罗宾斯，戴维.A·德森佐，玛丽·库尔特. 管理学：原理与实践［M］. 毛蕴诗，主译. 9版. 北京：机械工业出版社，2015.

［50］苏东水. 东方管理学［M］. 上海：复旦大学出版社，2005.

［51］田国强. 现代经济学的基本分析框架与研究方法［J］. 经济研究，2005，（2）.

［52］托马斯·库恩. 科学革命的结构［M］. 金吾伦，胡新和，译. 北京：北京大学出版社，2012.

[53] 王庆功，杜传忠. 垄断与竞争：中国市场结构模式研究 [M]. 北京：经济科学出版社，2006.

[54] 魏后凯. 市场竞争、经济绩效与产业集中 [M]. 北京：经济管理出版社，2003.

[55] 乌家培. 经济学与管理学的关系 [J]. 管理科学学报，2000，（2）.

[56] 吴甘霖. 心本管理——管理学的第三次革命 [M]. 北京：机械工业出版社，2006.

[57] 席酉民，尚玉钒. 和谐管理理论 [M]. 北京：中国人民大学出版社，2002.

[58] 谢伏瞻，等. 中国经济学70年：回顾与展望——庆祝中华人民共和国成立70周年笔谈（上）[J]. 经济研究，2019，（9）.

[59] 徐淑英. 求真之道，求美之路：徐淑英研究历程 [M]. 北京：北京大学出版社，2012.

[60] 伊姆雷·拉卡托斯. 科学研究纲领方法论 [M]. 兰征，译. 上海：上海译文出版社，1986.

[61] 余秋雨. 中国文化课 [M]. 北京：中国青年出版社，2019.

[62] 约翰·梅纳德·凯恩斯. 就业、利息和货币通论 [M]. 高鸿业，译. 北京：商务印书馆，1999.

[63] 张佳良，刘军. 本土管理理论探索10年征程评述——来自《管理学报》2008—2018年438篇论文的文本分析 [J]. 管理学报，2018，（12）.

[64] 植草益. 产业组织论 [M]. 筑摩书房，1982.

[65] 周劲波，王重鸣. 论管理学在当代科学体系中的学科地位和意义 [J]. 科学学研究，2004，（3）.

[66] Coase Ronald H. The Nature of the Firm [J]. Economics, 1937, 4, (March).

[67] Koontz H. The Management Theory Jungle Revisited [J]. The Academy of Management Review, 1980, 5, (2).

[68] Romer P M. Mathiness in the Theory of Economic Growth [J]. American Economic Review, 2015, 105, (5).

[69] Scherer F M. Industrial Market Structure and Economic Performance [M]. Boston: Houghton Mifflin, 1970.

[70] Stigler George J. The Organization of Industry [M]. Homewood: Irwin, 1968.